电路与电子技术

主　编　朱晓红　吕　昕
主　审　董　奇

北京理工大学出版社
BEIJING INSTITUTE OF TECHNOLOGY PRESS

内 容 简 介

本书按照教育部最新职业教育教学改革要求，结合作者多年来的工学结合人才培养经验及新的课程改革成果进行编写；以应用为目的，以培养学生的技术应用能力为主线，以强化应用为重点，将电路、模拟电子技术和数字电子技术有机融合为一体，是一本技术性和应用性很强的通用教材。

本书在结构规划、内容选取、教学实施等方面多角度融入新技术、新工艺、新方法，增强教材的实用性。本书内容包括：直流电路、正弦交流电路、变压器与电动机、二极管及其应用、三极管及其应用、场效应管及其应用、晶闸管及其应用、集成运算放大器及其应用、集成门电路及组合逻辑电路、触发器及时序逻辑电路、集成定时器及其应用、数/模和模/数转换。

本书每个学习单元配有知识点、能力培养和思政目标，便于学生明确学习目标，巩固重难点知识；配有实验实训项目，以提高学生的动手能力、分析问题和解决问题的能力。

本书可作为高职高专电子技术、通信技术、计算机应用、自动控制、工业电气化等相关专业电子技术课程的教材，也可作为自学者及工程技术人员的参考用书。

图书在版编目（CIP）数据

电路与电子技术 / 朱晓红，吕昕主编. -- 北京：
北京理工大学出版社，2023.3
ISBN 978 – 7 – 5763 – 2581 – 2

Ⅰ. ①电… Ⅱ. ①朱… ②吕… Ⅲ. ①电路理论
②电子技术 Ⅳ. ①TM13②TN01

中国国家版本馆 CIP 数据核字（2023）第 129069 号

责任编辑：陈莉华	**文案编辑**：陈莉华
责任校对：周瑞红	**责任印制**：施胜娟

出版发行 / 北京理工大学出版社有限责任公司
社　　址 / 北京市丰台区四合庄路 6 号
邮　　编 / 100070
电　　话 / （010）68914026（教材售后服务热线）
　　　　　　　（010）68944437（课件资源服务热线）
网　　址 / http://www.bitpress.com.cn

版 印 次 / 2023 年 3 月第 1 版第 1 次印刷
印　　刷 / 三河市天利华印刷装订有限公司
开　　本 / 787 mm × 1092 mm　1/16
印　　张 / 23.75
字　　数 / 544 千字
定　　价 / 79.00 元

前言

"电路与电子技术"课程，是高职院校电类专业中非常重要的专业基础课，既有一定的理论性，又有很强的实用性。本书以应用为目的，以培养学生的技术应用能力为主线，以强化应用为重点，是一本技术性和应用性很强的通用教材。每个学习单元均配有单元描述、学习导航、单元小结、单元检测、拓展阅读等，便于学生明确学习目标，巩固知识重难点。同时，配合常用实验实训项目，可以提高学生的动手能力及分析问题和解决问题的能力。本书的编写具有以下特点：

（1）从结构规划、内容选取、教学实施等方面多角度融入新技术、新工艺、新方法，增加课程思政元素，开发教材配套资源和数字化建设。

（2）发挥行业指导作用，邀请华天科技人力资源部李大树部长参与教材规划、编写指导和审核。在产教融合、校企合作过程中，及时融入新技术、新工艺、新规范，增强教材的实用性。

（3）有效融合各种信息化学习资源，使教材内容形象生动、直观，更加符合高职学生的学习心理和认知规律，满足学生自主学习和泛在学习的需要。

（4）实验实训部分将内容进行整合，采用工作手册式的活页式教材，能在教学过程中实时更新和调整学习模块及任务。

本书由西安铁路职业技术学院朱晓红、吕昕担任主编，西安铁路职业技术学院杨楠、王欣、阮黎君、牛宏亮、赵争参与编写。具体分工为：学习单元一、二由朱晓红编写，学习单元三、四、五由杨楠编写，学习单元六、七、八由王欣编写，学习单元九由阮黎君编写，学习单元十由赵争编写，学习单元十一由牛宏亮编写，学习单元十二由吕昕编写，实验、实训手册部分由吕昕、董晖编写。由西安铁路职业技术学院董奇主审，并提出了许多宝贵意见，在此表示衷心感谢。

本书在编写过程中参考了大量的资料和书刊，在此谨向这些书刊资料的作者表示衷心的感谢。同时，本书配备有相关数字资源，详细内容可以点击链接进行查看（https：//zjy2. icve. com. cn/teacher/spoc_ courseDesign？ courseId = ntaoac6tgyvkdm6cukxkyw&id = ntaoac6tgyvkdm6cukxkyw）。

由于编者水平有限，书中难免有错漏和不妥之处，敬请广大读者批评指正。

编　者

目 录

学习单元一

直流电路

单元描述

电路是学习电子技术的基础，直流电路是交流电路、电子电路的基础。本单元主要介绍电路的基本概念、基本定理、基本定律以及应用这些定理定律分析和计算直流电路的方法。这些方法不仅适用于直流电路，原则上也适用于其他电路的分析计算。因此，本单元是学习电路与电子技术非常重要的基础。

学习导航

知识点	（1）了解电路模型及理想电路元件的意义；了解常用的电路分析方法。 （2）熟悉电路中的物理量；熟悉实际电源的两种模型及等效变换。 （3）掌握电路的基本定律并能正确应用；掌握直流电流法、叠加原理和戴维南定理等电路的基本分析方法
重点	电压、电流及参考方向的定义和计算；基尔霍夫定律和支路电流法
难点	电压源和电流源相互等效变换；叠加定理和戴维南定理
能力培养	（1）会测量直流电路中的电流和电压。 （2）熟练万用表的使用及元件的焊接
思政目标	通过对电路的认识引入我国科学和工程领域取得的辉煌成就，激发学生强烈的民族自豪感和家国荣誉感
建议学时	10～14学时

模块一　电路的基本概念及基本定律

先导案例

直流电路是大家比较熟悉的电路，手电筒是日常生活中最常见的照明电路。手电筒的灯泡为何能点亮？如何画直流电路图？用什么物理量来表征直流电路？如何分析计算这些物理量？

一、电路与电路模型

1. 电路的组成和作用

电路是各种电气元件按一定方式组合起来构成的总体，它提供了电流流通的路径。

一个完整的电路通常至少由电源、负载和中间环节三部分组成。

（1）电源：提供电能的设备，它将其他形式的能量（信号）转化成电能（电信号），如干电池、蓄电池、发电机、信号源等。

（2）负载（或称用电器）：各种用电设备，它将电能（电信号）转化成其他形式的能量（信号），如电灯、电动机、空调、冰箱等。

（3）中间环节：各种形式的导线、开关、接触器等辅助设备，用于连接电源与负载，在电路中起着传输和分配电能、控制和保护电器设备的作用。

现代工程技术领域中存在着种类繁多、形式和结构各不相同的电路，但就其作用而言，主要包括以下两个方面。

（1）实现能量的转换、传输和分配。如电力系统电路，发电机组将其他形式的能量转换成电能，经变压器、输电线传输到各用电部门后，用电部门再把电能转换成光能、热能、机械能等其他形式的能而加以利用。

（2）实现信号的传递和处理。如接收机电路中，天线接收载有语音、音乐等信息的电波后，经过调谐、检波、放大等电路变换或将其处理成音频信号，驱动扬声器发出声音。

电路的这两种作用在自动控制、通信、计算机技术等方面得到了广泛应用。

2. 理想元件和电路模型

在一定条件下，忽略实际电工设备和电子元器件的一些次要性质，只保留它的一个主要性质，并用一个足以反映该主要性质的模型——理想化电路元件来表示。

1）理想化电路元件

所谓理想化电路元件，是指在理论上具有某种确定的电磁性质的假想元件，它们以及它们的组合可以反映出实际电气元件的电磁性质和实际电路的电磁现象。因为实际电路元件虽然种类繁多，但在电磁性能方面可以将它们归类。例如，有的元件主要是供给能量的，它们能将非电能量转化成电能，像干电池、发电机等就可用"电压源"这样一个理想元件来表示；有的元件主要是消耗电能的，当电流通过它们时就把电能转化成其他形式的能，像各种电炉、白炽灯等就可用"电阻元件"这样一个理想元件来表示；另外，还有的元件主要是存储磁场能量或存储电场能量的，就可用"电感元件"或"电容元件"来表示等。

常见的理想元件图形符号如图 1.1 所示。

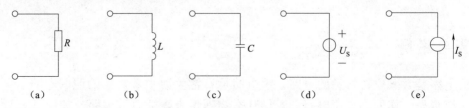

图 1.1　常见的理想元件图形符号

（a）电阻元件；（b）电感元件；（c）电容元件；（d）理想电压源；（e）理想电流源

2）电路模型

将实际元件理想化，由理想化的电路元件组成的电路称为电路模型。这是对实际电路电磁性质的科学抽象和概况。

图 1.2 所示是一个简单的照明电路及其电路模型。在图中灯泡的主要电磁特性为电阻特性，可用单一电阻 R_L 模型表示，蓄电池可用电压源 U_S 与内阻 R_S 的串联模型来表示，开关用图形符号 S 表示。

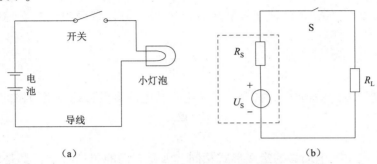

图 1.2　简单照明电路及电路模型

（a）照明电路；（b）电路模型

二、电路的基本物理量

1. 电流

电荷的定向运动形成电流。电流的大小用电流强度来描述，即单位时间内通过导体横截面的电荷量，简称为电流，定义式为：

$$i = \frac{dq}{dt} \tag{1.1}$$

直流电流也称为恒定电流，用 I 来表示，在国际单位制中，电流的单位是安培，简称安，用符号 A 表示。1 A 电流表示 1 秒（s）内通过导体横截面的电荷量为 1 库仑（C）。电流的单位除安培外，常用的还有 kA（千安）、mA（毫安）和 μA（微安）。它们之间的换算关系为：

$$1\ kA = 10^3\ A,\ 1\ A = 10^3\ mA,\ 1\ A = 10^6\ \mu A$$

电流不仅有大小，而且有方向，习惯上把正电荷移动的方向规定为电流的实际方向。在电路的分析计算中，如果不能判断出某元件上电流的实际方向时，可以先假设其电流的方向，这个假设的电流方向称为电流的参考方向。当分析计算的结果为正值时，说明电流的实际方向与参考方向一致；当分析计算的结果为负值时，说明电流的实际方向与参考方向相反。根据计算结果的正负和参考方向，就能确定出电流的实际方向，如图 1.3 所示。

图 1.3　电流的方向

（a）实际方向与参考方向一致；（b）实际方向与参考方向相反

2. 电压、电位、电动势

1）定义

（1）电压（U）：单位正电荷 q 从电路中一点（a）移至另一点（b）时电场力做功（W）的大小。即

$$U_{ab} = \frac{W_a - W_b}{q} \tag{1.2}$$

（2）电位（V）：单位正电荷 q 从电路中一点（a）移至参考点时（$\phi = 0$）电场力做功的大小。即

$$V_a = \frac{W_a - W_0}{q} \tag{1.3}$$

（3）电动势（E）：电源内力推动单位正电荷从电源负极移到正极所做的功。即

$$E = \frac{W_{源}}{q} \tag{1.4}$$

显然电压、电位、电动势的定义形式相同，因此它们的单位一样，都是伏特（V）。常用的单位还有毫伏（mV）、微伏（μV）。它们之间的换算关系为：

$$1 \text{ kV} = 10^3 \text{ V}, \quad 1 \text{ V} = 10^3 \text{ mV}, \quad 1 \text{ V} = 10^6 \text{ μV}$$

2）三者的区别和联系

电路中各点的电位与参考点的选择有关，是一个相对量，而电路中任意两点间的电压是两点之间的电位差，即 $U_{ab} = V_a - V_b$ 是个绝对量，与参考点的选择无关；电源的开路电压在数值上等于电源电动势；电路中某点的电位数值上等于该点到参考点的电压。

在图 1.4 所示电路中可以看出：

电压 U 的大小反映了电场力做功的本领，电压是产生电流的根本原因。其方向规定由"高"电位端指向"低"电位端。

电动势 E 只存在电源内部，其数值反映了电源力做功的本领，方向规定为由电源负极指向电源正极。

电位 V 是相对于参考点的电压。参考点的电位：$V_b = 0$；

a 点电位：$V_a = E - IR_0 = IR_L$。

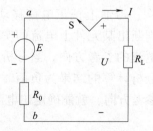

图 1.4　电压、电位和电动势

3）电压的参考方向

与电流相同，电压也有大小和方向。规定正电荷在电场中受电场力作用（电场力做正功）移动的方向为电压的实际方向。在分析电路时，需要事先选择电压的参考方向。电压的参考方向是任意选择的，在电路中通常用"＋""－"符号或箭头表示，也可用双下标

表示，如 U_{ab} 表示电压的参考方向为由 a 指向 b。

根据参考方向分析计算所得电压的结果为正（$U>0$）时，说明电压的实际方向与参考方向相同；若所得结果为负（$U<0$），说明电压的实际方向与参考方向相反。电压的参考方向和实际方向的关系如图1.5所示。

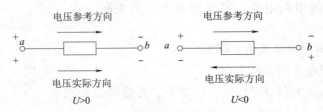

图1.5　电压的参考方向和实际方向的关系

3. 电功率

单位时间（t）内电路或元件吸收（或释放）的能量叫作电功率，简称功率。在直流电路中，功率用 P 表示：

$$P = \frac{W}{t} = \frac{U \cdot Q}{t} = U \cdot I \tag{1.5}$$

在国际单位制中，电功率的单位为瓦（W），1 瓦 = 1 焦/秒（1 W = 1 J/s）。其常用的单位还有千瓦（kW）、毫瓦（mW）、微瓦（μW），它们之间的换算关系为：

$$1 \text{ W} = 10^3 \text{ mW} = 10^6 \text{ μW} = 10^{-3} \text{ kW}$$

电能的基本单位是焦耳（J），在工程和生活中，电能的常用单位是 kW·h。1 kW·h 俗称1度电，即1千瓦的用电设备在1小时内用的电能。

$$1 \text{ kW} \cdot \text{h} = 10^3 \text{ W} \times 3\,600 \text{ s} = 3.6 \times 10^6 \text{ J}$$

1度电可理解为100 W的灯泡使用10 h耗费的电能，或者1 000 W的电炉加热1 h耗费的电能。

关联参考方向：同一段电路或一个元件的电流和电压的参考方向可以独立地任意指定。但为了方便，常将同一无源元件的电流参考方向和电压的参考方向选为一致，即指定电流从电压"+"极性端流入，从电压"−"极性端流出，电流和电压的这种参考方向称为关联参考方向，反之，称为非关联参考方向，如图1.6所示。

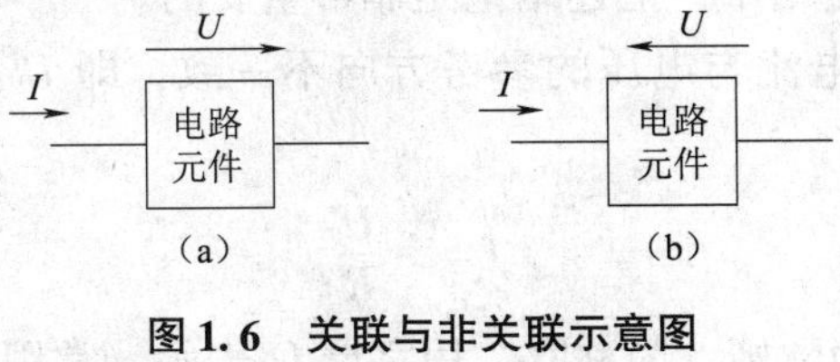

图1.6　关联与非关联示意图

（a）关联；（b）非关联

在图1.6（a）中，电压和电流的参考方向为关联参考方向，则功率的计算公式为：

$$P = U \cdot I$$

在图1.6（b）中，电压和电流的参考方向为非关联参考方向，则功率的计算公式为：

$$P = -U \cdot I$$

若功率的计算结果为正（$P > 0$），则元件吸收（或消耗）功率，被称为负载；若功率的计算结果为负（$P < 0$），则元件发出（或产生）功率，被称为电源。

【例1.1】 电路如图1.7所示，各段电路的电压、电流参考方向均已标明。已知 $I_1 = 4$ A，$I_2 = -2$ A，$I_3 = 6$ A，$U_1 = -10$ V。

（1）指出哪一段电路电流、电压的参考方向关联一致，哪一段非关联一致。

（2）指出各段电路中电流的实际方向。

（3）确定 AB 段电压的实际方向。

（4）计算元件1、元件2、元件3的功率，并指明是吸收功率还是发出功率。

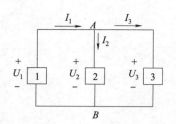

图1.7 例1.1用图

解：（1）U_2 和 I_2、U_3 和 I_3 都是关联参考方向，U_1 和 I_1 是非关联参考方向。

（2）电流 I_1、I_3 为正值，表明它们的实际方向与图示的参考方向相同。I_2 为负值，表明其实际方向与图示的参考方向相反，是流入 A 点的。

（3）U_1 为负值，表明其实际方向与图示的参考方向相反，该段电压的实际方向是从 B 点指向 A 点。

（4）$P_1 = -U_1 \cdot I_1 = -(-10) \times 4 = 40$（W），$P_1 > 0$，元件1吸收功率

$P_2 = U_2 \cdot I_2 = (-10) \times (-2) = 20$（W），$P_2 > 0$，元件2吸收功率

$P_3 = U_3 \cdot I_3 = (-10) \times 6 = -60$（W），$P_3 < 0$，元件3发出功率

三、电路的基本定律

1. 欧姆定律

流过电阻的电流与电阻两端的电压成正比，与电阻值成反比，这就是欧姆定律。欧姆定律是电路分析中最基本的定律，可用数学公式表示为：

$$I = \frac{U}{R} \tag{1.6}$$

从式（1.6）可见，如果电阻值一定，则加在电阻两端的电压越高，流过电阻的电流就越大，电流与电压成正比；如果电压一定，则电阻值越大，流过电阻的电流就越小，电流与电阻值成反比。在工程应用中，上述结论是非常重要的。

在分析电路时，如果电流与电压的参考方向不一致，即 U 和 I 为非关联参考方向时，欧姆定律的表达式则为：

$$I = -\frac{U}{R} \tag{1.7}$$

式中，R 为电阻值，单位为欧姆，简称欧，用字母 Ω 表示，常用的单位还有千欧（kΩ）和兆欧（MΩ），1 MΩ = 10^6 Ω。

2. 电阻的串联和并联

1）电阻的串联

将几个电阻的首尾依次连接起来，中间没有分支，各电阻流过同一电流，如图1.8所示，这种电阻的连接叫作串联。

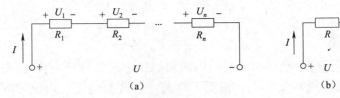

图 1.8　电阻串联及其等效电路

（a）电阻串联电路；（b）等效电路

串联电阻电路的特点：

（1）流过各电阻的电流相同，即

$$I = I_1 = I_2 = \cdots = I_n \tag{1.8}$$

（2）电路总电压等于各电阻上的电压降之和，即

$$U = U_1 + U_2 + \cdots + U_n \tag{1.9}$$

（3）电路总电阻等于各电阻阻值之和，即

$$R = R_1 + R_2 + \cdots + R_n \tag{1.10}$$

（4）各串联电阻电压与其阻值成正比，即

$$U_1 = \frac{UR_1}{R}, \quad U_2 = \frac{UR_2}{R}, \quad \cdots, \quad U_n = \frac{UR_n}{R} \tag{1.11}$$

2）电阻的并联

将几个电阻接在电路中相同两点之间的连接方式称为电阻的并联，如图 1.9 所示。

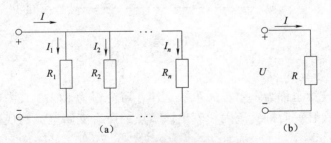

图 1.9　电阻的并联及其等效电路

（a）电阻并联电路；（b）等效电路

并联电阻电路的特点：

（1）电路中各电阻上所承受的电压相同，即

$$U = U_1 = U_2 = \cdots = U_n \tag{1.12}$$

（2）电路中的总电流等于各电阻中电流之和，即

$$I = I_1 + I_2 + \cdots + I_n \tag{1.13}$$

（3）电路中的总电阻的倒数等于各电阻的倒数之和，即

$$\frac{1}{R} = \frac{1}{R_1} + \frac{1}{R_2} + \cdots + \frac{1}{R_n} \tag{1.14}$$

（4）流过各并联电阻的电流与其阻值成反比，即

$$I_1 = \frac{IR}{R_1}, \quad I_2 = \frac{IR}{R_2}, \quad \cdots, \quad I_n = \frac{IR}{R_n} \tag{1.15}$$

3. 基尔霍夫定律

欧姆定律表述了线性电阻元件两端的电压与流过电阻元件的电流之间的关系。而基尔霍夫定律则从电路的全局和整体上，阐明了电路中各部分电压、电流之间所遵循的规律，基尔霍夫定律包括基尔霍夫电流定律和基尔霍夫电压定律，它不仅适用于求解简单电路，而且适用于求解复杂电路。

1）电路的基本术语

（1）支路。电路中流过同一电流的电路分支称为支路。支路可以由一个元件构成，也可以由多个元件串联构成。

（2）节点。电路中 3 条或 3 条以上支路的公共连接点称为节点。

（3）回路。电路中任意一条闭合的路径都称为回路。

（4）网孔。内部不再包含其他支路的回路称为网孔。

图 1.10 所示电路中，支路有 3 条，节点有 2 个，回路有 3 个，网孔有 2 个。

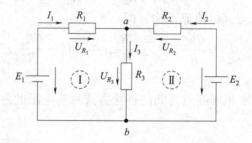

图 1.10　电路举例

2）基尔霍夫电流定律

基尔霍夫电流定律也称为基尔霍夫第一定律，可简写为 KCL。其内容是：对电路中任意一个节点来说，在任一时刻，流入和流出该节点的所有支路电流的代数和为零。其数学表达式为：

$$\sum I = 0 \tag{1.16}$$

电路的分析计算都是在事先指定参考方向的情况下进行的，在运用基尔霍夫电流定律数学表达式列写 KCL 方程时，应根据各支路电流的参考方向是流入还是流出来判断其在代数和中是取正号还是取负号。若流入节点的电流取正号，则流出的就应取负号。例如，对于图 1.10 所示电路中的节点 a，其 KCL 方程为：

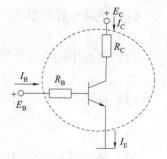

$$I_1 + I_2 - I_3 = 0, \quad 即 \ I_1 + I_2 = I_3$$

KCL 不仅适用于任一节点，也可以推广应用于电路中任何一个假定的闭合面。例如，三极管放大电路，如图 1.11 所示，虚线所包围的闭合面可视为一个节点，而闭合面外三条支路的电流关系可应用 KCL 得：

图 1.11　KCL 推广应用

$$I_B + I_C = I_E, \quad 或 \ I_B + I_C - I_E = 0$$

3）基尔霍夫电压定律

基尔霍夫电压定律也称为基尔霍夫第二定律，可简写为 KVL。其内容是：任一时刻，沿任一回路绕行一周，回路中各段电压的代数和恒等于零。其数学表达式为：

$$\sum U = 0 \tag{1.17}$$

应用式（1.17）时，必须先选定回路的绕行方向，可以是顺时针，也可以是逆时针。各段（或各元件）的电压参考方向也应选定，若电压的参考方向与回路的绕行方向一致，则该项电压取正，反之则取负。同时，各电压本身的值也还有正负之分，所以应用基尔霍夫电压定律时也必须注意正负号。例如，对于如图 1.10 所示的电路，选择顺时针绕行方向，按各元件上电压的参考极性，可列出回路Ⅰ和回路Ⅱ的 KVL 方程式分别为：

回路Ⅰ　　　　　　　　　$-E_1 + I_1R_1 + I_3R_3 = 0$

回路Ⅱ　　　　　　　　　$E_2 - I_2R_2 - I_3R_3 = 0$

能力训练

一、判断题

1. 两点的电压等于两点的电位差，所以电压与参考点的选择有关。　　　　（　　）

2. 电路中电流的方向与电压的方向总是相同的。　　　　　　　　　　　（　　）

3. 当电压和电流采用关联参考方向时，若算得功率 $P > 0$，这说明元件此时是在吸收或者消耗功率。　　　　　　　　　　　　　　　　　　　　　　　　　（　　）

二、单选题

1. 在电路中，电流的正方向是（　　　）。

A. 与实际方向相反的　　　　　　　　B. 唯一确定的

C. 人为标定的　　　　　　　　　　　D. 不需确定

2. 有一额定值为 5 W、500 Ω 的电阻，在使用时两端电压不能超过（　　　）。

A. 20 V　　　　　B. 50 V　　　　　C. 100 V　　　　　D. 80 V

模块二　电路的分析方法

先导案例

万用表是电子测量中最常用的工具，常见的万用表有指针式万用表和数字式万用表。指针式万用表是以表头为核心部件的多功能测量仪表，其测量值由表头指针指示读取。通过选择不同的量程可以测量不同范围内的直流电压、直流电流值。那么量程的改变主要是通过怎样的电路来实现的呢？

一、支路电流法

1. 定义

支路电流法即应用基尔霍夫定律对节点和回路列方程组，解出各支路电流的方法。

2. 解题步骤

（1）标出各支路电流参考方向。

（2）列出 $n-1$ 个 KCL 方程（n 个节点，只有 $n-1$ 个独立的 KCL 方程）。

（3）列出 $b-(n-1)$ 个 KVL 方程（为了保证各方程独立，列网孔电压方程）。

（4）联立上述方程，且为 b 元一次方程组。求解该方程组，即得出各支路电流。

在图 1.10 电路中，$n=2$，$b=3$，各支路电流方向如图 1.10 所示。根据上述步骤可得：

KCL 方程：$\qquad\qquad I_1 + I_2 = I_3$

KVL 方程：$\qquad\qquad -E_1 + I_1R_1 + I_3R_3 = 0$

$$E_2 - I_2R_2 - I_3R_3 = 0$$

解此方程组，可得 I_1、I_2、I_3。根据 I_1、I_2、I_3 可进一步求出 R_1、R_2、R_3 上的电压 U_{R_1}、U_{R_2}、U_{R_3}。

【例 1.2】电路如图 1.12 所示，$U_1 = 50$ V，$U_2 = 80$ V，$R_1 = R_2 = 10$ Ω，$R_3 = 20$ Ω，请用支路电流法求出电流 I_1、I_2、I_3 的值。

解：左边两条支路的电流参考方向为向上，大小为 I_1、I_2，右边支路电流参考方向为向下，大小为 I_3，两个节点可列一个独立的 KCL 方程：

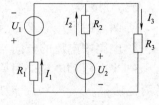

$$I_1 + I_2 = I_3$$

标定绕行方向为顺时针，对两个网孔列 KVL 方程：

$$I_1R_1 + U_1 - I_2R_2 + U_2 = 0，\quad -U_2 + I_2R_2 + I_3R_3 = 0$$

将数值代入上式，并联立得：

图 1.12　例 1.2 用图

$$\begin{cases} I_1 + I_2 = I_3 \\ 5I_1 + 25 - 5I_2 + 40 = 0 \\ -40 + 5I_2 + 10I_3 = 0 \end{cases}$$

解得：$I_1 = -6.2$ A，$I_2 = 6.8$ A，$I_3 = 0.6$ A。

二、电压源与电流源等效变换

电源是将其他形式的能量转换为电能的装置。实际电源可以用两种不同的电路模型表示：一种是以电压的形式向电路供电，称为电压源模型；另一种是以电流的形式向电路供电，称为电流源模型。

1. 电压源

电路中的实际电源，如电池、直流稳压电源、发电机等，在分析和计算时，常将其等效为如图 1.13（a）所示虚框中的两个理想元件的串联，其中 r 为内阻，一般电源的内阻很小；U_S 为理想电压源，在数值上等于 a、b 端的开路电压，其值为常数，简称恒压源。

电压源对外电路输出的电压和电流的关系（伏安特性或实际电压的外特性关系）式为：

$$U = U_S - Ir \qquad\qquad (1.18)$$

当负载开路时，$I = 0$，$U = U_S$；当负载短路时，$U = 0$，$I = \dfrac{U_S}{r}$。

图 1.13（b）所示为电压源的外特性曲线。

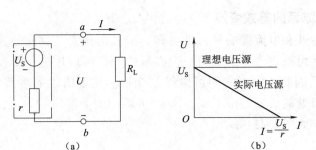

图 1.13　电压源

（a）电压源电路；（b）电压源外特性曲线

理想电压源的特点：

（1）输出电压恒定，$U \equiv U_S$。

（2）输出电流取决于外电路。

（3）内阻 $r = 0$。

2. 电流源

大多数电源的内阻很小，端电压基本恒定，都可以等效成电压源模型。另外还有一种电源内阻很大，如光电池，其对外提供的电流基本恒定，可以用两个理想元件的并联来表示，如图 1.14（a）虚框中所示。此模型中 r 为内阻，I_S 为理想电流源，在数值上等于 a、b 端的短路电流，其值为常数，简称恒流源。

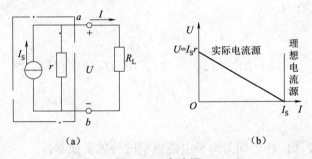

图 1.14　电流源

（a）电流源电路；（b）电流源外特性曲线

电流源的伏安特性（外特性）关系为：

$$I = I_S - \frac{U}{r} \tag{1.19}$$

当负载短路时，$I = I_S$，$U = 0$；

当负载开路时，$I = 0$，$U = U_S = I_S r$。

理想电流源的特点：

（1）输出电流恒定，$I = I_S$，与端电压无关。

（2）输出端电压取决于外电路。

（3）内阻 $r = \infty$。

3. 电压源和电流源的等效变换

从电压源的外特性和电流源的外特性可知，两者的伏安特性曲线是相同的，在一定条件下，这两个外特性可以重合。这说明一个实际电源既可以用电压源模型来表示，也可以用电流模型来表示。因此，两者之间可以等效变换。这里所说的等效变换是指外部等效，就是变换前后，端口处的伏安关系不变。即 a、b 端口间的电压均为 U，端口处流出（或流入）的电流 I 相同，如图 1.15 所示。

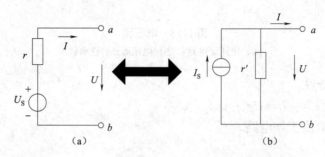

图 1.15　电压源模型与电流源模型的等效变换
（a）电压源端口；（b）电流源端口

电压源输出电流为：

$$I = \frac{U_\mathrm{S} - U}{r} = \frac{U_\mathrm{S}}{r} - \frac{U}{r} \tag{1.20}$$

电流源输出的电流为：

$$I = I_\mathrm{S} - \frac{U}{r'} \tag{1.21}$$

根据等效的要求，式（1.20）与式（1.21）中对应项应相等，即

$$I_\mathrm{S} = \frac{U_\mathrm{S}}{r} \tag{1.22}$$

$$r = r' \tag{1.23}$$

式（1.22）与式（1.23）即为两种电路模型的等效变换条件。

注意：变换中如果 a 点是电压源的参考正极性，变化后电流源的电流参考方向应指向 a。

【例 1.3】试用电源等效变换法求图 1.16 所示电路中的电流 I。

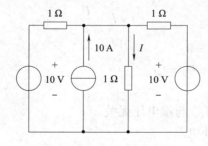

图 1.16　例 1.3 的电路图

解： 先将图 1.16 电路中两个电压源等效为电流源，如图 1.17（a）所示，将内阻、电流源分别合并成图 1.17（b），再将电流源变换成电压源，如图 1.17（c）所示。

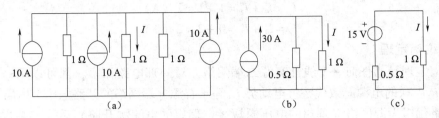

图 1.17　电路化简

$$I = \frac{15}{0.5 + 1} = 10 \ （A）$$

三、叠加定理与戴维南定理

1. 叠加定理

叠加定理是线性电路的基本定理。其基本内容是：在多个电源共同作用的线性电路中，各支路的电流（或电压）是各电源单独作用时在该支路产生的电流（或电压）的代数和。即在线性电路中，如果有两个或两个以上的独立电源（电压源或电流源）共同作用，则任意支路的电流或电压，等于电路中各个独立电源单独作用时，在该支路上产生的电流或电压的代数和。

每个电源单独作用，是指电路中仅一个独立电源作用而其他电源都取零值（电压源短路、电流源开路）。

注意：

（1）叠加定理只能应用于线性电路。

（2）叠加定理只能用于分析电流、电压这些与电源参数一次方关系的电量，不能用于求电功率。

【例 1.4】 如图 1.18 所示电路中，用叠加定理求各支路的电流及 U_{AB}。

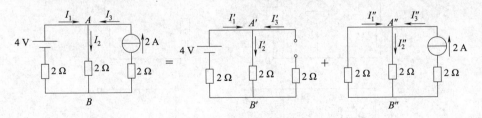

图 1.18　例 1.4 用图

（1）电压源单独作用时，

$$I_1' = I_2' = \frac{4}{2+2} = 1 \ （A），\ I_3' = 0 \ （A）$$

（2）电流源单独作用时，

$$I_1'' = -1 \ （A），\ I_2'' = 1 \ （A），\ I_3'' = 2 \ （A）$$

两电源共同作用时，各支路的电流及电压为：

$$I_1 = I_1' + I_1'' = 1 - 1 = 0 \ (\text{A})$$
$$I_2 = I_2' + I_2'' = 1 + 1 = 2 \ (\text{A})$$
$$I_3 = I_3' + I_3'' = 0 + 2 = 2 \ (\text{A})$$

2. 戴维南定理

戴维南定理是指任何一个线性有源二端网络，对外部电路而言，都可以用一个电动势 U_S 和内阻 R_i 串联的电源等效代替。电动势 U_S 等于有源二端网络的开路电压，内阻 R_i 等于有源二端网络化成无源网络（理想的电压源短接，理想的电流源开路）后，二端之间的等效电阻。

使用戴维南定理求解电路的步骤如下：

（1）首先确定好待求量的参考方向，并把电路分成待求支路和该支路以外的有源二端网络（内电路）两部分。

（2）求有源二端网络的开路电压 U_o，即等效电路的恒压源 U_S'（注意二端网络开路电压的方向）。

（3）求有源二端网络的除源等效内阻 R_i。

（4）画出有源二端网络的戴维南等效电路，使有源二端网络电源的 $U_S' = U_o$，内阻为 R_i。

（5）接上原来断开的支路（待求支路），用欧姆定律计算待求量。

【例1.5】 用戴维南定理求图 1.19（a）所示电路 AB 支路的电流 I。

解： 根据戴维南定理，图 1.19（a）可以等效成图 1.19（b）。

由图 1.19（c）可以求出有源二端网络的开路电压，即等效电路的恒压源 U_S'：

$$U_S' = 6 + 2 \times 2 = 10 \ (\text{V})$$

由图 1.19（d）可以求出等效电压源内阻 R_i：

$$R_i = 2 \ (\Omega)$$

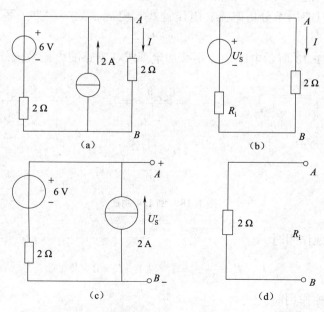

图 1.19 例 1.5 用图

则 AB 支路电流为:

$$I = \frac{10}{2+2} = 2.5 \ (\text{A})$$

能力训练

一、判断题

1. 电压源和电流源的等效关系是针对外电路和电源内部都等效。 ( )

2. 在任一时刻, 电路中任一节点上的电流的代数和恒等于零。 ( )

3. 叠加定理只适用于线性电路。 ( )

二、单选题

1. 欲使电路中的独立电源作用为零, 应将( )。

A. 电压源开路, 电流源短路 B. 电压源以短路代替, 电流源以开路代替

C. 电压源与电流源同时以短路代替 D. 电压源与电流源同时开路

2. 如果电路中有 5 个节点, 则可写出独立的 KCL 方程的个数为( )。

A. 5 B. 4 C. 3

模块三 电容电感基础知识

先导案例

有些电路利用了电容充电时间和充满电后电压不能突变的原理, 做成延时电路。在楼道、门厅、车库等场所使用的延时开关, 具有安全、节能、方便等优点。那么如何才能实现这一功能呢?

一、电容

电容器在电子仪器中是一种必不可少的基本元件。电容元件是一种能够存储电场能量的元件, 是实际电容器的理想化模型。

1. 电容的概念

电容器就是一种存储电荷的容器, 不消耗能量。当电容器两极间加上电压后, 极板上聚集着等量异号电荷, 于是介质中建立电场, 并且存储电场能量。衡量电容器存储电荷能力大小的物理量称为电容量, 用字母 "C" 表示。电容的单位为法拉 (F), 1 F $= 10^6$ μF, 1 μF $= 10^6$ pF。

$$C = \frac{\varepsilon S}{d} \tag{1.24}$$

式中, ε——介电常数, 单位是 F/m (法拉/米); 真空中的 $\varepsilon_0 = 8.85 \times 10^{-12}$ F/m;

S——极板的相对面积, 单位是 m^2;

d——极板间的距离, 单位是 m。

15

2. 电容的结构

依据绝缘介质的种类不同，电容有不同的类型，如纸质电容、云母电容、陶瓷电容、电解电容等。图 1.20 为几种电容的外形。

(a)

(b)

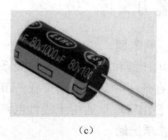
(c)

图 1.20　电容的外形

（a）云母电容；（b）陶瓷电容；（c）电解电容

3. 电容的伏安特性

电容的伏安特性如图 1.21 所示。电容存储的电荷量 q 与端电压 U_C 的关系为：

$$q = C \cdot U_C$$

若在 $\mathrm{d}t$ 时间内电容器存储的电荷量为 $\mathrm{d}q$，则电路中的电流为：

$$i = \frac{\mathrm{d}q}{\mathrm{d}t} = \frac{\mathrm{d}\,(C \cdot U_C)}{\mathrm{d}t} = C \cdot \frac{\mathrm{d}U_C}{\mathrm{d}t}$$

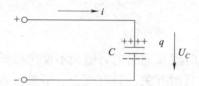

图 1.21　电容的伏安特性

4. 电容的充放电

图 1.22 是电容的充放电电路。

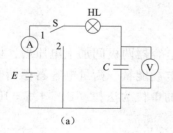
(a)

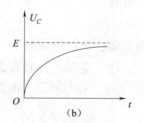
(b)

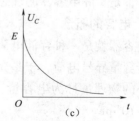
(c)

图 1.22　电容的充放电电路

（a）电路；（b）充电过程；（c）放电过程

（1）当开关 S 置于"1"时，电源向电容 C 充电，开始时灯泡较亮，然后逐渐变暗，从电流表可以观察到充电电流由大到小的变化，从电压表可以观察到电容器两端电压由小到大的变化。经过一段时间后，灯泡熄灭，电流表指针回到零，电压表所示的电压值接近于电动势，即 $U_C = E$，这表明电容器已充满了电荷。

（2）电容器充电结束后，将开关置于"2"，可以观察到灯泡亮一下又熄灭，这是电容器放电引起的，此时电容器相当于一个等效电源。在电容器两极板间电场力作用下，负极板的负电荷不断移出，与正极板的正电荷中和，电容器两端的电压也随之而下降，直至两极板上的电荷完全中和。这时电容器两极板间电压为零，电路中电流也为零。

结论：

（1）电容充电时电压上升，放电时电压下降。

（2）电容充放电快慢与充放电时间常数 τ 有关，τ 越大充放电越慢，τ 越小充放电越快。一般 $t = （3 \sim 5）\tau$ 时，充放电基本结束，$\tau = RC$。

（3）电容有"隔直通交"作用。在直流电源下，电容经短暂时间充放电后，电流变为零，相当于开路，称为"隔直"。在交流电源电压下，电源电压不断变化，电容不断充放电，电路中一直有电流，称为"通交"。

二、电感

电感器（线圈）是一种能够存储磁场能量的元件。电感元件是实际线圈的理想化模型，它反映了电流产生磁通和磁场能量存储这一物理现象。

1. 电感的概念

电感器是用漆包线、纱包线或塑皮线等在绝缘骨架或磁芯、铁芯上绕制成的一组串联的同轴线轴，它在电路中用字母"L"表示。电感的单位为亨利（H），$1\ \text{H} = 10^3\ \text{mH} = 10^6\ \mu\text{H}$。

$$L = \mu \frac{N^2 S}{l} \tag{1.25}$$

说明：电感量是线圈的固有参数，它的大小与线圈的匝数 N、几何形状和线圈中媒介质的磁导率 μ 有关。

2. 电感的结构

图 1.23 是几种常见的电感外形。

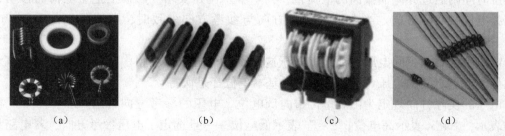

（a）　　　　　　　　（b）　　　　　　　　（c）　　　　　　　　（d）

图 1.23　电感的外形

（a）线圈电感；（b）棒型电感；（c）滤波电感；（d）色码电感

3. 电感的作用

（1）作为滤波线圈阻止交流干扰（隔交通直）。

（2）与电容组成谐振电路。

（3）构成各种滤波器、选频电路等，这是电路中应用最多的方面。

（4）利用电磁感应特性制成磁性元件，如磁头和电磁铁。

（5）可以进行阻抗匹配。

（6）制成变压器传递交流信号，并实现电压的升、降。

在电路中，电感器有通直流阻交流、通低频阻高频、变压、传送信号等作用，因此在谐振、耦合、滤波、陷波、延迟、补偿及电子偏转聚焦等电路中应用十分普遍。

能力训练

一、判断题

1. 电感存储磁场能量，电容存储电场能量。 （ ）

2. 频率 f 越高、电容越大，则容抗 X_C 就越大，它对电流的阻碍作用就越大。 （ ）

3. 电容元件不消耗功率。 （ ）

二、单选题

1. 纯电容电路两端（ ）不能突变。

A. 电压　　　　　　　B. 电流　　　　　　　C. 阻抗　　　　　　　D. 电容量

2. 关于电容元件的描述正确的是（ ）。

A. 具有隔直通交作用　　B. 具有隔交通直作用　　C. 容抗与频率无关

单元小结

（1）电路的组成和作用。

一个完整的电路通常至少由电源、负载和中间环节三个基本部分组成。

电路的作用主要有两个方面：实现能量的转换、传输和分配；实现信号的传递和处理。

（2）电路的基本物理量。

电流是在电源作用下，电荷做有规则的定向移动形成的。在电路中要产生电流通常需具备两个条件：一是有电源供电；二是电路必须是闭合的。电流的大小用电流强度表示，指单位时间内通过导体横截面的电荷量，其基本单位是安培。习惯上把正电荷的移动方向规定为电流的实际方向。当电流的实际方向与参考方向一致时，电流为正；反之，电流为负。

电路中任意两点间电压在数值上等于这两点电位之差。电路中某点的电位等于该点与零电位参考点之间的电压。电压和电位的基本单位都是伏特。

电压的实际方向规定为由高电位指向低电位。电压的参考方向常用"＋""－"极性符号表示，"＋"表示高电位，"－"表示低电位。一旦选定了电压参考方向，若电路计算结果是 $U > 0$，则电压的实际方向与参考方向一致；若电路计算结果是 $U < 0$，则电压的实际方向与参考方向相反。电位的高低正负都是相对于参考点而言的，通常设参考点的电位为零，高于参考点的电位是正电位，低于参考点的电位是负电位。习惯上把电流的参考方向和电压的参考方向选为一致，称为关联参考方向。

电动势反映电源内部将非电能转换为电能的本领。电动势的基本单位是伏特。规定电动势的实际方向为由电源负极指向电源正极。

电能是指电流所做的功。电能的基本单位是焦耳（J）。在工程和生活中，电能的常用单位是 kW·h（俗称"度"）。

电功率是指电路中单位时间内产生或消耗的电能。电功率的基本单位是瓦特。当电流、电压取关联参考方向时，电功率 $P = UI$；当电流、电压取非关联参考方向时，$P = -UI$。若 $P > 0$，说明该元件吸收（消耗）功率，具有负载特性；若 $P < 0$，则说明该元件发出（产生）功率，具有电源特性。

（3）支路电流法是直接应用 KCL、KVL 列方程组求解。一般适合求解各支路电流或电压。

（4）叠加定理是将各电源单独作用的结果叠加后，得出电源共同作用的结果。一般适合求解电源较少的电路。

（5）戴维南定理是先求出有源二端网络的开路电压和等效内阻，然后将复杂的电路化成一个简单的回路，一般适合求解某一支路的电流或电压。

支路电流法、叠加定理、戴维南定理是分析复杂电路最常用的三种方法。

单元检测

一、填空题

1. 电路一般都是由_____、_____和_____三个基本部分组成的。

2. 电路的作用主要有两个方面：_____和_____。

3. 电流是在电源作用下，电荷做有规则的定向移动形成的。在电路中要产生电流通常需具备两个条件：一是_____；二是_____。

4. 当电流的实际方向与参考方向一致时，电流为_____值；当电流的实际方向与参考方向相反时，电流为_____值。

5. 电动势反映电源内部将_____转换为____的本领。电动势的基本单位是_____。规定电动势的实际方向为由电源_____指向电源_____。

6. 支路就是电路中没有分支的一段_____；一条支路流过同一_____，称为支路电流。

7. 电能的单位千瓦·时（kW·h），俗称_____。

8. 对于有 n 个节点，b 条支路的电路，可列_____个独立的 KCL 方程，可列_____个独立的 KVL 方程。

9. 基尔霍夫电流定律的数学表达式为_____，基尔霍夫电压定律的数学表达式为_____。

10. 在直流电源下，电容经短暂时间充放电后，电流变为零，相当于开路，称"_____"。在交流电源电压下，电源电压的不断变化，电容不断充放电，电路中一直有电流，称"_____"。

二、分析计算题

1. 试求图 1.24 所示电路中的电压源、电流源及电阻的功率，并指明是吸收功率还是提供功率。

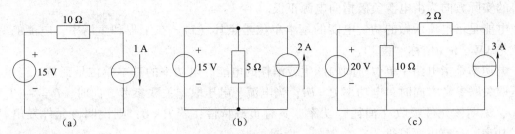

图1.24　分析计算题1用图

2. 图1.25所示为某电路中的一部分，三个元件中流过相同的电流 $I = -2$ A，$U_1 = 2$ V。（1）试求元件 a 的功率 P_1，并说明是吸收功率还是提供功率；（2）若已知元件 b 提供功率为 10 W，元件 c 的吸收功率为 12 W，试求 U_2、U_3 的值。

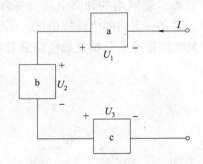

图1.25　分析计算题2用图

3. 电路如图1.26所示，试求图1.26（a）、（b）中电流 I 的值；图1.26（c）中电流 I、I_1、I_2 的值。

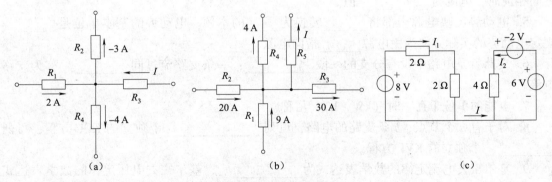

图1.26　分析计算题3用图

4. 在图1.27所示电路中，已知 $R_1 = R_2 = 2$ Ω，$R_3 = 6$ Ω，$E_1 = 2$ V，$E_2 = 4$ V，$V_B = 10$ V，试求当开关 S 断开和闭合时，A 点的电位 V_A 的值。

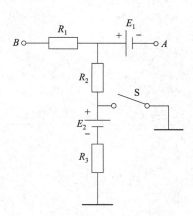

图 1.27 分析计算题 4 用图

5. 在图 1.28 所示电路中，用支路电流法求支路电流 I_1、I_2 和 I_3。

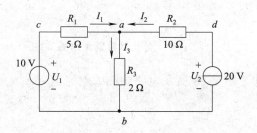

图 1.28 分析计算题 5 用图

6. 在图 1.29 所示电路图中，已知 $R_1 = R_2 = 5\ \Omega$，$R_3 = 10\ \Omega$。试把图 1.29（a）和图 1.29（b）简化并变换为一个等效电压源；把图 1.29（c）简化并变换为一个等效电流源。

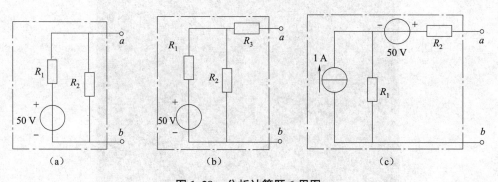

图 1.29 分析计算题 6 用图

7. 应用叠加定理求图 1.28 所示电路中的 I_1、I_2 和 I_3 电流值。

8. 试求图 1.30 所示电路 ab 端口的戴维南等效电路。

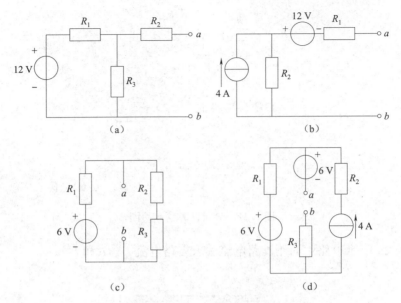

图 1.30　分析计算题 8 用图

9. 应用戴维南定理计算图 1.28 所示电路中的 I_3 电流值。

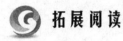 拓展阅读

《博物通书》

1851 年的《博物通书》是第一本中文电磁学著作，也是电气、电子、通信、计算机学科的第一本中文著作。

今天遗留下来的《博物通书》只有 24 页，加上前言后叙一共也才 40 多页，完全离"博物""通书"之名相差甚远，其显然经过了大幅删除，今日我们能看者不过九牛一毛而已。

截至目前，这本《博物通书》在中国电气史上独占鳌头，占据了五个第一：

（1）第一次系统提出了电磁学知识；

（2）是电气、电子、通信、计算机学科的第一本中文著作；

（3）第一次创造了电气等至少 13 个汉语术语；

（4）第一次介绍了电报机原理；

（5）专门设计出了一套中文电码系统，这是世界历史上第一套汉字电码方案。

十多年前，雷银照教授为考察专业术语"电气"的来源，四处搜寻此书而不得。在网上访问了中国多个图书馆，均未查到有关信息。后来又在网上访问了日本东京电机大学综合媒体中心、神户大学附属图书馆、长崎大学附属图书馆和香川大学图书馆，才查到它们都藏有《博物通书》的手抄本。

雷教授意识到：手抄本只能作为参考，不能作为最终证据，因为抄写人可能会舍弃一些他认为不必要的内容，或者会修正一些内容，甚至有的地方还可能抄错。

2006 年 7 月初，雷教授在"国学网站"上获知澳大利亚国家图书馆的中文藏书中有一批特藏书籍，其中就有玛高温神父译述的《博物通书》。此后经过多次沟通，他们终于同意将线装书《博物通书》拆开、扫描，制作成便于阅读的电子版图书发了过去。

随后，经过几番周折，雷教授从湖南涟源的一位旧书收藏者手中好不容易才淘到原本。

近年，宁波天一阁博物馆在整理藏书时发布消息称，也发现了玛高温译述的《博物通书》。据说，天一阁所藏《博物通书》原为杭州人朱鼎煦先生的藏书。1979 年，他的家属将 10 万余卷藏书全部捐赠给了天一阁，玛高温的《博物通书》就在其中。

《博物通书》除了序言宣扬宗教之外，纯为技术描述。第二章"电气玻璃器"正文第五页说："第二试法：见第十图，立一铜架，一杆四枝，各加卍字于其上。令可旋转，其五卍字，皆尖其端。以大引（即装满电的电容器）之链连其杆下，则电气自大引来者，必由卍字尖出，出而与外气遇。故卍字必退转如风车一般。如在黑暗处，每尖有小白光发出可见"。

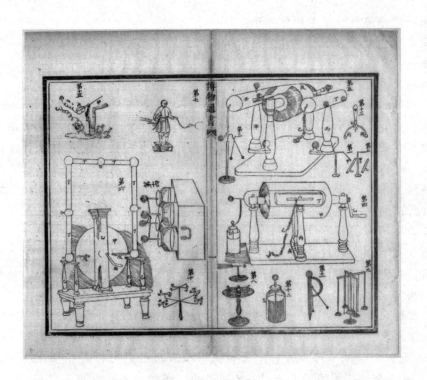

学习单元二

正弦交流电路

单元描述

　　直流电路中的电压和电流，其大小和方向都是不变的，但生产和生活中应用最多的是一种大小和方向按正弦规律变化的交流电。本单元主要介绍正弦交流电的基本概念，并结合 *RLC* 电路简单讲述交流电路的分析方法，详细介绍三相交流电路的工作原理和分析方法，最后简要地介绍安全用电常识。

学习导航

知识点	（1）了解对称三相负载的星形连接和三角形连接电路中线电压、相电压与相电流的关系。 （2）熟悉正弦交流电的基本概念及其三要素。 （3）掌握纯电阻、纯电感、纯电容的电压电流关系
重点	电阻、电感或电容元件单独作用的正弦交流电路，三相负载星形、三角形接法的电压、电流
难点	正弦交流电路的相量法及相量图，对称三相负载的星形连接和三角形连接电路中线电压、相电压与相电流的关系
能力培养	（1）能够使用万用表对交流电路进行检测。 （2）了解安全用电的基本知识
思政目标	通过对电路的认识引入我国科学和工程领域取得的辉煌成就，激发学生强烈的民族自豪感和家国荣誉感
建议学时	10～14 学时

模块一　正弦交流电的基本概念

先导案例

　　交流电在人们的生产和生活中有着广泛的应用。在电网中由发电厂产生的电是交流电，输电线路上输送的电也是交流电，我们最熟悉和最常用的家用电器采用的也是交流电，如电视、电脑、照明灯、冰箱、空调等家用电器。

随时间按正弦规律做周期性变化的信号为正弦量（常用小写字母表示），其波形如图 2.1 所示，其大小和方向都按正弦规律做周期性变化。

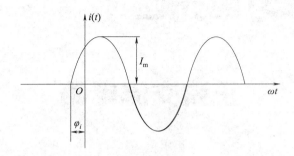

图 2.1　正弦交流电

一、正弦交流电量的三要素

正弦量可以用时间 t 的正弦函数来表示，以电流为例，图 2.1 为正弦电流波形图，正弦电流 i 的瞬时值表达式为 $i = I_m \sin(\omega t + \varphi_i)$，式中，$I_m$ 为幅值，ω 为角频率，φ_i 为初相位。正弦量的变化取决于这三个量，因此幅值、频率、初相位称为正弦量的三要素。

1. 幅值（最大值）

幅值是正弦电量在一个周期内所能达到的最大值，也就是最大的瞬时值，或称为峰值或最大值，用 I_m、U_m、E_m 表示。

分析和计算通常用有效值。交流电在电阻上产生的热效应与某一直流电在这个电阻上产生的热效应相同时，则称此直流电量为这个交流电的有效值。有效值用大写字母 I、U、E 表示。有效值与幅值的关系为：

$$I_m = \sqrt{2}\,I, \quad U_m = \sqrt{2}\,U, \quad E_m = \sqrt{2}\,E \tag{2.1}$$

通常，我们所说的交流电压为 220 V，指的是有效值，其最大值应为 311 V。

正弦量的瞬时值表达式可以精确地描述正弦量随时间变化的情况，正弦量的最大值可表征其振荡过程中振幅的大小，有效值则反映出正弦量的做功能力。显然，最大值和有效值可从不同角度说明正弦交流电量的大小。

（1）在电工电子技术中，通常所说的正弦量的数值一般指有效值。

（2）在测量交流电路的电流和电压时，仪表指示的数值是其有效值。

（3）各种交流电器设备铭牌上的额定电压和额定电流均指有效值。

2. 周期、频率和角频率

周期、频率和角频率都是用来衡量正弦电量随时间变化快慢的物理量。正弦量变化一次所需要的时间称为周期 T，单位是秒（s）；每秒钟变化的次数称为频率 f，单位是赫兹（Hz）。周期和频率互为倒数，即

$$T = \frac{1}{f} \tag{2.2}$$

角频率 ω 是正弦量每秒钟变化的弧度数，单位是弧度/秒（rad/s），其大小为：

$$\omega = 2\pi f = \frac{2\pi}{T} \tag{2.3}$$

每个国家都有特定的交流电标准频率，称为"工频"。我国及亚洲大多数国家的工频是 50 Hz，欧洲国家的工频也是 50 Hz，而美洲国家和亚洲的日本、韩国的工频则是 60 Hz。

3. 初相位

正弦量的瞬时值表达式中，随时间而变化的角度 $\omega t + \varphi$ 称为相位角，简称相位。正弦量在每一瞬间都有相位。当 $t = 0$ 时的相位 φ 叫作初相位或初相角，它反映了正弦交流电变化的起点位置，初相不同，交流电变化的起点不同。

两个同频率的正弦电量在任一瞬时的相位之差称为相位差，用 φ 表示。

例：$u = U_{\mathrm{m}}\sin(\omega t + \varphi_u)$，$i = I_{\mathrm{m}}\sin(\omega t + \varphi_i)$，则相位差为：$\varphi = \varphi_u - \varphi_i$。

两个同频率正弦电量的相位差就等于它们的初相之差。相位差的绝对值不能大于 π。相位差用来描述两个同频率正弦量的超前、滞后关系，即到达最大值的先后及相差的电角度。

两个同频率正弦量 i 和 u，其相位差存在以下几种情况。

（1）超前：$\varphi = \varphi_u - \varphi_i > 0$，电压比电流先到达零值或最大值，称电压超前电流 φ 角，或电流滞后电压 φ 角，如图 2.2（a）所示。

（2）滞后：$\varphi = \varphi_u - \varphi_i < 0$，电压比电流后到达零值或最大值，称电压滞后电流 $|\varphi|$ 角，或电流超前电压 $|\varphi|$ 角，如图 2.2（b）所示。

（3）同相：$\varphi = \varphi_u - \varphi_i = 0$，即 $\varphi_u = \varphi_i$，电压和电流同时到达零值或最大值，称电压和电流同相，如图 2.2（c）所示。

（4）反相：$\varphi = \varphi_u - \varphi_i = 180°$，即 φ_u 和 φ_i 差值为 π 或 $-\pi$，电压和电流相位相反，如图 2.2（d）所示。

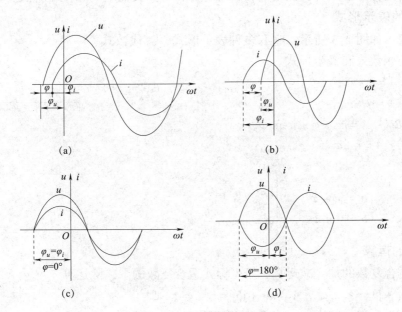

图 2.2　正弦量的相位差

【例 2.1】$i_1(t) = 15\sin(\omega t + 60°)$ A，$i_2(t) = 30\sin(\omega t - 150°)$ A，求：哪一个超前？超前多少？

解：$\varphi_1 = 60°$，$\varphi_2 = -150°$；

$\varphi = \varphi_1 - \varphi_2 = 60° - (-150°) = 210°$；

主值范围：$\varphi = 210° - 360° = -150°$；

所以：i_1 滞后 i_2 150°，即 i_2 超前 i_1 150°。

【例 2.2】 已知：$i = 10\sin(314t + 30°)$ A，$u = 220\sqrt{2}\sin(314t - 45°)$ V，试指出它们的角频率、周期、幅值、有效值、初相位和相位差。

解： 角频率：$\omega = 314$（rad/s），$\omega = 2\pi f$；

频率：$f = \dfrac{\omega}{2\pi} = 50$（Hz），$T = \dfrac{1}{f} = 0.02$（s）；

最大值：$I_m = 10$（A），$U_m = 220\sqrt{2}$（V）；

有效值：$I = \dfrac{I_m}{\sqrt{2}} = \dfrac{10}{\sqrt{2}} = 5\sqrt{2}$（A），$U = \dfrac{U_m}{\sqrt{2}} = \dfrac{220\sqrt{2}}{\sqrt{2}} = 220$（V）；

初相位：$\varphi_i = 30°$，$\varphi_u = -45°$；

相位差：$\varphi = \varphi_u - \varphi_i = -75°$。

二、复数运算及正弦量的相量表示法

交流电的瞬时值表达式通常以三角函数式的形式表示其变化规律，由交流电的波形图可以直观地看出交流的形状变化；而交流电的相量表示法则是为了便于交流电的分析计算。

用复数的运算方法进行交流电的分析和计算，称为交流电的相量表示法。

1. 复数的表示形式

复数的表示如图 2.3 所示，它有多种表示形式，有代数式、指数式、三角函数式和极坐标式。

代数式：$A = a + jb$；

指数式：$A = re^{j\varphi}$；

三角函数式：$A = r\cos\varphi + jr\sin\varphi$；

极坐标式：$A = r\angle\varphi$。

其中：

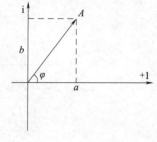

图 2.3 复数的表示

$$\begin{cases} a = r\cos\varphi \\ b = r\sin\varphi \end{cases} \qquad \begin{cases} r = \sqrt{a^2 + b^2} \\ \varphi = \arctan\dfrac{b}{a} \end{cases}$$

2. 复数的运算

代数式适合复数的加、减运算，极坐标式适合复数的乘、除运算。

若 $A_1 = a_1 + jb_1 = r_1\angle\varphi_1$，$A_2 = a_2 + jb_2 = r_2\angle\varphi_2$，则

（1）加、减运算。

方法：实部和虚部分别相加或相减。

$$A_1 \pm A_2 = (a_1 \pm a_2) + j(b_1 \pm b_2)$$

（2）乘、除运算。

方法：模相乘、辐角相加。

$$A_1 \cdot A_2 = r_1 \cdot r_2 \angle (\varphi_1 + \varphi_2)$$

$$\frac{A_1}{A_2} = \frac{r_1}{r_2} \angle (\varphi_1 - \varphi_2)$$

3. 相量与复数

表示正弦量的复数称为相量。为了与一般复数相区别，在大写字母上加"·"，于是交流电流 $i = I_m \sin(\omega t + \varphi)$ 的相量为：

$$\dot{I} = I(\cos \varphi + j\sin \varphi) = Ie^{j\varphi} = I \angle \varphi \qquad (2.4)$$

复数的模即为正弦量的幅值或有效值，复数的辐角即为正弦量的初相位。例如，正弦量 $U = 10\sqrt{2} \sin(\omega t + 60°)$，可以写出其相量形式为 $\dot{U} = 10 \angle 60°$，表示该正弦量的有效值为 10，初相位为 60°。

按照各个正弦量的大小和相位关系画出的若干个相量的图形，称为相量图。在相量图上能形象地看出各个正弦量的大小和相互间的相位关系，如图 2.4 所示。

图 2.4 中电压相量 $\dot{U}$ 比电流相量 $\dot{I}$ 超前 $\varphi = \varphi_1 - \varphi_2$，其对应的正弦量 u、i 间也相差 φ，根据相量图中的相量，可以写出其对应的正弦量为 $u = \sin(\omega t + \varphi_1)$，$i = \sin(\omega t + \varphi_2)$。只有同频率的正弦量才能画在同一相量图上进行比较，不同频率的正弦量没有可比性，所以不能画在同一相量图上。

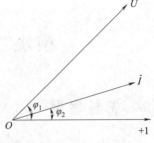

图 2.4　相量图

4. 相量的运算

相量是正弦交流电的一种表示方法和运算工具，只有同频率的正弦交流电才能进行相量运算，所以相量运算只含有交流电的有效值（或幅值）和初相位两个要素。

相量运算与复数运算方法一样，只是相量运算后，可以根据相量与正弦量的关系互相表示出来。下面举例说明。

【例 2.3】已知正弦电流 $i_1 = 20\sqrt{2} \sin(\omega t + 60°)$，$i_2 = 10\sqrt{2} \sin(\omega t - 30°)$，计算 $i = i_1 + i_2$，并画出相量图。

解：$\dot{I}_1 = 20 \angle 60°$，$\dot{I}_2 = 10 \angle -30°$

$$\begin{aligned}
\dot{I} &= \dot{I}_1 + \dot{I}_2 = 20 \angle 60° + 10 \angle -30° \\
&= 20(\cos 60° + j\sin 60°) + \\
&\quad 10[\cos(-30°) + j\sin(-30°)] \\
&= 10 + j17.39 + 8.66 - j5 \\
&= 18.66 + j12.39 \\
&= 22.36 \angle 33.4° \text{（A）}
\end{aligned}$$

$$i = 22.36\sqrt{2} \sin(\omega t + 33.4°) \text{ A}$$

其相量图如图 2.5 所示。

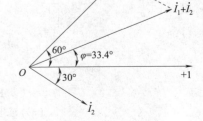

图 2.5　例 2.3 图

能力训练

一、判断题

1. 频率和周期互为倒数。 （ ）
2. 两个同频率的正弦量之间的相位差就是其初相之差。 （ ）
3. 正弦交流电的瞬时值与其相量相等。 （ ）

二、单选题

1. 已知正弦交流电流 $i = 10\sqrt{2}\sin(314t + 25°)$ A，则其频率为（   ）。

　　A. 50 Hz　　　　　　B. 220 Hz　　　　　　C. 314 Hz　　　　　　D. 100π Hz

2. 已知某正弦交流电压的表达式为：$u = 220\sin 628t$ V，则此正弦交流电压的有效值和周期分别为（   ）。

　　A. $\sqrt{2}$ V，314 s　　　B. 220 V，0.01 s　　　C. 220 V，50 s　　　D. $\sqrt{2}$ V，0.02 s

模块二　正弦交流电路的分析与计算

先导案例

　　RLC 电路是一种典型的交流电路，分析研究其规律，是分析三相交流电路的基础。为便于分析 RLC 电路，先研究单一参数电路，即只有电阻 R、电感 L 或电容 C 中的一种元件的电路。

一、单一参数正弦交流电路的分析

1. 纯电阻电路

　　交流电路中如果只有线性电阻，这种电路就叫作纯电阻电路。生活中所用的白炽灯、电饭锅、热水器等在交流电路中都属于电阻性负载，如图 2.6（a）所示是一个线性电阻元件的交流电路，电压和电流的参考方向如图 2.6（b）所示。

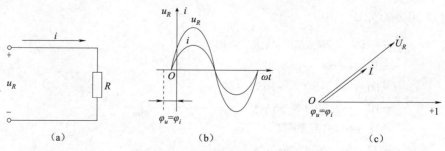

图 2.6　电阻元件的交流电路

（a）纯电阻电路；（b）波形图；（c）向量图

（1）纯电阻元件电压与电流的关系。

在任一瞬时，通过电阻元件的电流 i 与其端电压 u_R 都遵守欧姆定律，即 $i = \dfrac{u_R}{R}$，设电阻元件的端电压 $u_R = U_{Rm}\sin(\omega t + \varphi_u)$，则

$$i = \frac{U_{Rm}}{R}\sin(\omega t + \varphi_u) = I_m\sin(\omega t + \varphi_i) \tag{2.5}$$

比较电压 u_R 和电流 i 的瞬时值表示式可以得出如下结论。

①频率关系：通过电阻元件的电流 i 与其端电压 u_R 是同频率的正弦量。

②相位关系：电压 u_R 和电流 i 的初相位相等，即 $\varphi_u = \varphi_i$，这表明电压 u_R 和电流 i 的相位相同，其波形图如图2.6（b）所示。

③数值关系：由式（2.5）可得：

$$U_{Rm} = I_m R \quad 或 \quad U_R = IR \tag{2.6}$$

上式表明，在纯电阻电路中，电流与电压的有效值及最大值之间遵循欧姆定律。

④相量关系：为了同时表示电压与电流的相位关系和数值关系，可导出欧姆定律的相量形式，即

$$\dot{U}_R = U_R \angle \varphi_u = IR \angle \varphi_i = I \angle \varphi_i \cdot R = \dot{I}R \quad 或 \quad \dot{I} = \frac{\dot{U}_R}{R} \tag{2.7}$$

电压与电流的相量图如图2.6（c）所示。

（2）电阻元件的功率。

①瞬时功率 p_R。

在任一瞬时，电压 u_R 和电流 i 的乘积称为瞬时功率，用小写字母 p_R 表示，若电压 u_R 和电流 i 的初相位都为零，即

$$\begin{cases} i = \sqrt{2}I\sin(\omega t) \\ u_R = \sqrt{2}U_R\sin(\omega t) \end{cases}$$

则

$$p_R = u_R \cdot i = U_{Rm}\sin\omega t \cdot I_m\sin\omega t = U_{Rm}I_m\sin^2\omega t$$

②有功功率（平均功率）P。

在交流电量的一个周期内瞬时功率的平均值称为有功功率，也称为平均功率，用大写字母 P 表示，即

$$P = U_R I = I^2 R = \frac{U_R^2}{R} \tag{2.8}$$

式中，U_R 和 I 是指有效值。平均功率等于电压、电流有效值的乘积。平均功率的单位是 W（瓦特）。

【例2.4】已知电阻 $R = 11\ \Omega$，将其接在电压 $u_R = 220\sqrt{2}\sin(314t - 60°)$ V 的电路中，试求电流 i 和有功功率 P。

解：电压相量为：

$$\dot{U}_R = 220 \angle -60° \ （V）$$

根据式（2.7）可得电流相量为：

$$\dot{I} = \frac{\dot{U}_R}{R} = \frac{220\angle{-60°}}{11} = 20\angle{-60°} \quad (\text{A})$$

则电流的瞬时值表示式为：

$$i = 20\sqrt{2}\sin(314t - 60°) \quad (\text{A})$$

有功功率为：

$$P = U_R I = 220 \times 20 = 4\,400 \quad (\text{W})$$

2. 纯电感电路

（1）纯电感元件电压与电流的关系。

图2.7所示为一个线性电感元件的交流电路图，电压与电流的参考方向如图2.7（a）所示。设 $i = I_m\sin\omega t$，根据电感元件上的电压电流关系 $u_L = L\dfrac{\mathrm{d}i}{\mathrm{d}t}$，可得：

$$u_L = L\frac{\mathrm{d}(I_m\sin\omega t)}{\mathrm{d}t} = \omega L I_m\cos\omega t = \omega L I_m\sin(\omega t + 90°) \tag{2.9}$$

比较电压和电流的瞬时值表示式可以得出如下结论。

①频率关系：通过电感元件的电流 i 与其端电压 u_L 是同频率的正弦电量。

②相位关系：电压 u_L 与电流 i 的相位差 $\varphi = \varphi_u - \varphi_i = 90°$，表明电压 u_L 超前电流 i 90°，其波形图如图2.7（b）所示。

③数值关系：由式（2.9）可得

$$U_{Lm} = \omega L I_m \quad 或 \quad U_L = \omega L I \tag{2.10}$$

其中：

$$X_L = \omega L = 2\pi f L \tag{2.11}$$

式中，X_L 称为感抗，单位是欧姆（Ω），与频率成正比。它和电阻一样，具有阻碍电流通过的能力。频率越高，感抗越大；频率越低，感抗越小。可见，电感元件具有阻高频电流、通低频电流的作用。在直流电路中 $X_L = 0$，即电感对直流视为短路。

④相量关系：根据电感元件上的电压电流瞬时值关系得其对应的相量为：

$$\dot{I} = I\angle\varphi_i, \quad \dot{U}_L = U_L\angle\varphi_u = U_L\angle(\varphi_i + 90°)$$

由此可得其相量关系为：

$$\dot{U}_L = U_L\angle\varphi_u = IX_L\angle(\varphi_i + 90°) = I\angle\varphi_i \cdot X_L\angle90° = \dot{I} \cdot \mathrm{j}X_L$$

即

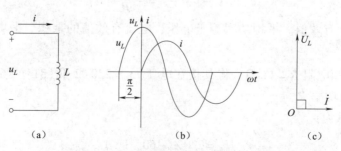

（a）　　　　　　　　　　（b）　　　　　　　　　　（c）

图2.7　线性电感元件的正弦交流电路

$$\frac{\dot{U}_L}{\dot{I}} = jX_L \tag{2.12}$$

电压与电流的相量图如图2.7（c）所示。

（2）电感元件的功率。

①瞬时功率。

纯电感电路中的瞬时功率等于电压 u_L 和电流 i 的乘积，用小写字母 p_L 表示：

$$p_L = u_L \cdot i = U_{Lm}\cos \omega t \cdot I_m \sin \omega t = U_L I \sin 2\omega t$$

由上式可知，电感元件的瞬时功率既可以为正也可以为负。$p_L > 0$，表明电感元件从电源吸收电能并转换成磁场能，将磁场能存储在磁场中；$p_L < 0$，表明电感元件将原来存储的磁场能释放出来并转换成电能还给电源。

②有功功率（平均功率）：

$$P_L = \frac{1}{T}\int_0^T U_L I \sin 2\omega t \, dt = 0$$

平均功率为零，说明电感元件是一个储能元件。理想电感元件在正弦电源的作用下，虽有电压电流，但没有能量的消耗，只是与电源不断地进行能量的交换。

③无功功率。

电感在电路中不消耗电能，在其吸收与释放能量的过程中与外部电路进行能量交换。无功功率这个物理量表示其交换的规模。

瞬时功率的最大值称为无功功率，用字母 Q_L 表示，单位是 var（乏）或 kvar（千乏）。

$$Q_L = U_L I = I^2 X_L = \frac{U_L^2}{X_L} \tag{2.13}$$

【例2.5】 在纯电感电路中，电感元件的电感 $L = 140$ mH，电流 $i = 5\sqrt{2}\sin(314t + 30°)$ A。求：①电感元件的感抗 X_L；②电感元件的端电压 u_L；③无功功率 Q_L；④画出相量图。

解：①电感元件的感抗：

$$X_L = \omega L = 314 \times 140 \times 10^{-3} \approx 44 \ (\Omega)$$

②电感元件的电流：

$$\dot{I} = 5 \angle 30° \ (A)$$

电感元件端电压：

$$\dot{U}_L = \dot{I} \cdot jX_L = 5 \angle 30° \times 44 \angle 90° = 220 \angle 120° \ (V)$$

电压瞬时值表示式：

$$u_L = 220\sqrt{2}\sin(314t + 120°) \ (V)$$

③无功功率：

$$Q_L = U_L I = 220 \times 5 = 1\ 100 \ (var)$$

④相量图，如图2.8所示。

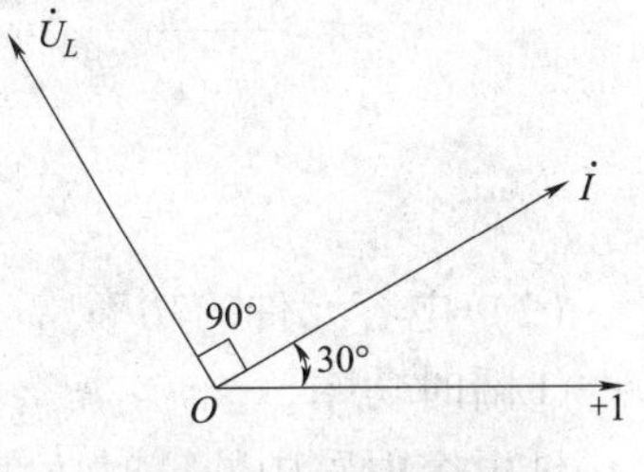

3. 纯电容电路

（1）纯电容元件电压与电流的关系。

图2.9所示为一个电容元件的交流电路图，电压与电流的参考方向如图2.9（a）所示。

图2.8　例2.5图

设 $u_C = U_{Cm}\sin(\omega t + \varphi_u) = \sqrt{2}\,U_C\sin(\omega t + \varphi_u)$ ，则电容元件上的电压电流关系为：

$$i = C\frac{\mathrm{d}u_C}{\mathrm{d}t} = C\frac{\mathrm{d}U_{Cm}\sin(\omega t + \varphi_u)}{\mathrm{d}t} = \omega C U_{Cm}\sin(\omega t + \varphi_u + 90°) = I_m\sin(\omega t + \varphi_i) \quad (2.14)$$

比较电压 u_C 和电流 i 的瞬时值表示式可以得出如下结论。

①频率关系：通过电容元件的电流 i 与其端电压 u_C 是同频率的正弦电量。

②相位关系：电压 u_C 与电流 i 的相位差 $\varphi = \varphi_u - \varphi_i = -90°$，表明电压 u_C 滞后电流 i 90°，其波形图如图 2.9（b）所示。

③数值关系：由式（2.14）可得：

$$I_m = \frac{U_{Cm}}{1/(\omega C)} \quad \text{或} \quad I = \frac{U_C}{1/(\omega C)} \quad\quad (2.15)$$

其中：

$$X_C = \frac{1}{\omega C} = \frac{1}{2\pi f C} \quad\quad (2.16)$$

式中，X_C 称为容抗，单位是欧姆（Ω），与频率的倒数成正比。它和电阻一样，具有阻碍电流通过的能力。频率越高，容抗越小；频率越低，容抗越大。可见，电容元件具有阻低频电流、通高频电流的作用。在直流电路中，$X_C = \infty$，即电容元件对直流视为开路。

④相量关系：根据电容元件上的电压电流瞬时值关系得其对应的相量为：

$$\dot{U}_C = U_C\angle\varphi_u, \quad \dot{I} = \omega C U_C\angle(\varphi_u + 90°) = I\angle\varphi_i$$

由此可得其相量关系为：

$$\dot{I} = \omega C U_C\angle(\varphi_u + 90°) = \omega C\angle 90°\dot{U} = \mathrm{j}\frac{\dot{U}_C}{X_C} = \frac{\dot{U}_C}{-\mathrm{j}X_C}$$

即

$$\frac{\dot{U}_C}{\dot{I}} = -\mathrm{j}X_C \quad\quad (2.17)$$

电压与电流的相量图如图 2.9（c）所示。

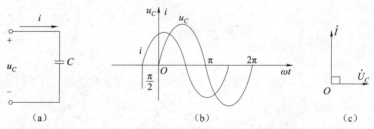

图 2.9　线性电容元件的正弦交流电路

（2）电容元件的功率。

①瞬时功率。

纯电容电路中的瞬时功率等于电压 u_C 和电流 i 的乘积，用小写字母 p_C 表示：

$$p_C = i \cdot u_C = I_m\cos\omega t \cdot U_{Cm}\sin\omega t = U_C I\sin 2\omega t$$

由上式可知，电容元件的瞬时功率既可以为正也可以为负。$p_C > 0$，表明电容元件从电源吸收电能（充电），将电能转化为电场能存储起来；$p_C < 0$，表明电容元件释放电场能（放电），将电场能转化为电能。

②有功功率（平均功率）：

$$P_C = \frac{1}{T}\int_0^T U_C I \sin 2\omega t \, \mathrm{d}t = 0$$

平均功率为零，说明电容元件是一个储能元件。在正弦交流电源的作用下，虽有电压、电流，但没有能量的消耗，只存在电容元件和电源之间的能量的交换。

③无功功率。

与电感元件相同，电容也用无功功率表示其能量交换的规模，用字母 Q_C 表示，单位是var（乏）或 kvar（千乏）。

$$Q_C = U_C I = I^2 X_C = \frac{U_C^2}{X_C} \tag{2.18}$$

【例 2.6】电容值为 318 μF 的电容器，两端所加电压 $u_C = 220\sqrt{2}\sin(314t - 60°)$ V，试计算电容元件的电流 i 及无功功率 Q_C。

解：$\dot{U}_C = 220\angle -60°$（V）

容抗 $X_C = \dfrac{1}{\omega C} = \dfrac{1}{314 \times 318 \times 10^{-6}} = 10$（Ω），则

$$\dot{I}_C = \frac{\dot{U}_C}{-\mathrm{j}X_C} = \frac{220\angle -60°}{10\angle -90°} = 22\angle 30°（A）$$

电容电流为：

$$i = 22\sqrt{2}\sin(314t + 30°)（A）$$

电容的无功功率为：

$$Q_C = U_C \cdot I = 220 \times 22 = 4\,840（var）$$

二、电阻、电感和电容串联的电路

1. RLC 串联的交流电路

由电阻、电感和电容元件串联组成的交流电路，称为 RLC 串联交流电路，如图 2.10（a）所示。

（1）电压与电流的关系。

根据基尔霍夫电压定律可知：

$$u = u_R + u_L + u_C \quad 或 \quad \dot{U} = \dot{U}_R + \dot{U}_L + \dot{U}_C \tag{2.19}$$

由图 2.10（a）可知，流过三个元件的电流相同，设电流为

$$i = I_\mathrm{m}\sin \omega t$$

由单一参数交流电路的结论可知：

$\dot{U}_R = R\dot{I}$，即 $U_R = IR$，且 u_R 和 i 同相。

$\dot{U}_L = \mathrm{j}X_L\dot{I}$，即 $U_L = IX_L$，且 u_L 比 i 超前 90°。

$\dot{U}_C = -\mathrm{j}X_C\dot{I}$，即 $U_C = IX_C$，且 u_C 比 i 滞后 90°。

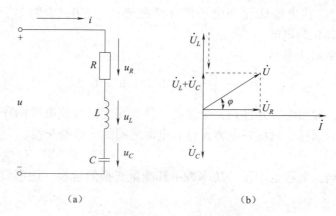

图 2.10   *RLC* 串联交流电路

（a）电路图；（b）电流及电压向量图

画出相量图，如图 2.10（b）所示，得出

$$\dot{U} = \dot{U}_R + \dot{U}_L + \dot{U}_C = \dot{I}\,[\,R + \mathrm{j}(X_L - X_C)\,] = \dot{I}\,Z$$

因此，在 *RLC* 串联交流电路中有：

$$\dot{U} = \dot{I}\,Z \quad \text{或} \quad \dot{I} = \frac{\dot{U}}{Z} \tag{2.20}$$

Z 为电路的阻抗，则

$$Z = \frac{\dot{U}}{\dot{I}} = R + \mathrm{j}(X_L - X_C) = |Z| \angle \varphi$$

其中，$|Z|$ 称为阻抗值，反映了电压和电流的大小关系，其大小是电压与电流有效值的比值，即

$$|Z| = \sqrt{R^2 + (X_L - X_C)^2}$$

φ 称为阻抗角，反映了电压与电流的相位关系。一般在 $-\pi \sim \pi$ 范围内取值，$\varphi > 0$ 表示电路呈现感性，$\varphi < 0$ 表示电路呈现容性，即

$$\varphi = \arctan \frac{X_L - X_C}{R}$$

（2）*RLC* 串联电路中的三角形。

在 *RLC* 串联电路中，阻抗之间、电压之间、功率之间的关系可用直角三角形表示，分别称为阻抗三角形、电压三角形和功率三角形，如图 2.11 所示。

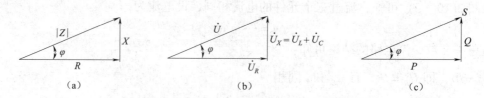

图 2.11   阻抗、电压、功率三角形

（a）阻抗三角形；（b）电压三角形；（c）功率三角形

①阻抗三角形。

阻抗的复数表达式 $Z = R + jX$ 中，X 为电抗，$X = X_L - X_C$，单位为欧姆（Ω）。电路图如图 2.11（a）所示。

$$\begin{cases} \text{阻抗值：} |Z| = \sqrt{R^2 + X^2} \\ \text{阻抗角：} \varphi = \arctan \dfrac{X}{R} \end{cases}$$

②电压三角形。

图 2.11（b）所示为电压三角形，其有效值之间的关系为：

$$\begin{cases} U = \sqrt{U_R^2 + U_X^2} = \sqrt{U_R^2 + (U_L - U_C)^2} \\ \varphi = \arctan \dfrac{U_X}{U_R} \end{cases}$$

③功率三角形。

将电压三角形的各边乘以电流 I，就可以得到功率三角形，如图 2.11（c）所示。图中 P 为有功功率，即电阻消耗的功率，单位是瓦（W）。

$$P = U_R I = UI\cos \varphi \tag{2.21}$$

Q 为无功功率，是 LC 串联后与电源之间的互换功率，单位是乏（var）。

$$Q = Q_L - Q_C = (U_L - U_C)I = UI\sin \varphi \tag{2.22}$$

S 为视在功率，是电源提供的功率，单位为伏安（VA）。

$$S = UI = \sqrt{P^2 + Q^2} \tag{2.23}$$

功率因数：电路的有功功率与视在功率的比值，它表示电源容量的利用率，用字母 λ 表示，即

$$\lambda = \cos \varphi = \frac{P}{S} = \frac{U_R}{U} = \frac{R}{|Z|} \tag{2.24}$$

【例 2.7】在 RLC 串联交流电路中，已知总电压 $u = 220\sqrt{2}\sin(314t + 60°)$ V，$R = 8\ \Omega$，$X_L = 20\ \Omega$，$X_C = 14\ \Omega$。求①电路的阻抗 Z；②电路中的电流 i；③各元件两端的电压 u_R、u_L 和 u_C；④电路中的有功功率 P、无功功率 Q、视在功率 S 及功率因数 λ；⑤画出相量图。

解：①电路的阻抗：

$$Z = R + j(X_L - X_C) = 8 + j(20 - 14) = 8 + j6 = 10\angle 36.87° \ (\Omega)$$

②电压相量 $\dot{U} = 220\angle 60°$ V，则电流相量为：

$$\dot{I} = \frac{\dot{U}}{Z} = \frac{220\angle 60°}{10\angle 36.87°} = 22\angle 23.13° \ (A)$$

电流的瞬时值为：

$$i = 22\sqrt{2}\sin(314t + 23.13°) \ (A)$$

③各元件的端电压相量分别为：

$$\dot{U}_R = \dot{I}R = 22\angle 23.13° \times 8 = 176\angle 23.13° \ (V)$$

$$\dot{U}_L = \dot{I}jX_L = 22\angle 23.13° \times 20\angle 90° = 440\angle 113.13° \ (V)$$

$$\dot{U}_C = \dot{I}(-jX_C) = 22\angle 23.13° \times 14\angle -90° = 308\angle -66.87° \ (V)$$

则各元件端电压的瞬时值表达式分别为：

$$u_R = 176\sqrt{2}\sin(314t + 23.13°)\ \text{V}$$

$$u_L = 440\sqrt{2}\sin(314t + 113.13°)\ \text{V}$$

$$u_C = 308\sqrt{2}\sin(314t - 66.87°)\ \text{V}$$

④有功功率：

$$P = UI\cos\varphi = 220 \times 22\cos36.87° \approx 3\ 872\ \text{（W）}$$

或　$P = U_R I = 176 \times 22 = 3\ 872\ \text{（W）}$

无功功率：

$$Q = UI\sin\varphi = 220 \times 22\sin36.87° \approx 2\ 904\ \text{（var）}$$

视在功率：

$$S = UI = 220 \times 22 = 4\ 840\ \text{（VA）}$$

功率因数：

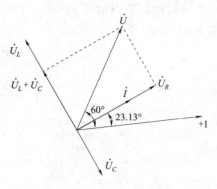

图 2.12　例 2.7 相量图

$$\lambda = \cos\varphi = \frac{P}{S} = \frac{R}{|Z|} = \frac{8}{10} = 0.8$$

⑤各电压电流相量图如图 2.12 所示。

（3）RLC 串联电路的 3 种工作状态。

由 RLC 串联交流电路的相量图（见图 2.13），可以看出：

①当 $X_L > X_C$，即电抗 $X > 0$，$U_L > U_C$，阻抗角 $\varphi > 0$ 时，总电压 u 超前电流 i，电路呈电感性。

②当 $X_L < X_C$，即电抗 $X < 0$，$U_L < U_C$，阻抗角 $\varphi < 0$ 时，总电压 u 滞后电流 i，电路呈电容性。

③当 $X_L = X_C$，即电抗 $X = 0$，$U_L = U_C$，阻抗角 $\varphi = 0$ 时，总电压 u 与电流 i 同相位，电路呈纯电阻性。

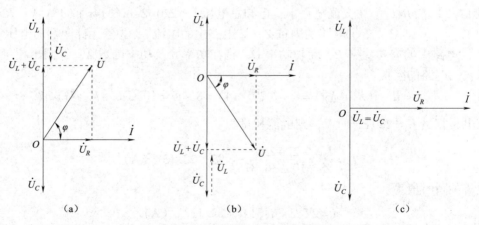

图 2.13　RLC 串联交流电路的相量图

（a）$X_L > X_C$；（b）$X_L < X_C$；（c）$X_L = X_C$

2. 功率因数的提高

电力部门监测无功功率用的是功率因数表。功率因数是正弦交流电路中一个很重要的物理量，功率因数低会带来两个方面的不良影响：①线路损耗大；②电源的利用率低。当负载的 $\cos \varphi = 0.5$ 时，电源的利用率只有 50%。

由此可见，功率因数的提高有着非常重要的经济意义。按照供用电规则，高压供电的工业、企业单位平均功率因数不得低于 0.95，其他单位不得低于 0.9。因此，提高功率因数是一个必须解决的问题。这里说的提高功率因数，是提高电路的功率因数，而不是提高某一负载的功率因数。应注意的是，功率因数的提高必须在保证负载正常工作的前提下实现。

既能提高电路的功率因数，又要保证感性负载正常工作，常用的方法是在感性负载两端并联电容器。

图 2.14（a）中的 R 为电感线圈导线的电阻，图 2.14（b）是并联电容后的电流相量图。电容支路的电流为：

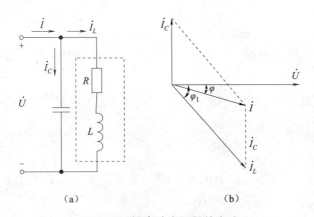

（a）　　　　　　　　　　（b）

图 2.14　提高功率因数的方法

（a）电路图；（b）电流相量图

$$I_C = I_L \sin \varphi_1 - I \sin \varphi = \frac{P}{U \cos \varphi_1} \sin \varphi_1 - \frac{P}{U \cos \varphi} \sin \varphi = U \cdot \omega C$$

$$C = \frac{P}{\omega U^2}(\tan \varphi_1 - \tan \varphi)$$

(2.25)

需要注意的是，在并联补偿电容前后，感性负载的电流、电压、有功功率和功率因数并没有发生变化。但是通过并联一个适当的补偿电容，就能提高整个电路或整个供电系统的功率因数，这正是我们所需要的。

三、交流电路中的谐振

谐振在计算机、收音机、电视机、手机等电子设备的电子线路中都有应用，也被广泛用于工业生产中的高频淬火、高频加热等。但是，谐振有时也会产生干扰和损坏元件等不利现象。研究谐振产生的条件和特点，可以取其利而避其害。

所谓谐振，是指在含有电容和电感的电路中，当调节电路的参数或电源的频率，使电路的总电压和总电流相位相同时，整个电路的负载呈电阻性，这时电路就产生了谐振。谐振通常分为串联谐振和并联谐振。

1. 串联谐振

在图 2.10（a）所示电路中，$\dot{U}_L + \dot{U}_C = 0$ 时，电路中电感元件的感抗与电容元件的容抗相互抵消，电路呈纯电阻特性，即电压与电流同相，电路产生了串联谐振，此时的频率称为谐振频率 f_0。

（1）串联谐振的条件。

串联谐振时，电路的等效阻抗 $Z = R + \mathrm{j}(X_L - X_C) = R$ 呈阻性，虚部为 0，即 $X_L = X_C$。因此串联谐振的产生条件为：

$$X_L = X_C \quad 或 \quad 2\pi fL = \frac{1}{2\pi fC}$$

由此得出谐振频率为：

$$f = f_0 = \frac{1}{2\pi\sqrt{LC}} \quad 或 \quad \omega_0 = \frac{1}{\sqrt{LC}} \tag{2.26}$$

式中，ω_0 为谐振角频率，f_0 为谐振频率，它们只由电路参数 L、C 决定，与电阻 R 无关，反映了电路自身固有性质。因此 ω_0、f_0 也称为谐振电路的固有角频率、固有频率。

（2）串联谐振的特征。

①电路的阻抗模最小，$|Z| = \sqrt{R^2 + (X_L - X_C)^2} = R$。电路呈电阻性，即电路相当于一个电阻。

②电流最大，$I_0 = \dfrac{U}{|Z|} = \dfrac{U}{R}$，电流与电压同相。

③电路中的无功功率为零，表明电源供给的能量全部被电阻消耗，电源与电路之间没有能量交换，只在电感元件和电容元件之间进行能量交换。

④电阻电压等于电路总电压，电感电压与电容电压大小相等，相位相反，并且都为电路电压的 Q 倍。

Q 为电感电压或电容电压与电路总电压之比，称为串联谐振电路的品质因数，即

$$Q = \frac{\omega_0 L}{R} = \frac{1}{\omega_0 CR} \tag{2.27}$$

2. 并联谐振

在如图 2.14（a）所示的并联交流电路中，如果电路电压与总电流同相，则电路处于并联谐振状态。

（1）并联谐振的条件。

并联谐振的产生条件为：

$$X_L = X_C \quad 或 \quad 2\pi fL = \frac{1}{2\pi fC}$$

由此得出谐振频率为：

$$f = f_0 = \frac{1}{2\pi\sqrt{LC}} \quad 或 \quad \omega_0 = \frac{1}{\sqrt{LC}} \tag{2.28}$$

（2）并联谐振的特征。

①电路的阻抗模最大，$|Z_0| = \dfrac{(\omega_0 L)^2}{R} \bigg/ \dfrac{L}{?} = \dfrac{L}{RC}$，电路呈电阻性。

②总电流最小，并且与电压同相，$I_0 = \dfrac{U}{|Z_0|} = \dfrac{RCU}{L}$。

③电路的无功功率为零。

④电感支路电流与电容支路电流近似相等，并且都为电流 I_0 的 Q 倍。

$$Q = \frac{\omega_0 L}{R} = \frac{1}{\omega_0 CR} \tag{2.29}$$

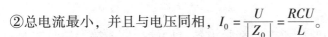

能力训练

一、判断题

1. 在 RLC 串联电路中，当电路发生谐振时，电路阻抗达到最大。　　　　　（　　）

2. 与电阻相似，电感、电容的伏安关系也是线性代数关系。　　　　　　　（　　）

3. 功率因数越高，电源容量的利用率越高。　　　　　　　　　　　　　　（　　）

二、单选题

1. R、L 串联交流电路中，若电阻上的电压为 6 V，电感电压为 8 V，则电源电压为（　　）。

A. 2 V　　　　　　　B. 4 V　　　　　　　C. 10 V　　　　　　　D. 8 V

2. 容性负载电路中电流相位（　　）电压相位。

A. 超前　　　　　　　B. 滞后　　　　　　　C. 等于　　　　　　　D. 不确定

模块三　三相交流电路

先导案例

在工业生产及日常生活中，三相交流电被广泛应用。日常生活中所使用的交流电只是三相交流电中的一相，而工厂生产所用的三相电动机就需要三相制供电。

一、三相交流电源

1. 三相交流电源的产生

把 3 个幅值相等、频率相同、相位互差 120°的正弦交流电压按一定的方式连接起来，作为三相交流电源向负载进行供电，这种电源称为三相正弦电源。它是由三相发电机产生的。图 2.15（a）所示为三相交流发电机的结构示意图，三相交流发电机主要由定子和转子组成。

三组完全相同的定子电枢绕组放置在彼此间隔 120°的发电机定子铁芯凹槽里固定不动，三相绕组的始端分别用 U_1、V_1、W_1 表示，末端分别用 U_2、V_2、W_2 表示。转子铁芯上绕有励磁绕组，通入直流电后产生磁场，该磁场磁感应强度在定子与转子之间的气隙中按正弦规律分布。当转子由原动机带动，并以角速度 ω 匀速顺时针旋转时，每个定子绕组（称相）依次切割磁力线而感应出频率相同、幅值相等、相位角依次相差 120°的三个正弦电压，即对称三相正弦电压 u_U、u_V、u_W。

设对称三相电压 u_U、u_V 和 u_W 的参考方向都是由各自始端指向末端，如图 2.15（b）所示。若以 u_U 相为参考正弦量，则对称三相交流电压的一般表达式为

$$\begin{cases} u_U = U_m \sin \omega t, & \dot{U}_U = U \angle 0° \\ u_V = U_m \sin(\omega t - 120°), & \dot{U}_V = U \angle -120° \\ u_W = U_m \sin(\omega t + 120°), & \dot{U}_W = U \angle 120° \end{cases} \tag{2.30}$$

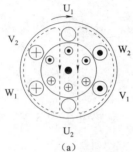 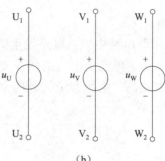

图 2.15 三相交流发电机示意图

（a）结构示意图；（b）三相电源

其正弦波形图和相量图如图 2.16 所示。

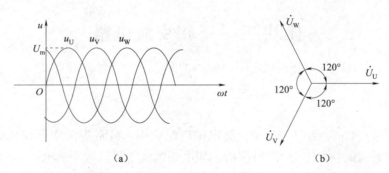

图 2.16 三相电源电压

（a）波形图；（b）相量图

从各相电压的表达式可推出对称三相电源的三个相电压之和为零，即

$$u_U + u_V + u_W = 0 \quad 或 \quad \dot{U}_U + \dot{U}_V + \dot{U}_W = 0$$

三相电压的相序为三相电压依次出现波峰（零值或波谷）的顺序。工程上规定：U－V－W 的相序为顺序（正序），而 U－W－V 的相序为逆序（反序）。无特殊说明，三相电源的相序均是顺序。

2. 三相交流电源的连接

三相电源的每一相绕组都可作为一个独立的单相电源，如果每相绕组的两端都通过两根输电线与负载连接，则可得到 3 个互不关联的单相交流电路。但是，这种三相六线制的供电系统无法体现三相供电系统的优越性，既不经济也没有实用价值。在现代供电系统中，

对称三相电源的连接方式有两种：星形连接和三角形连接。

1）三相电源星形（丫）连接

将三相电源中三相绕组的末端 U_2、V_2、W_2 连接成一个公共端点，并由三相绕组的首端 U_1、V_1、W_1 分别引出 3 条输电线，这种连接方式称为星形连接，如图 2.17 所示。

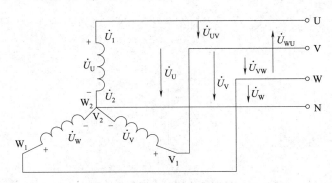

图 2.17　三相电源的星形连接

中性点：三相绕组的末端 U_2、V_2、W_2 连接而成的公共端点称为中性点。接大地的中性点称为零点。

中性线：从中性点引出的输电线称为中性线，简称中线。接大地的中性线称为零线或地线。

相线：从三相绕组的首端 U_1、V_1、W_1 引出的三条输电线称为相线，又称端线，俗称火线，分别用大写字母 U、V、W 表示。

工程技术上，相线 U、V、W 分别用黄、绿、红三种颜色来区别，而中性线则用黑色表示。由三条相线和一条中性线组成的输电方式称为三相四线制；无中性线的则称为三相三线制。通常低压供电网均采用三相四线制。

三相四线制供电系统可输送两种电压：一种是相线与中性线之间的电压，称为相电压，分别用 $\dot{U}_U$、$\dot{U}_V$、$\dot{U}_W$ 表示，对称的三相相电压的有效值常用 U_P 表示；另一种是相线与相线之间的电压，称为线电压，分别用 $\dot{U}_{UV}$、$\dot{U}_{VW}$、$\dot{U}_{WU}$ 表示，对称的三相线电压的有效值常用 U_L 表示。

通常规定相电压的参考方向为从相线指向中性线，线电压的参考方向为由第一下标的相线指向第二下标的相线，如 $\dot{U}_{UV}$ 则由 U 相线指向 V 相线。由图 2.17 所示的电压参考方向，可知各线电压与相电压之间的相量关系为：

$$\begin{cases} \dot{U}_{UV} = \dot{U}_U - \dot{U}_V \\ \dot{U}_{VW} = \dot{U}_V - \dot{U}_W \\ \dot{U}_{WU} = \dot{U}_W - \dot{U}_U \end{cases} \tag{2.31}$$

在对称的三相电源中，有

$$\begin{cases} \dot{U}_{UV} = U \angle 0° - U \angle -120° = \sqrt{3}\dot{U}_U \angle 30° \\ \dot{U}_{VW} = U \angle -120° - U \angle 120° = \sqrt{3}\dot{U}_V \angle 30° \\ \dot{U}_{WU} = U \angle 120° - U \angle 0° = \sqrt{3}\dot{U}_W \angle 30° \end{cases} \tag{2.32}$$

式（2.32）表明，对称三相电源是星形连接时，线电压与相电压的有效值关系为 $U_L = \sqrt{3}\,U_P$；相位关系为线电压超前对应的相电压30°。

线电压与相电压的数值关系和相位关系也可通过作相量图得出，如图2.18所示。

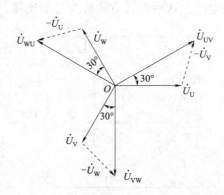

图2.18　星形连接线时电压与相电压的关系

在日常生活与工农业生产中，多数用户的电压等级为线电压380 V，相电压220 V。

2）三相电源三角形（△）连接

将三相发电机的每一相绕组的末端与另一相绕组的始端依次连接，从三个连接点引出三根相线，这种连接方式称为三角形连接，如图2.19所示。

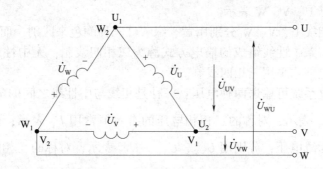

图2.19　三相电源的三角形连接

由图2.19可知，三相电源为三角形连接时，线电压等于相电压，即

$$\begin{cases} \dot{U}_{UV} = \dot{U}_U \\ \dot{U}_{VW} = \dot{U}_V \\ \dot{U}_{WU} = \dot{U}_W \end{cases} \tag{2.33}$$

当对称三相电源三角形正确连接时，由于 $\dot{U}_U + \dot{U}_V + \dot{U}_W = 0$，所以电源内部无环流。若接错，则可能形成很大的环流，以致烧坏绕组，这是不允许的。发电机绕组一般不采用三角形连接而采用星形连接。

二、三相负载的连接方式

三相电路中的负载可以连接成星形或三角形，不论采用哪种连接形式，其每相负载首、末端之间的电压都称为负载的相电压；两相负载首端之间的电压称为负载的线电压；通过每一相负载的电流称为负载的相电流，记作 I_P；流过每根火线的电流称为线电流，记作 I_L。

1. 负载的星形连接

将三相负载尾端相连，并引出一根线接电源的中性线，从首端分别引出三根线接电源的三根相线，这种接法称为负载的星形（丫）连接。如图 2.20 所示。

由图 2.20 可以看出各相负载端电压分别为电源的 3 个对称相电压。

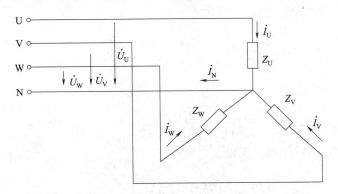

图 2.20　三相负载的星形连接

1）线电压与相电压的关系

因为负载上的相电压等于三相线路上的相电压，负载上的线电压等于三相线路上的线电压，因此，线电压的大小为相电压大小的 $\sqrt{3}$ 倍，相位超前相应相 30°，即

$$\dot{U}_{UV} = \sqrt{3}\dot{U}_U\angle 30°, \quad \dot{U}_{VW} = \sqrt{3}\dot{U}_V\angle 30°, \quad \dot{U}_{WU} = \sqrt{3}\dot{U}_W\angle 30° \tag{2.34}$$

2）线电流与相电流的关系

从图 2.20 电路图可以看出线电流等于相电流，即

$$\dot{I}_P = \dot{I}_L \tag{2.35}$$

3）流过中性线的电流

设三相负载的阻抗分别为 Z_U、Z_V 和 Z_W，由于各相负载的电压为电源的相电压，因此各阻抗中通过的电流为：

$$\dot{I}_U = \frac{\dot{U}_U}{Z_U}, \quad \dot{I}_V = \frac{\dot{U}_V}{Z_V}, \quad \dot{I}_W = \frac{\dot{U}_W}{Z_W} \tag{2.36}$$

根据基尔霍夫电流定律，中性线电流相量为：

$$\dot{I}_N = \dot{I}_U + \dot{I}_V + \dot{I}_W \tag{2.37}$$

4）对称三相负载

若各阻抗的模相等，幅角相同，即 $Z_U = Z_V = Z_W = |Z|\angle\varphi$，则称为对称三相负载；否则，称为不对称三相负载。

由于三相电源是对称的，如果三相负载也是对称的，则三相负载中流过的电流必然是对称的，这时中性线中的电流为零，即

$$\dot{I}_N = \dot{I}_U + \dot{I}_V + \dot{I}_W = 0$$

这种情况下去掉中性线，对电路不会产生任何影响，所以三相异步电动机、三相电炉等对称三相负载与三相电源相连时都不加中性线。

【例2.8】 星形连接的对称三相负载的阻抗 $Z = (6 + \text{j}8)$ Ω，三相对称电源线电压为 $u_{\text{UV}} = 380\sqrt{2}\sin(\omega t + 30°)$ （V）。①求三相负载的相电流 $\dot{I}_{\text{U}}$、$\dot{I}_{\text{V}}$、$\dot{I}_{\text{W}}$ 和中性线电流 $\dot{I}_{\text{N}}$。②若 U 相断开，求相电流 $\dot{I}_{\text{U}}$、$\dot{I}_{\text{V}}$、$\dot{I}_{\text{W}}$ 和中性线电流 $\dot{I}_{\text{N}}$。

解：①$\dot{U}_{\text{UV}} = 380\angle 30°$，则相电压为：

$$\dot{U}_{\text{U}} = \frac{\dot{U}_{\text{UV}}}{\sqrt{3}\angle 30°} = \frac{380\angle 30°}{\sqrt{3}\angle 30°} = 220\angle 0° \quad (\text{V})$$

U 相负载电流为：

$$\dot{I}_{\text{U}} = \frac{\dot{U}_{\text{U}}}{Z} = \frac{220\angle 0°}{6 + \text{j}8} = \frac{220\angle 0°}{10\angle 53.1°} = 22\angle -53.1° \quad (\text{A})$$

由于三相相电流是对称的，所以

$$\dot{I}_{\text{V}} = 22\angle -53.1° - 120° = 22\angle -173.1° \quad (\text{A})$$

$$\dot{I}_{\text{W}} = 22\angle -53.1° + 120° = 22\angle 66.9° \quad (\text{A})$$

中性线电流相量为：

$$\dot{I}_{\text{N}} = 22\angle -53.1° + 22\angle -173.1° + 22\angle 66.9° = 0 \quad (\text{A})$$

②若 U 相断开，则相电流 $\dot{I}_{\text{U}} = 0$，由于中性线并未断开，因此 V 相和 W 相不受影响，仍然正常工作，相电流保持不变，中性线电流为：

$$\dot{I}_{\text{N}} = 0 + 22\angle -173.1° + 22\angle 66.9°$$
$$= 22[\sin(-173.1°) + \text{j}\cos(-173.1°) + \sin 66.9° + \text{j}\cos 66.9°]$$
$$= 22(0.8 - \text{j}0.6) = 22\angle -36.9° \quad (\text{A})$$

2. 负载的三角形连接

如图 2.21（a）所示，将三相负载首尾相连，形成三角形，从三个顶点引出三根线与电源三根相线相连，这种接法称为负载的三角形（△）连接。

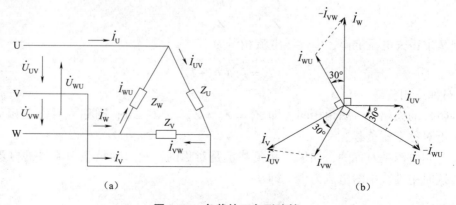

（a）　　　　　　　　　　　（b）

图 2.21　负载的三角形连接

1）线电压与相电压的关系

由图 2.21（a）电路可以看出各相负载的相电压等于电源的 3 个对称线电压。即

$$\dot{U}_{\mathrm{P}} = \dot{U}_{\mathrm{L}}$$

2）线电流与相电流的关系

每相负载的相电流分别为：

$$\dot{I}_{\mathrm{UV}} = \frac{\dot{U}_{\mathrm{UV}}}{Z_{\mathrm{U}}}, \ \dot{I}_{\mathrm{VW}} = \frac{\dot{U}_{\mathrm{VW}}}{Z_{\mathrm{V}}}, \ \dot{I}_{\mathrm{WU}} = \frac{\dot{U}_{\mathrm{WU}}}{Z_{\mathrm{W}}} \tag{2.38}$$

由基尔霍夫电流定律，三根相线上的线电流分别为：

$$\dot{I}_{\mathrm{U}} = \dot{I}_{\mathrm{UV}} - \dot{I}_{\mathrm{WU}}, \ \dot{I}_{\mathrm{V}} = \dot{I}_{\mathrm{VW}} - \dot{I}_{\mathrm{UV}}, \ \dot{I}_{\mathrm{W}} = \dot{I}_{\mathrm{WU}} - \dot{I}_{\mathrm{VW}} \tag{2.39}$$

3）对称三相负载

若三相负载的阻抗相同，即

$$Z_{\mathrm{U}} = Z_{\mathrm{V}} = Z_{\mathrm{W}} = Z$$

对称三相负载的线电流与相电流的数值关系为：

$$I_{\mathrm{L}} = \sqrt{3}\,I_{\mathrm{P}} \tag{2.40}$$

线电流与相电流的相位关系是线电流滞后相应的相电流 30°。

线电流与相电流的关系用相量式可表示为：

$$\begin{cases} \dot{I}_{\mathrm{U}} = \sqrt{3}\,\dot{I}_{\mathrm{UV}} \angle -30° \\[6pt] \dot{I}_{\mathrm{V}} = \sqrt{3}\,\dot{I}_{\mathrm{VW}} \angle -30° \\[6pt] \dot{I}_{\mathrm{W}} = \sqrt{3}\,\dot{I}_{\mathrm{WU}} \angle -30° \end{cases} \tag{2.41}$$

可见，线电流的大小是相电流的 $\sqrt{3}$ 倍，线电流的相位滞后于对应相电流 30°。相电流与线电流之间的相量关系如图 2.21（b）所示。

三、三相电路的功率

1. 三相电路的有功功率

由于三相电路实际上是 3 个单相电路的组合，因此无论三相负载是星形连接还是三角形连接，三相电路的总有功功率 P 都等于各相负载的有功功率 P_{U}、P_{V} 和 P_{W} 之和，即

$$P = P_{\mathrm{U}} + P_{\mathrm{V}} + P_{\mathrm{W}}$$

当三相负载对称时，$P_{\mathrm{P}} = P_{\mathrm{U}} = P_{\mathrm{V}} = P_{\mathrm{W}} = U_{\mathrm{P}} I_{\mathrm{P}} \cos \varphi_{\mathrm{P}}$，则三相电路的总有功功率为：

$$P = 3P_{\mathrm{P}} = 3U_{\mathrm{P}} I_{\mathrm{P}} \cos \varphi \tag{2.42}$$

式中，U_{P}、I_{P} 分别表示每相负载的相电压和相电流的有效值，φ 为每相负载的阻抗角（每相负载的相电压与相电流的相位差）。

对称负载星形连接时，$U_{\mathrm{L}} = \sqrt{3}\,U_{\mathrm{P}}$，$I_{\mathrm{L}} = I_{\mathrm{P}}$；负载是三角形连接时，$U_{\mathrm{L}} = U_{\mathrm{P}}$，$I_{\mathrm{L}} = \sqrt{3}\,I_{\mathrm{P}}$，代入式（2.42）可得：

$$P = \sqrt{3}\,U_{\mathrm{L}} I_{\mathrm{L}} \cos \varphi \tag{2.43}$$

实际电路中，方便测量的是线电压和线电流，所以计算功率时式（2.43）最为常用。值得注意的是：功率因数角 φ 为负载的相电压与相电流之间的相位差，也是对称负载的幅角。

2. 三相电路的无功功率与视在功率

与有功功率一样，三相电路的无功功率也等于各相负载的无功功率之和，即

$$Q = Q_U + Q_V + Q_W$$

若三相负载对称，也可得出：

$$Q = 3U_PI_P\sin\varphi = \sqrt{3}U_LI_L\sin\varphi \tag{2.44}$$

三相电路的视在功率为：

$$S = \sqrt{P^2 + Q^2} = \sqrt{3}U_LI_L \tag{2.45}$$

【例2.9】 三相对称负载做三角形连接后接到对称三相电源上，若每相负载的阻抗 $Z = (16 + j12)\ \Omega$，三相对称电源线电压为 $u_{UV} = 380\sqrt{2}\sin(314t - 30°)$（V），试求：①三相负载的相电流 $\dot{I}_{UV}$、$\dot{I}_{VW}$ 和 $\dot{I}_{WU}$；②三相负载的线电流 $\dot{I}_U$、$\dot{I}_V$ 和 $\dot{I}_W$；③三相负载的总有功功率、总无功功率和总视在功率。

解： ①$\dot{U}_{UV} = 380\angle -30°$ V，则相电流为：

$$\dot{I}_{UV} = \frac{\dot{U}_{UV}}{Z} = \frac{380\angle -30°}{16 + j12} = \frac{380\angle -30°}{20\angle 36.87°} = 19\angle -66.87°\ (\text{A})$$

由于三相相电流是对称的，所以

$$\dot{I}_{VW} = 19\angle -66.87° - 120° = 19\angle 173.13°\ (\text{A})$$

$$\dot{I}_{WU} = 19\angle -66.87° + 120° = 19\angle 53.13°\ (\text{A})$$

②根据 $\dot{I}_U = \sqrt{3}\dot{I}_{UV}\angle -30°$ 可得：

$$\dot{I}_U = \sqrt{3}\dot{I}_{UV}\angle -30° = 19\sqrt{3}\angle -66.87° - 30° = 19\sqrt{3}\angle -96.87°\ (\text{A})$$

由于三相线电流是对称的，所以

$$\dot{I}_V = 19\sqrt{3}\angle -96.87° - 120° = 19\sqrt{3}\angle 143.13°\ (\text{A})$$

$$\dot{I}_W = 19\sqrt{3}\angle -96.87° + 120° = 19\sqrt{3}\angle 23.13°\ (\text{A})$$

③总有功功率：

$$P = \sqrt{3}U_LI_L\cos\varphi = \sqrt{3}\times 380\times 19\sqrt{3}\cos 36.87° = 17.33\ (\text{kW})$$

总无功功率：

$$Q = \sqrt{3}U_LI_L\sin\varphi = \sqrt{3}\times 380\times 19\sqrt{3}\sin 36.87° = 13\ (\text{kvar})$$

总视在功率：

$$S = \sqrt{3}U_LI_L = \sqrt{3}\times 380\times 19\sqrt{3} = 21.66\ (\text{kVA})$$

四、触电事故

在生产和生活中，人们经常接触到电器设备，如果不小心触及带电部分，或者触及电器设备的绝缘破损部分，就会发生触电事故。

人体触电时，电流通过人体会造成损伤，根据伤害性质不同可分为电击和电伤两种情况。电击是指电流通过人体时，造成人体内部组织的破坏乃至死亡。电伤是指在电弧作用

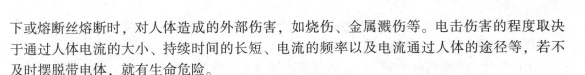

下或熔断丝熔断时，对人体造成的外部伤害，如烧伤、金属溅伤等。电击伤害的程度取决于通过人体电流的大小、持续时间的长短、电流的频率以及电流通过人体的途径等，若不及时摆脱带电体，就有生命危险。

1. 触电事故

人们使用的电器设备主要是 220 V 单相和 380 V/220 V 三相的电器设备。1 kV 以上的高压设备只有专业人员才能接近，因此，低压触电事故较高压触电事故多一些。触电事故对人体的损伤程度一般与下列因素有关。

1）安全电压及人体电阻

安全电压是指人体较长时间接触带电体而不致发生触电危险的电压。我国对安全电压的规定：为防止触电事故而采用特定电源供电的电压系列，该系列电压的上限值，在任何情况下，两导体间或任意导体与地之间均不得超过的交流（50 ~ 500 Hz）有效值为 50 V，即为 36 V、24 V、12 V、6 V（工频有效值）；在特别潮湿的场所，应采用 12 V 以下的电压。

据有关资料显示，工频交流 10 mA 以上，直流在 50 mA 以上的电流通过人体心脏时，触电者已不能摆脱电源，就有生命危险。在小于上述电流的情况下，触电者能自己摆脱带电体，但时间过长同样有生命危险。

人体电阻越高，触电时通过人体的电流越小，伤害程度也越轻。通常情况下，人体电阻为 $10^4 ~ 10^5$ Ω。若皮肤潮湿，如出汗时，人体电阻急剧下降，约为 1 kΩ。人体电阻还与触电时人体接触带电体的面积及触电电压等有关，接触面积越大，触电电压越高，人体电阻越小。

2）触电的方式

人体触电方式主要有单相触电、两相触电两种。

（1）单相触电。

如果人站在大地上，当人体直接碰触带电设备其中的一相时，电流通过人体经大地而构成回路，这种触电方式通常称为单相触电，也称为单线触电。这种触电的危害程度取决于三相电网中的中性点是否接地。

中性点接地时：当人接触任一相导线时，一相电流通过人体、大地、系统中性点接地装置形成回路。因为中性点接地装置的接地电阻比人体电阻小得多，所以相电压几乎全部加在人体上，使人体触电。但是如果人体站在绝缘材料上，流经人体的电流会很小，人体不会触电。

中性点不接地时：当人体接触任一相导线时，接触相经人体流入地中的电流只能经另两相对地的电容阻抗构成闭合回路。在低压系统中，由于各相对地电容较小，相对地的绝缘电阻较大，故通过人体的电流会很小，对人体不至于造成触电伤害；若各相对地的绝缘不良，则人体触电的危险性会很大，在高压系统中，各相对地均有较大的电容。这样一来，流经人体的电容电流较大，造成对人体的危害也较大。

对于高压带电体，人体虽未直接接触，但由于超过了安全距离，高电压对人体放电，造成单相接地而引起的触电，也属于单相触电。大部分触电事故是单相触电事故。

（2）两相触电。

人体同时接触带电设备或线路中的两相导体，或在高压系统中，人体同时接近不同相的两相带电导体，而发生电弧放电，电流从一相导体通过人体流入另一相导体，构成一个闭合回路，这种触电方式称为两相触电，也称为两线触电。发生两相触电时，作用于人体上的电压等于线电压，这种触电是最危险的。

由此可见，上述两种情况下，误触及带电导线对人体都是很危险的。因此，在使用家用电器时，要避免由绝缘破损而引起的触电伤亡事故。如果是两相触电，则更危险。

2. 安全用电措施

1）保护接地

保护接地就是将正常情况下不带电，而在绝缘材料损坏后或其他情况下可能带电的电器金属部分用导线与接地体可靠连接起来的一种保护接线方式。接地保护一般用于配电变压器中性点不直接接地（三相三线制）的供电系统中，用以保证当电器设备因绝缘损坏而漏电时产生的对地电压不超过安全范围。如果家用电器未采用接地保护，当某一部分的绝缘损坏或某一相线碰及外壳时，家用电器的外壳将带电，人体万一触及该绝缘损坏的电器设备外壳（构架）时，就会有触电的危险。相反，若将电器设备做了接地保护，单相接地短路电流就会沿接地装置和人体这两条并联支路分别流过。所以流经人体的电流就很小，而流经接地装置的电流很大。这样就减小了电器设备漏电后人体触电的危险。

2）保护接零

保护接零是把电器设备的金属外壳和电网的零线连接起来，以保护人身安全的一种用电安全措施。当电器设备内部绝缘损坏发生一相碰壳时，该相就通过金属外壳对零线发生单相短路，短路电流能促使线路上的保护装置迅速动作，切除发生故障的电路，消除人体触电危险。

如果遇到触电事故，应首先切断电源，然后立即采取有效的急救措施。

3. 急救方案

触电事故发生后，应立即停止现场作业活动，并将伤员放置在平坦的地方，现场有救护经验的人员应立即对伤员进行紧急急救。

具体方法如下：在心跳骤停的极短时间内，首先进行心前区叩击，连击 2～3 次。然后进行胸外心脏按压及口对口人工呼吸。将双手交叉相叠，用掌部有节律地按压心脏，做口对口人工呼吸时，先清除口腔内的分泌物，以保持呼吸道的通畅。然后，捏紧鼻孔吹气，使胸部隆起、肺部扩张。心脏按压必须与人工呼吸配合进行，双人救护时每按心脏 4～5 次吹气一次，单人救护时按压心脏和吹气频率之比为 15:2，直至急救中心的专业救护人员到达现场。

能 力 训 练

一、判断题

1. 三相交流电星形接法中线电压是相电压的 $\sqrt{3}$ 倍，二者相位相同。　　　（　　）

2. 三相交流电星形接法中，当三相负载对称时，中性线可有可无。　　　（　　）

3. 三相交流电三角形接法中，三相负载线电流总是相电流的 $\sqrt{3}$ 倍。　　　（　　）

二、单选题

1. 三相四线制供电线路中，若相电压为 220 V，则火线与火线间电压为（　　）。

A. 220 V　　　　　B. 380 V　　　　　C. 311 V　　　　　D. 440 V

2. 图 2.22 所示正弦交流电路，已知 $\dot{I} = 1\angle 0°\ \text{A}$，则图中 $\dot{I}_L$ 为（　　）。

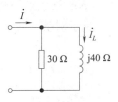

A. $0.8\angle 36.9°\ \text{A}$

B. $0.6\angle 36.9°\ \text{A}$

C. $0.6\angle -53.1°\ \text{A}$

D. $0.6\angle 53.1°\ \text{A}$

图 2.22　RL 电路

单元小结

（1）正弦交流电 $u = U_\text{m}\sin(\omega t + \varphi)$ 或 $i = I_\text{m}\sin(\omega t + \varphi)$。其中，初相角、角频率、幅值是正弦量的三要素。为了便于分析计算交流电路，引入相量表示正弦量。相量是用复数来表示的正弦量。

（2）正弦交流电在纯电阻电路中，电压与电流同相；在纯电感电路中，电压超前电流 $90°$；在纯电容电路中，电压滞后电流 $90°$。电阻为耗能元件，电感、电容均为储能元件。利用相量图可得出 RLC 串联电路的电压三角形、阻抗三角形和功率三角形。在 RLC 串联或并联电路中，发生谐振时，电压与电流同相；若电压超前电流，则电路为感性；若电压滞后电流，则电路为容性。

（3）三相交流电是由三相发电机产生的。绕组的始端之间或末端之间都彼此相隔 $120°$，$u_\text{U} = U_\text{m}\sin \omega t$，$u_\text{V} = U_\text{m}\sin(\omega t - 120°)$，$u_\text{W} = U_\text{m}\sin(\omega t + 120°)$。

（4）对称三相电源的连接。

Y形连接：三相四线制，有中性线，提供两组电压，分别为线电压和相电压，线电压与相电压的相位关系是线电压超前相应的相电压 $30°$，其值是相电压的 $\sqrt{3}$ 倍；三相三线制，无中性线，提供线电压。

△形连接：只能是三相三线制，提供一组电压，电源线电压即电源的相电压，线电流是相电流的 $\sqrt{3}$ 倍。

（5）三相负载的连接。

Y形连接：对称三相负载接成Y形时，供电电路只需为三相三线制；不对称三相负载接成Y形时，供电电路必须为三相四线制。

负载Y形连接时，负载的线电压就是电源的线电压；负载的相电压就是电源的相电压，每相负载相电压对称且为线电压的 $1/\sqrt{3}$；流过每相负载的电流称为相电流，通过每根相线上的电流称为线电流，线电流等于相电流。流过中性线的电流称为中性线电流，对于对称三相负载，中性线电流为零，可以把中性线去掉构成三相三线制电路。对于不对称三相负载，中性线电流不为零，必须采用有中性线的三相四线制电路。中性线的作用就是保证负载相电压对称。为了防止中性线突然断开，在中性线上不准安装开关或熔断器。

△形连接：三相负载接成△形时，供电电路只需三相三线制。

负载△形连接时，负载的相电压等于电源的线电压，无论负载对称与否，负载的相电压是对称的。对于三相对称负载，线电流的相位滞后于相应的相电流 $30°$，线电流的值是相电流的 $\sqrt{3}$ 倍。

（6）三相电路的功率。

对于对称三相电路，三相电路的功率为：

$$P = \sqrt{3} I_L U_L \cos \varphi$$

$$Q = \sqrt{3} I_L U_L \sin \varphi$$

$$S = \sqrt{3} I_L U_L$$

$$\cos \varphi = \frac{P}{S}$$

🌀 单元检测

一、填空题

1. _____、_____和_____是表征正弦交流电的三个重要物理量，通常把它们称为正弦交流电的三要素。

2. 在某一交流电路中，已知正弦电压 $i = 10\sqrt{2}\sin(314t + 60°)$ V，则交流电流的有效值为_____V，周期为_____s，初相位为_____。

3. 正弦交流电在纯电阻电路中，电压与电流_____；在纯电感电路中，电压_____电流90°；在纯电容电路中，电压_____电流90°。电阻为_____元件，电感、电容均为_____元件。

4. 在具有电感和电容元件的电路中，电路两端的总电压与电路中的电流一般是_____的，当调节电感、电容或者调节电源的频率使总电压相量与电流相量_____时，电路中就产生了谐振现象。

5. 在 RLC 串联交流电路中，当发生串联谐振时，其谐振频率 $f_0 = $_____。

6. 对称三相电动势到达最大值的顺序为 e_U、e_V、e_W，其相序为_____，称为_____。

7. _____线和_____线之间的电压称为线电压，其有效值通常用 U_L 表示，在我国三相四线制低压配电线路中，线电压等于380 V。

8. 正弦交流电路电压 $\dot{U} = 220\angle 75°$ V，$\dot{I} = 5\angle 45°$ A。其有功功率 $P = $_____W，无功功率 $Q = $_____var。

9. 星形接线电压为220 V的三相对称电路中，其各相电压为_____。

10. 功率因素 $\cos\varphi$、有功功率 P 和视在功率 S 三者的数量关系为_____。

二、分析计算题

1. 试求下列相量所对应的正弦量的瞬时值。

（1）$\dot{U}_1 = 50\angle 30°$ V；（2）$\dot{U}_2 = (60 + j80)$ V

（3）$\dot{I}_1 = 6\angle -60°$ A；（4）$\dot{I}_2 = (8 + j6)$ A

2. 已知正弦电流 $i_1 = 3\sqrt{2}\sin(\omega t + 20°)$ A，$i_2 = 5\sqrt{2}\sin(\omega t - 70°)$ A，计算 $i = i_1 + i_2$，并画出相量图。

3. 现有一只标称阻值为22 Ω的电阻接在 $u = 220\sqrt{2}\sin(314t + 30°)$ V 的电路中，试求

电流 i 和有功功率 P。

4. 在纯电感电路中，将一个 $L = 0.35$ H 的电感接到端电压为 $u = 220\sqrt{2}\sin(314t + 30°)$ V 的正弦交流电源电路上，试求：（1）电感的感抗 X_L；（2）电路中的电流 i；（3）无功功率 Q。

5. 在纯电容电路中，电容 $C = 80$ μF，电路电流 $i = 5.5\sqrt{2}\sin(314t + 60°)$ A。试求：（1）电容的容抗 X_C；（2）电容元件的端电压 u_C；（3）无功功率 Q。

6. 一个线圈接在 $U = 100$ V 的直流电源上，此时测得电流 $I = 10$ A；如果接在 $f = 50$ Hz、$U = 220$ V 的交流电源上，则 $I = 11$ A。试求该线圈的电阻 R 和电感 L。

7. 在 RL 串联交流电路中，电源电压 $U = 10\sqrt{2}$ V，如果电阻两端的电压 $U_R = 10$ V。试求电感两端的电压 U_L 及电源电压与电流的相位差 φ。

8. 在 RLC 串联交流电路中，已知总电压 $u = 220\sqrt{2}\sin(314t + 60°)$ V，$R = 30$ Ω，$L = 255$ mH，$C = 79.6$ μF。求：（1）电路的阻抗 Z；（2）电路中的电流 i；（3）各元件两端的电压 u_R、u_L 和 u_C；（4）电路中的有功功率 P、无功功率 Q、视在功率 S 及功率因数 λ；（5）画出相量图。

9. 星形连接的对称三相负载的阻抗 $Z = (10 + j17.32)$ Ω，三相对称电源线电压为 $u_{VW} = 380\sqrt{2}\sin(\omega t + 30°)$（V）。

（1）计算各相负载的相电压 $\dot{U}_U$、$\dot{U}_V$、$\dot{U}_W$。

（2）计算各相负载的相电流 $\dot{I}_U$、$\dot{I}_V$、$\dot{I}_W$。

（3）计算总有功功率 P、总无功功率 Q 和总视在功率 S。

10. 三相对称负载做三角形连接后接到对称三相电源上，若每相负载的阻抗 $Z = (10 + j10)$ Ω，三相四线制电源的相电压为 $\dot{U}_U = 220\angle 45°$（V）。

（1）计算各相负载的相电压 $\dot{U}_{UV}$、$\dot{U}_{VW}$ 和 $\dot{U}_{WU}$。

（2）计算各相负载的相电流 $\dot{I}_{UV}$、$\dot{I}_{VW}$、$\dot{I}_{WU}$ 和线电流 $\dot{I}_U$、$\dot{I}_V$、$\dot{I}_W$。

（3）计算总有功功率 P、总无功功率 Q 和总视在功率 S。

拓展阅读

纵观高校火灾成因，尤以电器火灾突出。不安全用电、乱拉乱接电源线、电线老化、违章使用大功率电器、使用不合格电器、电器长期处于运行或待机状态等直接导致了火灾的发生。

一、私自乱拉电源线路引发火灾事故

违章乱拉、乱接电线容易损伤线路绝缘层，引起线路短路，从而引发火灾事故。

[案例] 2008 年 3 月 19 日下午 4 点左右，南京某高校 3 号男生宿舍楼突然起火，猛烈的大火很快将整间宿舍烧个精光，所幸没有人员受伤。据调查，这个宿舍存在着私拉电线的现象。当天下午宿舍内的计算机又一直没关，计算机发热引发了火灾。因此，大学生要遵守学校规定，不乱拉、乱接电源线，坚决避免因乱拉乱接电线而引发的火灾。

二、违章使用大功率电器引发火灾事故

高校的建筑物、供电线路、供电设备都是按照实际使用情况设计的，在宿舍内违章使用大功率电器，如电炉、电饭锅、电吹风、电热杯、热得快等，使供电线路过载发热加速线路老化而引发火灾。

[案例] 2008 年 11 月 14 日早晨，上海某学院一宿舍楼寝室内起火，起火的主要原因是学生在宿舍违规使用"热得快"，致使水被烧干后热水瓶处于干烧状态、插座发热断路引起火灾。最终因寝室内烟火过大，4 名女生被逼到阳台上，后分别从阳台跳下逃生，4 人均当场死亡。

三、电器自燃引发火灾

电视机、饮水机、计算机、空调机等电器自燃引发火灾，绝大多数是因为通电时间长，引起电器内部变压器发热、短路而起火。

[案例 1] 2006 年 6 月 24 日，某大学南主楼 6 层东侧一正在装修的屋子突然失火，校方立刻疏散了在 4 层以上楼层自习的学生。消防队赶到后将火扑灭。据了解，起火的是屋内一柜式空调机，火灾中无人员受伤。

[案例 2] 2004 年 7 月，某大学学生宿舍发生火灾，房间内的财物被烧毁。经公安机关调查发现，起火的原因是由于房间内的饮水机没有水但继续通电工作，造成饮水机发热而发生火灾。

四、在宿舍内使用明火引发火灾

[案例] 1995 年 12 月 14 日晚，某高校宿舍发生火灾，起火原因是该宿舍一女生在晚上 11 点学生宿舍熄灯后，在蚊帐内点蜡烛看书至凌晨 1：00，后因疲乏入睡，蜡烛引燃蚊帐，致使同宿舍两位同学被轻度烧伤，三床棉被及蚊帐等物品被烧毁的火灾事故。

触目惊心的案例告诉我们，安全无小事，生命最宝贵，警钟要长鸣。在我们生活的校园，每一个不安全行为不仅会伤害到自己，而且可能会危及他人的生命财产安全。"关注安全，关爱生命"应做到"不伤害自己、不伤害别人、不被别人伤害"，从身边点滴的安全小事做起。

学习单元三

变压器与电动机

单元描述

在电子技术中很多电器设备是利用电磁现象及电与磁的相互作用原理来工作的。变压器与电动机是其中的两种。变压器是一种变换交流电压的电磁设备，是输配电网络中的主要设备；电动机是一种将电能转换成机械能的电磁设备，按其用途可分为动力用电动机和控制用电动机；三相异步电动机是一种常用的动力电动机，伺服电动机和步进电动机是控制电机中应用较多的两种。通过本单元的学习来了解变压器与电动机的基本原理及应用。

学习导航

知识点	(1) 了解互感现象，理解同名端、互感系数、耦合系数的含义及电动机的基本结构和工作原理。 (2) 熟悉互感线圈的串联、并联的各种形式。 (3) 掌握变压器的结构及其工作原理
重点	变压器与电动机的相关概念及原理
难点	变压器与电动机的分析与应用
能力培养	(1) 能分析互感线圈中电压与电流的关系。 (2) 掌握互感线圈的同名端判别方法，会对互感线圈的串并联进行等效变换。 (3) 能对电动机进行初步分析
思政目标	通过介绍我国在电磁领域取得的成果，激发学生强烈的民族自豪感和家国荣誉感
建议学时	6~10 学时

模块一 磁 场

先导案例

据 1982 年 3 月《光明日报》报道：磁山（在今河北省邯郸市武安）是我国四大发明之一指南针的发源地。据《古矿录》记载：《明史地理志》称"磁州武安县西南有磁山，产磁铁石。"又《明一统治》称"磁州武安县西南有磁山，产磁铁石。"又《古矿录》记载：

磁山，在县西南 30 里[①]，土产矿石，州名取此。磁山，指南针的故乡。

一篇提到司南的典籍是《鬼谷子·谋篇第十》："故郑人之取玉也，载司南之车，为其不惑也。"鬼谷子，战国时期人，生于河北省邯郸市临漳县谷子村。鬼谷子活动的地方和文中所记载的郑人取玉一事，也在邯郸文化区域内。

北宋沈括的《梦溪笔谈》对指南针已有详细记载："方家以磁石磨针缝，则能指南。"据史料记载，1074 年，沈括前往河北西路（路，行政组织）查访，曾经过磁山（现在邯郸市武安境内）。

典籍记载有关指南针的事情和典籍作者，全都在古代邯郸为中心的燕赵文化区域内；在可考典籍范围内记载的中国古代指南针，全都是用天然磁石磨制而成；且根据先秦典籍记载，产天然磁石的只有武安磁山。武安极有可能就是指南针的故乡。

据两千多年前战国末期成书的《管子》和《吕氏春秋》记载，当地百姓就发现山上的一种石头具有吸铁的神奇特性，他们管这种石头叫作磁石。司南的磁性指南特性是我国著名科技史学家王振铎根据春秋战国时期的《韩非子》书中和东汉时期思想家王充写的《论衡》书中"司南之杓，投之于地，其柢指南"的记载，考证并复原勺形的指南器具。磁石的南极（S 极）磨成长柄，放在青铜制成的光滑如镜的底盘上，再铸上方向性的刻纹。这个磁勺在底盘上停止转动时，勺柄指的方向就是正南，勺口指的方向就是正北，这就是传统上认为的世界上最早的磁性指南仪器，叫作司南。其中，"司"就是"指"的意思。

一、磁场的基本物理量

诸如变压器、电机等设备，为了获得较强的磁场，通常将线圈缠绕在有一定形状的铁芯上，如图 3.1 所示。因铁芯是一种铁磁性材料，它具有良好的导磁性能，能使绝大部分磁通经铁芯形成一个闭合通路。线圈通以电流（励磁电流）产生磁场，这时铁芯被线圈磁场磁化产生较强的附加磁场，它叠加在线圈磁场上，使磁场大为加强，或者说，线圈通以较小的电流便可产生较强的磁场。有了铁芯，使磁通主要集中在一定的路径内，这种人为地使磁通集中通过的路径称为磁路。集中在一定路径上的磁通称为主磁通。

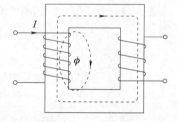

图 3.1　常见磁场

如图 3.1 中的虚线部分所示，主磁通经过的磁路通常由铁芯（铁磁性材料）及空气隙组成。不通过铁芯，仅与本线圈交链的磁通称为漏磁通，如图 3.1 中的 ϕ。在实际应用中，由于漏磁通很少，有时可忽略不计它的影响。

用来产生磁通的电流称为励磁电流，流过励磁电流的线圈称为励磁线圈。由直流电流励磁的磁路称为直流磁路，由交流电流励磁的磁路称为交流磁路。本书中提及的变压器和异步电动机均为交流磁路。

1. 磁感应强度（磁通 [量] 密度）B

磁感应强度是表示磁场内某点的磁场强弱和方向的物理量，它是一个矢量。磁场内某一点的磁感应强度可用该点磁场作用于 1 m 长，通有 1 A 电流的导体上的力 F 来衡量，该

---

① 1 里 = 500 米。

导体与磁场方向垂直。磁感应强度 **B** 与电流之间的方向关系可用右手螺旋定则来确定，其大小可用下式表示：

$$B = F/(Il) \tag{3.1}$$

在国际单位制中，B 的单位为 T（特 [斯拉]），特 [斯拉] 也就是韦 [伯] 每平方米（Wb/m^2）。在电机中，气隙中的磁感应强度 B 通常为 $(0.4 \sim 0.5)$ T，铁芯中为 $(1 \sim 1.8)$ T。

2. 磁通 ϕ

磁感应强度大小相等、方向相同的磁场称为均匀磁场。在均匀磁场中磁感应强度 B 有时也可以用与磁场垂直的单位面积的磁通来表示，即

$$\phi = BS \tag{3.2}$$

磁通量表示某范围内磁场的强弱，只能反映大小，是标量。磁感应强度表示磁场中某点的磁场强弱，既有大小又有方向，是矢量。穿过某面积的磁感应线的数量越多，该面上的磁通量就越大，故 B 又称为磁通密度（简称磁密），式中 ϕ 的单位为 Wb（韦 [伯]），S 的单位为 m^2（平方米）。

通电线圈磁场示例如图 3.2 所示，磁通示意如图 3.3 所示。

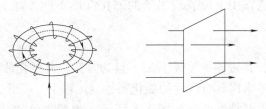

图 3.2　通电线圈磁场　　　图 3.3　磁通

3. 磁导率 μ

磁导率是用来表示磁场中介质导磁性能的物理量，单位为 H/m（享 [利] 每米）。实验测得，真空的磁导率是个常数，为：

$$\mu_0 = 4\pi \times 10^{-7} \text{ H/m}$$

其准确值为 $1.256\,637 \times 10^{-6}$ H/m。

其他介质的磁导率一般用真空磁导率的倍数来表示，记作 μ_r，称为相对磁导率。μ_r 越大，介质的导磁性能就越好。

自然界中的物质按磁导率大小可分为磁性材料和非磁性材料两大类。前者的 μ_r 很大（$\mu_r \gg 1$），如硅钢片 $\mu_r = 6\,000 \sim 8\,000$，后者的 μ_r 很小（$\mu_r \approx 1$），如空气 $\mu_r = 1.000\,003$，铜 $\mu_r = 0.999\,99$。

铁磁性物质广泛应用在变压器、电机、磁电式电工仪表等电工设备中，只要在线圈中通入不大的电流，就可获得足够强的磁场（即产生足够大的磁感应强度）。

4. 磁场强度 H

在外磁场（如载流线圈的磁场）作用下，物质会被磁化而产生附加磁场，不同的物质，其附加磁场的大小不同，这就给分析带来不便。为分析电流和磁场的依存关系，引入了一个把电和磁定量联系起来的辅助量，这个量即为磁场强度 H。

在载流线圈中，H 这个量只与电流的大小有关，而与线圈中被磁化的物质，即与物质

的磁导率 μ 无关。但载流线圈中的磁感应强度 B 的大小却与线圈中被磁化物质的磁化能力，即物质的磁导率 μ 有关，H 的大小由 B 与 μ 的比值决定，即磁场强度为：

$$H = B/\mu \tag{3.3}$$

磁场中某点的磁感应强度与磁导率的比值就是该点的磁场强度，在国际单位制中，H 的单位为 A/m（安［培］每米）。

如图 3.2 所示的环形磁场内任取一条圆形磁感应线，可知各点的磁感应强度、磁场强度相同，即

$$H = NI/l \tag{3.4}$$

该式表明磁场强度与磁场经历的路径成反比，因为路径越长，磁场越分散，各点的磁场越弱，所以在条件许可的情况下应尽可能地缩短磁场经历的路径，这就是安培环路定律。

二、磁性材料及磁路

1. 铁磁物质与非铁磁物质

自然界物质在外磁场作用下所表现出来的磁化性质不同，基本可分为两类，即非铁磁物质和铁磁物质。

1）非铁磁物质

如空气、铝、铜等，其磁导率接近于 μ_0，且为常数，其磁化曲线如图 3.4 所示。

由图 3.4 可知非铁磁物质具有线性的磁化特性（μ 较小，接近于 μ_0 且为常数）。

若将其反复磁化可得其特性曲线如图 3.5 所示。由图中可知非铁磁物质不具有磁滞性和剩磁性。

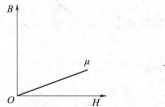
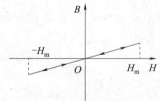

图 3.4　非铁磁物质磁化曲线　　图 3.5　非铁磁物质磁滞曲线

2）铁磁物质

如铁、钴、镍等，其磁导率远大于 μ_0，且为非常数。其磁化曲线如图 3.6 所示。

由图 3.6 可知铁磁物质具有非线性的磁化特性（μ 较大且非常数），当磁场强度增大到一定程度时（磁感应强度到达 b 后），磁感应强度基本不再增大，已达到饱和，即磁饱和性。

若将其反复磁化可得其特性曲线如图 3.7 所示。

由图 3.7 可知，铁磁物质具有磁滞性，即磁感应强度 B 滞后于磁场强度 H 回零；铁磁物质具有剩磁性，当通电线圈中的电流降为零时磁场强度 H 降为零，但铁芯内的磁感应强度 B 不为零。利用铁磁物质的剩磁性可制作永久磁铁。

铁磁物质之所以具有高导磁性，是因为铁磁物质内部分子电流形成很多微小磁场，称

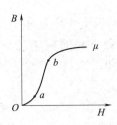
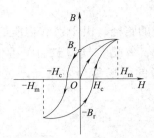

图 3.6　铁磁物质磁化曲线　　　**图 3.7　铁磁物质磁滞曲线**

为磁畴。在没有外磁场作用时，这些磁畴杂乱无章地分布，磁性相互抵消，对外不显磁性。当有外磁场作用时，这些磁畴逐步转向外磁场方向，相互叠加形成一个很强的附加磁场，从而使铁磁物质内部具有很强的磁性，如图 3.8 所示。

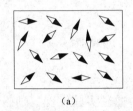

图 3.8　磁性材料的磁化

（a）无外磁场；（b）有外磁场

根据铁磁物质的材料不同，剩磁大小也不同，据此可将铁磁物质分为 3 类。

（1）软磁材料。如硅钢、铸钢、铁镍合金等。此类物质磁导率高，易磁化也易去磁，磁滞回线较窄，磁滞损耗小，如图 3.9（a）所示。一般用于电机、变压器、继电器铁芯及高频半导体收音机中的磁棒。

（2）硬磁材料。如碳钢、钴钢等。此类物质磁滞回线很宽，如图 3.9（b）所示；不易磁化也不易去磁，一旦磁化后能保持很强的剩磁，适宜制作永久磁铁，常用于磁电式仪表、扬声器中的磁钢及永久磁铁。

（3）矩磁材料。如锰镁铁氧体，此类物质磁滞回线的形状如同矩形，如图 3.9（c）所示。在很小的外磁场作用下就能磁化，一旦磁化便达到饱和值，去掉外磁后，磁性仍能保持在饱和值。此类物质主要用作记忆元件，如磁带和计算机中存储器的磁芯。

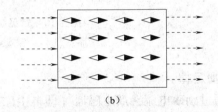

图 3.9　磁滞回线

（a）软磁材料；（b）硬磁材料；（c）矩磁材料

2. 磁路

磁路即磁通经过的路径。由于铁磁物质的磁导率远大于空气磁导率，使铁芯内磁通远大于空气中的漏磁通，忽略空气漏磁通可近似认为通电线圈磁场几乎全部集中在铁芯内，这种集中在一定路径的磁场称为磁路，显然磁路的形状取决于铁芯的形状。常见磁路如图3.10所示。

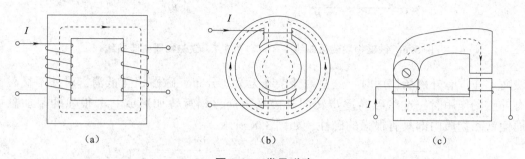

图3.10 常见磁路

（a）变压器；（b）电动机；（c）继电器

3. 磁路欧姆定律

励磁线圈通过励磁电流会产生磁通（即电生磁），通过实验发现，励磁电流 I 越大，产生的磁通就越多；线圈匝数越多，产生的磁通也越多。把励磁电流 I 和线圈匝数 N 的乘积 NI 看作是磁路中产生磁通的源泉，称为磁通势 F。它犹如电路中电动势是产生电流的源泉那样。故磁通势公式为：

$$F = NI \tag{3.5}$$

励磁电流与由它所产生的磁通之间有什么关系呢？由实验测得，空心线圈的磁通与产生它的励磁电流成正比关系，画出的 $\phi = f(F)$ 曲线（磁化曲线）为一条过原点的直线，如图3.4所示，说明其磁通随电流按比例增长。而对铁芯线圈，其磁通与产生它的励磁电流之间不成正比关系，画出的 $\phi = f(F)$ 曲线（磁化曲线）如图3.6所示。可见开始时，ϕ 随 F 基本上按比例增长，过后 ϕ 随 F 增长的速度变慢，此时便认为磁路开始饱和了，到后来 ϕ 几乎不再随 F 增长，也就是说，ϕ 很难再增长了，此时就认为磁路饱和了（磁路饱和与否取决于磁感应强度 B）。由于磁路截面积 S 一定，$\phi \propto B$，故纵坐标也可用 B 表示。

由图3.4及图3.6可知，空心线圈（非铁磁物质）磁路不饱和，为线性磁路，而铁芯线圈（铁磁物质）磁路饱和，为非线性磁路。

对线性磁路，ϕ 始终随 F 按比例增长，其导磁性能不变，故其磁导率 μ 为常数，由于磁路饱和，磁通就难增长，即导磁性能变差了，故其磁导率 μ 随磁路的饱和而减小。

上面提及，磁通 ϕ 由磁通势 F 产生，它的大小除与磁通势有关外，还与什么因素有关呢？由实验得知，当磁通势一定时：铁芯材质的磁导率 μ 越高，磁通就越多；铁芯磁路截面积 S 越大，磁通也越多；铁芯磁路 l 越长，磁通却越少。可以证明，当磁通势 F 一定时，磁通 ϕ 与 μ、S 成正比，而与 l 成反比。它们之间的关系为：

$$\phi = F \frac{\mu S}{l} = \frac{F}{\dfrac{l}{\mu S}} = \frac{F}{R_\mathrm{m}} \tag{3.6}$$

式中，$R_m = l/(\mu S)$ 称为磁阻，是表示磁路对磁通起阻碍作用的物理量，它与磁路的材质及几何尺寸有关。式（3.6）的结构形式与电路中的欧姆定律相似，故称为磁路的欧姆定律。

空气（非铁磁物质）磁导率为常量，故其磁阻为常量；而磁性物质的磁导率不为常量（μ 随磁路的饱和而减小），故其磁阻随磁路的饱和而增大。因此，在非线性磁路，一般不能用磁路的欧姆定律进行定量计算，它常用作定性分析。

磁阻的国际单位为亨（H）。

磁路与电路有很多相似之处：如磁路中的磁通由磁通势产生，而电路中的电流由电动势产生；磁路中有磁阻，它使磁路对磁通起阻碍作用，而电路中有电阻，它使电路对电流起阻碍作用。

磁阻与磁导率 μ、磁路截面 S 成反比，与磁路长度 l 成正比，而电阻也与电导率 γ、电路导线截面 S 成反比，与电路长度 l 成正比。它们之间的对应关系如表 3.1 所示。

表 3.1　磁路与电路各物理量的对应关系

磁路	电路	磁路	电路
磁通势 F	电动势 E	磁阻 $R_m = l/(\mu S)$	电阻 $R = l/(\gamma S)$
磁通 ϕ	电流 I	$\phi = F/R_m$	$I = E/R$

三、交流铁芯线圈电路

电磁设备中经常用到交流铁芯线圈。比如交流电动机、变压器以及各种继电器，因此交流铁芯线圈的电路性质和磁路性质非常重要。

1. 交流铁芯线圈的磁通

交流铁芯线圈如图 3.11 所示，当电流 i 流经线圈建立磁通势 Ni 产生磁通，其中绝大部分磁通经铁芯闭合为主磁通，此外还有很少一部分磁通经空气或其他非磁性物质闭合为漏磁通，此处为便于计算，忽略漏磁通，电动势由磁通感应产生为：

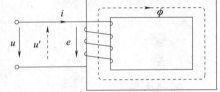

图 3.11　交流铁芯线圈

$$\phi = \phi_m \sin \omega t \tag{3.7}$$

由
$$e = -N\frac{\mathrm{d}\phi}{\mathrm{d}t} = -2\pi f N\phi_m \sin(\omega t + 90°) = -E_m \sin(\omega t + 90°) \tag{3.8}$$

式中，$E_m = 2\pi f N\phi_m$ 是主磁通感应电动势的最大值，其有效值为：

$$E = \frac{E_m}{\sqrt{2}} = \frac{2\pi f N\phi_m}{\sqrt{2}} = 4.44 f N\phi_m \tag{3.9}$$

根据基尔霍夫定律：

$$u = -e \tag{3.10}$$

则电压有效值为：

$$U = 4.44 f N\phi_m \tag{3.11}$$

由上述分析可以得出：当电源电压 U 一定时，只要线圈匝数 N 一定，其主磁通 ϕ 也一定，当其他因素变化时，ϕ 不应随之变化。

2. 磁滞损耗和涡流损耗

1）磁滞损耗

在交变磁场中，铁芯被反复磁化，据磁滞回线可知铁芯磁感应强度下降步调总是滞后于上升步调，这就使得铁芯线圈在磁感应强度上升时，从电源吸收电能大于磁感应强度下降时释放出的能量，即铁芯线圈损耗一部分电能，称为磁滞损耗。磁滞损耗与磁滞回线包围面积成正比。

2）涡流损耗

交流铁芯线圈的交变磁场穿过铁芯时，由于铁芯本身是导电的，在铁芯内部会产生旋涡状的感应电流，称之为涡流，如图 3.12（a）所示。涡流在铁芯内循环流动，在铁芯电阻产生热消耗，称为涡流损耗。

在电动机、变压器等电磁设备中应尽可能减小涡流损耗，可采用硅钢片叠起来做铁芯，如图 3.12（b）所示。这样一方面加长涡流路径，提高电阻减小涡流；另一方面，加入硅提高铁芯电阻率。也有很多利用涡流工作的场合：工业生产中高频感应炉利用涡流加热、冶炼金属；生活中电磁炉也是利用涡流加热。

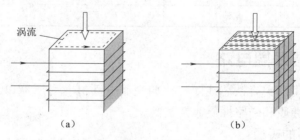

图 3.12　涡流

（a）涡流大；（b）涡流小

3. 交流电磁铁

交流电磁铁是很常用的一种电磁设备，如图 3.13 所示。其结构组成包括线圈、铁芯（静铁芯）和衔铁（动铁芯），如图 3.14 所示。当线圈与交流电源连接时，在铁芯、衔铁和微小气隙构成的磁路中建立磁场。将铁芯、衔铁磁化，在铁芯与衔铁的端面上出现极性

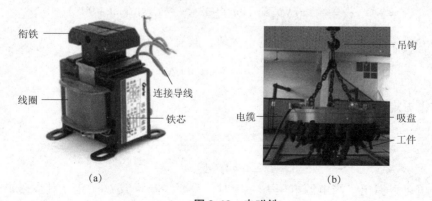

图 3.13　电磁铁

（a）牵引电磁铁；（b）起重电磁铁

相异的磁极，彼此相吸，使衔铁吸向铁芯，从而带动某一机械结构运动，完成确定的机械动作。如起重、制动、吸持（吸盘）、开闭阀门等。

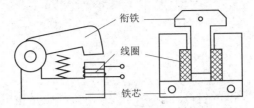

图 3.14　电磁铁结构示意图

4. 直流电磁铁

直流电磁铁是指线圈接直流电，由于其电压、电流恒定，在线圈两端没有感应电动势。在电源电压 U 作用下，当 U 一定时，线圈中电流 I 一定，R 为线圈线电阻，一般很小；当 U 很大时，直流铁芯线圈电流 I 很大，可能因过热造成损坏。直流电磁铁与交流电磁铁各方面性质比较如表 3.2 所示。

表 3.2　交、直流电磁铁性能比较

特性　　　名称　　项目		交流电磁铁	直流电磁铁
电源电压 U 一定		ϕ 一定，$\phi_m = U/(4.44fN)$	$I = U/R$ 一定
磁滞涡流损耗		有	无
在衔铁吸合过程中	磁阻 $R_m = l/(\mu S)$	变小	变小
	磁通 ϕ	不变	变大
	吸力	平均吸力不变	吸力变大

能力训练

一、判断题

1. 线圈中有磁通就有感应电动势，磁通越大感应电动势就越大。　　　　（　　　）

2. 电磁感应定律描述的导线中感应电动势的大小与线圈匝数成反比。　　（　　　）

3. 线圈中磁通的大小直接影响到线圈感应电动势的大小。　　　　　　　（　　　）

二、单选题

1. 楞次定律可以用来确定（　　　）的方向。

A. 导体运动　　　　B. 感应电动势　　　　C. 磁场

2. 右手定则是判断导体切割磁感应线所产生的（　　　）方向的简便方法。

A. 磁通　　　　　　B. 导体运动　　　　　C. 感应电动势

模块二　变压器

先导案例

中国是如今拥有最高标准的特高压技术的国家，特高压是指电压在 800 kW 及其以上的直流电，以及 1 000 kW 及以上的交流电的电压等级。特高压有容量大、距离长、损耗低、占地少等优点。特高压输电的送电量，是普通 500 kW 超高压输电的 5 倍以上，送电距离也是它的 2~3 倍。最重要的是，特高压输电的线路损耗最低将减少到原来的十六分之一，此外还能节约至少 60% 的土地。

2004 年，1 000 kW 晋东南－南阳－荆门特高压交流试验示范工程开工，并于 2008 年 12 月竣工，2009 年投入商业运行。这是我国首个，也是全球首个投入商业化运营的 1 000 kW 特高压交流电工程，这标志着我国特高压输电核心技术和设备国产化方面取得重大突破，也是世界电力发展史上的重要里程碑。

特高压输电除了保障我国能源安全和电力充足之外，还给我国带来极大的经济效益。根据国家电网的测算，一项特高压工程项目投资为 160 亿~200 亿元，而项目带来的拉动效应至少在 3 倍以上，也就是说建一条特高压输电线，至少能带来 480 亿元的经济效益。

2020 年，我国投资 4 000 亿所建的特高压输电网络，其中至少带来了上万亿的经济效应。此外，中国还掌握着全球特高压技术的话语权，在只有中国掌握特高压输电技术的情况下，所有想要建设特高压设备的国家都需要向中国购买。

一、变压器的工作原理

在电子线路中，常常需要一种或几种不同电压的交流电，因此变压器作为电源变压器将电网电压转换为所需的各种电压。除此之外，变压器还用来耦合电路、传送信号和实现阻抗匹配等。

此外，变压器还有调压用的自耦变压器，仪表测量用来改变电压、电流量程的仪用互感器以及一些专用变压器（如电炉变压器、电焊变压器、整流变压器等）。

变压器的结构由于它的使用场合、工作要求及制造等原因而有所不同，结构形式多种多样，但其基本结构都相类似，均由铁芯和线圈（或称绕组）组成。

铁芯是变压器的磁路部分，为了减小铁芯损耗，通常用厚度为 0.35 mm 或 0.5 mm 两面涂有绝缘漆的硅钢片叠装而成（要求高的也有用 0.2 mm 或其他合金材料制成）。要求耦合性能强的，铁芯都做成闭合形状，其线圈缠绕在铁芯柱上，如图 3.15（a）所示。对高频范围使用的变压器（数百千赫以上），要求耦合弱一点，绕组就缠绕在"棒形"（不闭合）铁芯上，或制成空心变压器（没有铁芯）。

按线圈套装铁芯的情况不同，变压器可分为芯式和壳式两种，如图 3.15 所示。芯式变压器线圈缠绕在每个铁芯柱上，它的结构较简单，线圈套装也较方便，绝缘也较容易处理，故其铁芯截面是均匀的。壳式一般用于小容量变压器，芯式一般用于大容量变压器，电力变压器多采用芯式结构。

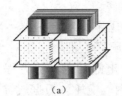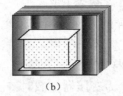

图 3.15　常见变压器结构

（a）芯式；（b）壳式

　　线圈是变压器的电路部分，为降低电阻值，多用导电性能良好的铜线缠绕而成。变压器种类很多，如图 3.16 所示。变压器按用途分，可分为用于输配电的电力变压器、用于电工测量的仪用互感变压器、用于电子电路的整流变压器和阻抗变换器等；按电能变换相数分，可分为单相变压器和三相变压器。

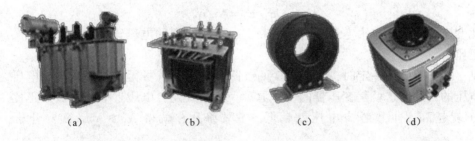

图 3.16　常见变压器

（a）电力变压器；（b）整流变压器；（c）互感变压器；（d）自耦变压器

　　图 3.17 所示为单相双绕组变压器的原理结构示意图及其表示符号。其中与电源连接的线圈（绕组）称为原绕组、初级绕组或一次绕组（线圈）。对应电压和匝数分别用 U_1、N_1 表示；与负载连接的线圈称为副绕组、次级绕组或二次绕组（线圈），对应电压和匝数分别用 U_2、N_2 表示。

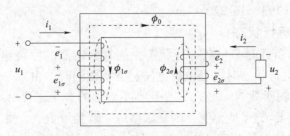

图 3.17　变压器原理示意图

　　一次线圈在交流电压 u_1 作用下，便有电流 i_1 通过，由一次线圈磁通势 N_1i_1 产生的磁通绝大部分通过铁芯闭合，二次线圈感应电动势为 e_2，接负载后便有电流 i_2 通过二次线圈，二次线圈磁通势 N_2i_2 产生的磁通也绝大部分通过铁芯闭合，因此铁芯中的磁通由一、二次磁通势共同产生，这个磁通称为主磁通 ϕ_0，由于主磁通既交链于一次线圈，又交链于二次线圈，因此分别在两个线圈中感应出电动势 e_1 和 e_2，此外，这两个磁通势又分别产生只交链于本线圈的漏磁通 $\phi_{1\sigma}$ 和 $\phi_{2\sigma}$，从而在各自线圈中分别感应出漏感电动势 $e_{1\sigma}$ 和 $e_{2\sigma}$。

1. 变电压（空载运行状态）

可用与 3.1.3 节同样的方法，用基尔霍夫电压定律对变压器一次电路列出下式，由于一次线圈电阻 R_1 和漏抗 $X_{1\sigma}$ 很小，因而其漏阻抗压降也很小，相对于主电动势 E_1 可忽略不计，于是 $U_1 \approx E_1$。用同样方法可列出变压器二次电路的电动势方程，当变压器空载时 $I_2 = 0$，则 $U_{20} = E_2$，其中 U_{20} 为变压器空载时二次线圈端电压，根据式（3.9）可知：

一次线圈感应电动势为：

$$E_1 = 4.44fN_1\phi_m \tag{3.12}$$

二次线圈感应电动势为：

$$E_2 = 4.44fN_2\phi_m \tag{3.13}$$

可见，感应电动势与线圈匝数成正比，若一、二次线圈匝数 N_1 和 N_2 不等，则一、二次线圈感应电动势 E_1 和 E_2 也就不相等。

一、二次线圈感应电动势之比称为变压器的变比 K，由上述各式可得：

$$K = E_1/E_2 = N_1/N_2 \tag{3.14}$$

因此变压器的变比也为空载运行时，一次、二次线圈的电压比，它也等于一次、二次线圈的匝比。

可见，当电源电压一定时，只要改变两线圈匝数比，就可得到不同的输出电压，从而达到变电压的目的，这就是变压器的变压原理。由上式知，电压近似与匝数成正比，匝数越多电压就越高，匝数越少电压就越低。欲要降压，就得 $N_1 > N_2$，欲要升压，就得 $N_1 < N_2$。

【例 3.1】 一台额定容量为 90 VA 的小型电源变压器，电源电压为 220 V，频率 $f = 50$ Hz，它有两个二次线圈，一个 $U_{20} = 280$ V，另一个 $U'_{20} = 36$ V，选用铁芯的最大磁通密度 $B_m = 0.96$ T，截面积 $S = 13$ cm^2，试求各线圈匝数。

解： $\phi_m = B_mS = 0.96 \times 13 \times 10^{-4} \approx 0.001\,25$（Wb）

$N_1 = U_1/(4.44f\phi_m) = 220/(4.44 \times 50 \times 0.001\,25) \approx 793$（匝）

由 $U_1/U_{20} = N_1/N_2$ 得：$N_2 = N_1 \times U_{20}/U_1 = 793 \times 280/220 \approx 1\,009$（匝）

$N'_2 = N_1 \times U'_{20}/U_1 = 793 \times 36/220 \approx 130$（匝）

2. 变电流（负载运行状态）

变压器副绕组接有负载时为负载运行状态，此时变压器的原绕组、副绕组电流分别为 i_1、i_2，变压器在负载运行状态时，当电源电压与空载相同时，由 $U_1 \approx E_1 = 4.44fN_1\phi_m$ 可知，当电源频率 f 及一次线圈匝数 N_1 一定时，变压器主磁通的大小主要由外施电源电压 U_1 决定，而与负载大小无关。只要 U_1 保持不变，则变压器由空载到带负载，变压器铁芯中主磁通 ϕ_0 的大小就基本不变，因此带负载时产生主磁通的一次、二次线圈合成磁通势（$N_1i_1 + N_2i_2$）和空载时产生主磁通的一次线圈磁通势 N_1i_0 基本相等，即有：$N_1i_1 + N_2i_2 = N_1i_0$，用向量形式表示为：

$$N_1\dot{I}_1 + N_2\dot{I}_2 = N_1\dot{I}_0 \tag{3.15}$$

变压器空载电流 I_0 主要用来励磁，由于铁芯的磁导率 μ 很大，故空载电流 I_0 很小，常可忽略不计，于是上式变为：

$$N_1 \dot{I}_1 \approx - N_2 \dot{I}_2 \qquad (3.16)$$

其一次、二次线圈电流关系为：

$$\frac{I_1}{I_2} \approx \frac{N_2}{N_1} = \frac{1}{K} \qquad (3.17)$$

式（3.17）表明：一次、二次线圈电流近似与线圈匝数成反比，它反映了变压器除有变换电压的功能外，还有变换电流的功能。匝数多的一侧电压高、电流小，而匝数少的一侧电压低、电流大。

变压器一次、二次线圈之间虽无电的联系，但它们之间有着磁的耦合，由此实现了能量的传递，当负载增加时，i_2 和 $N_2 i_2$ 随之增大，为保持铁芯中磁通不变，一次侧必须产生这样一个电流，由它产生的磁通来抵消二次电流和磁通势对主磁通的影响。因此，一次电流 i_1 实质上由两部分组成，一部分用来产生主磁通，另一部分用来抵消二次磁通势的影响。前者大小不变（因主磁通大小不变），而后者随二次电流的增减而增减，所以当负载电流（二次侧电流）增加时，一次侧电流也就随之增加，从而实现了能量的传递。

3. 变阻抗

设变压器二次侧接一阻抗为 $|Z_2|$ 的负载，$|Z_2| = \dfrac{U_2}{I_2}$，这时从一次侧看进去的阻抗，

即为反映到一次侧的等效阻抗 $|Z_1|$，则：$|Z_1| = \dfrac{U_1}{I_1}$。变压器阻抗变换如图 3.18 所示。

根据式（3.14）和式（3.17）可得出：

$$|Z_1| = \frac{U_1}{I_1} = \frac{K U_2}{\frac{1}{K} I_2} = K^2 \frac{U_2}{I_2} = K^2 |Z_2| \qquad (3.18)$$

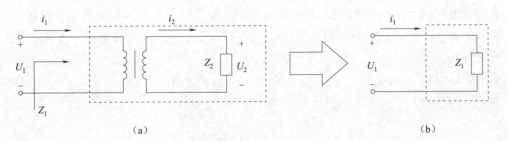

图 3.18 变压器阻抗变换作用

（a）原理电路；（b）等效电路

可见，把阻抗为 $|Z_2|$ 的负载接到变比为 K 的变压器二次侧时，从一次侧看进去的等效阻抗就变为了 $K^2 |Z_2|$，从而实现了阻抗变换。因此可以采用不同的变比，把负载阻抗变换为所要求的值。在电子线路和通信工程中，常用此法来实现阻抗的匹配。

【例3.2】已知某收音机输出变压器的一次线圈匝数 $N_1 = 600$ 匝，二次线圈匝数 $N_2 = 30$ 匝，原接阻抗为 16 Ω 的扬声器，现要改接成 4 Ω 的扬声器，试求二次线圈匝数应如何变化？

解： 原变比 $K = N_1/N_2 = 600/30 = 20$，原边阻抗 $|Z_1| = K^2 |Z_2| = 20^2 \times 16 = 6\ 400$（Ω）；

现：$|Z_1| = K^2|Z_2'| = \left(\dfrac{N_1}{N_2'}\right)^2 |Z_2'|$，$6\,400 = \left(\dfrac{600}{N_2'}\right)^2 \times 4$，$N_2' = 15$（匝）。

二、变压器的特性

1. 变压器的外特性

变压器负载运行时，电源电压不变，当负载（即 I_2）变化时，由于一次、二次线圈漏阻抗压降的结果，使变压器二次端电压发生了变化，其变化情况与负载大小和性质有关。当电源电压 U_1 和负载功率因数 $\cos\psi_2$ 一定时，U_2 与 I_2 的变化关系 $U_2 = f(I_2)$ 称为变压器的外特性，它反映了当变压器负载功率因数 $\cos\psi_2$ 一定时，二次端电压随负载电流的变化情况。如图 3.19 所示，曲线 1 为阻性负载（$\psi_2 = 0°$）的情况，曲线 2 为感性负载（$\psi_2 > 0°$）的情况，可见这两种负载的端电压均随负载的增大而下降，且感性负载端电压下降程度较阻性负载大。

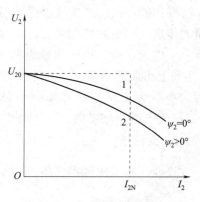

图 3.19　变压器外特性曲线

为反映电压波动（变化）的程度，引入电压变化率 $\Delta u = \dfrac{U_{20} - U_2}{U_{20}}$，显然 Δu 越小越好。其值越小，说明变压器二次端电压越稳定。一般变压器的漏阻抗很小，故电压变化率不大，约为 5%。

2. 变压器的损耗和效率

变压器运行时有两种损耗：铁损耗和铜损耗。

铁损耗 P_{Fe} 是指变压器铁芯在交变磁场中产生的涡流和磁滞损耗，其大小与铁芯磁感应强度最大值 B_m 及电源频率 f 有关，而与负载大小无关，故把铁芯损耗称为不变损耗。

铜损耗 P_{Cu} 是指变压器线圈电阻的损耗，它与负载大小有关（与电流平方成正比），故称为可变损耗。

变压器总损耗为：

$$\sum P = P_{Fe} + P_{Cu}$$

效率为：

$$\eta = \frac{P_2}{P_1} = \frac{P_2}{P_2 + \sum P}$$

式中，P_2 为输出功率，P_1 为输入功率。

由于变压器是静止电机，相对来说其损耗较小，所以效率较高，控制装置中的小型电源变压器效率在 80% 以上，而电力变压器效率一般在 95% 以上。

运行中需注意的是：变压器并非运行在额定负载时效率最高，对于电力变压器，一般在 50%～75% 的额定负载时效率最高。

3. 主要额定值

运行人员主要依据铭牌上的额定值确定设备型号，额定值是制造厂商根据设计或试验数据对变压器正常运行状态所做的规定值。

1）额定容量 S_N（单位为 VA 或 kVA）

指铭牌规定在额定运行状态下所能输送的容量（视在功率）。它等于变压器二次线圈的额定电压和额定电流的乘积：

$$S_N = U_{2N}I_{2N} \tag{3.19}$$

当变压器有多个二次线圈时，它的额定容量应为所有二次线圈视在功率之和。即

$$S_N = \sum(U_{2N}I_{2N}) \tag{3.20}$$

需强调的是，变压器的额定容量是视在功率，它与输出功率（单位是 W）不同，因输出功率的大小还与负载功率因数有关。

2）额定电压（单位为 V 或 kV）

一次额定电压是根据绝缘强度，指变压器长时间运行所能承受的工作电压。二次额定电压定义为一次加额定电压、二次线圈开路（空载）时的端电压。三相变压器额定电压一律指线电压。

3）额定电流（单位为 A）

指变压器在额定容量和允许温升条件下，长时间通过的电流。三相变压器额定电流一律指线电流。

【例 3.3】 一台如图 3.20 所示的电源变压器，一次额定电压 $U_{1N} = 220$ V，匝数 $N_1 = 550$ 匝，它有两个二次线圈，一个电压 $U_{2N} = 36$ V，负载功率 $P_2 = 180$ W，另一个电压 $U'_{2N} = 110$ V，负载功率 $P'_2 = 550$ W。试求：

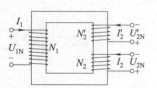

图 3.20 例 3.3 用图

（1）两个二次线圈匝数 N_2 和 N'_2；

（2）一次电流 I_1（忽略漏阻抗压降和损耗）。

解：（1）

$$\frac{N_1}{N_2} = \frac{U_{1N}}{U_{2N}}, \quad N_2 = \frac{U_{2N}}{U_{1N}}N_1 = \frac{36}{220} \times 550 = 90 \text{（匝）}$$

$$\frac{N_1}{N'_2} = \frac{U_{1N}}{U'_{2N}}, \quad N'_2 = \frac{U'_{2N}}{U_{1N}}N_1 = \frac{110}{220} \times 550 = 275 \text{（匝）}$$

（2）

$$P_1 = P_2 + P'_2 = 180 + 550 = 730 \text{（W）}$$

$$I_1 = \frac{P_1}{U_{1N}} = \frac{730}{220} = 3.32 \text{（A）}$$

三、同名端

如图 3.21 所示的变压器副边有两个相同的绕组，若每个绕组可提供 110 V 的电压，则将两个线圈正确串联可得到 220 V 电压，以适应不同负载的要求，两个线圈正确连接的第一步是先判断线圈的同名端。

1. 同名端

与同一磁通交链的两线圈，在变动磁通作用下产生电动势的同极性端称为同名端，用"＊""△"或"●"表示。

2. 同名端的判别方法

假设从两线圈的任意两端分别通入电流，如两电流产生磁场方向一致，则这两端为同

名端，否则为异名端，如图 3.21 所示。

这种方法只能用于绕组绕行方向已知的情况，对于不知道线圈绕行方向的两线圈可用实验法测定。实验方法有交流法和直接法两种。现介绍直流法，如图 3.22 所示，当合上开关 S 瞬间，如检流计指示电流向下，则①和③是同名端，若电流向上则①和④是同名端。

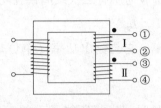 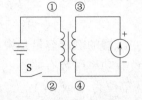

图 3.21　绕组同名端　　　图 3.22　直流法判断同名端

3. 绕组的连接

绕组连接有两种方式，即串联、并联，其正确连接方法如下。

（1）串联：两线圈异名端接到一起，剩余两端接电源（一次绕组）或负载（二次绕组）。

（2）并联：两线圈同名端分别接到一起，如图 3.23 所示。

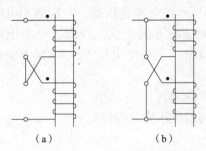

图 3.23　变压器绕组的串联与并联
（a）串联；（b）并联

能力训练

一、判断题

1. 变压器的一次电流大小由电源电压决定，二次电流大小由负载决定。　　（　　）

2. 同一台变压器中，匝数少、线径粗的是高压绕组，多而细的是低压绕组。（　　）

3. 利用变压器只能改变电压，不能改变电流。　　　　　　　　　　　　（　　）

二、单选题

1. 负载减小时，变压器的一次电流将（　　）。

A. 增大　　　　　　B. 不变　　　　　　C. 减小　　　　　　D. 无法判断

2. 变压器一次、二次绕组中不能改变的物理量是（　　）。

A. 电压　　　　　　B. 电流　　　　　　C. 阻抗　　　　　　D. 频率

模块三　三相异步电动机

先导案例

　　盾构机是电动机的一种典型应用，它是使用盾构法的隧道掘进机。盾构的施工法是掘进机在掘进的同时构建（铺设）隧道之"盾"，它区别于敞开式施工法。国际上，广义盾构机也可以用于岩石地层，只是区别于敞开式（非盾构法）的隧道掘进机。而在我国，习惯上将用于软土地层的隧道掘进机称为盾构机，将用于岩石地层的岩石隧道掘进机称为 TBM。

　　盾构机的基本工作原理是，一个圆柱体的钢组件沿隧洞轴线边向前推进边对土壤进行挖掘。该圆柱体组件的壳体即护盾，它对挖掘出的还未衬砌的隧洞段起着临时支撑的作用，承受周围土层的压力，有时还承受地下水压以及将地下水挡在外面。挖掘、排土、衬砌等作业在护盾的掩护下进行。

一、三相异步电动机的结构

　　异步电动机是把交流电能转变为机械能的一种动力机械。它的结构简单，制造、使用和维护简便，成本低廉，运行可靠，效率高，因此在工农业生产及日常生活中得以广泛应用。三相异步电动机被广泛用来驱动各种金属切削机床，起重机，中、小型鼓风机，水泵及纺织机械等。其中广泛应用于隧道挖掘的盾构机就是电动机的一种典型应用。

　　单相异步电动机由于容量小，性能较差，常用于日常生活中的小家电及小功率电动工具，其外形图如图 3.24 所示。

　　异步电动机主要由定子和转子两部分组成，这两部分由气隙隔开，根据转子结构的不同分为笼型和绕线型两种，图 3.25 为三相笼型异步电动机的结构。

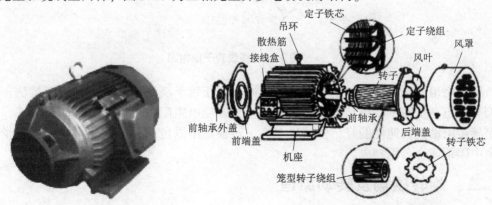

图 3.24　三相异步电动机外形图　　　图 3.25　三相笼型异步电动机的结构

1. 定子

　　定子的作用是产生旋转磁场。定子主要包括定子铁芯、定子绕组、机座等部件。定子铁芯是电动机磁路的一部分，并在其上放置定子绕组。定子铁芯一般有 0.35～0.5 mm 厚，表面由具有绝缘层的硅钢片冲制、叠压而成，在铁芯的内圆冲有均匀分布的槽，用以嵌放定子绕组。如图 3.26 所示为定子铁芯冲片。

定子绕组是电动机的电路部分，通入三相对称交流电，产生旋转磁场。小型异步电动机定子绕组通常用高强度漆包线绕制成线圈后再嵌放在定子铁芯槽内。大中型电动机则用经过绝缘处理后的铜条嵌放在定子铁芯槽内。

图 3.26　定子铁芯冲片

2. 转子

转子是电动机的旋转部分，包括转子铁芯、转子绕组和转轴等部件。转子铁芯作为电动机磁路的一部分，一般用 0.5 mm 厚的相互绝缘的硅钢片冲制、叠压而成，硅钢片外圆冲有均匀分布的槽，放置转子绕组。

转子绕组的作用是切割定子旋转磁场，产生感应电动势和电流，并在旋转磁场的作用下产生电磁力矩而使转子转动。根据构造的不同，转子可分为笼型和绕线型两种结构。

笼型转子通常有两种结构形式，中小型异步电动机的笼型转子一般为铸铝式转子，将融化了的铝浇铸在转子铁芯槽内连同两端的短路环成为一个完整体。另一种结构为铜条转子，即在转子铁芯槽内放置铜条，铜条的两端用短路环焊接起来，形成一个鼠笼的形状。

绕线型异步电动机的定子绕组结构与笼型转子异步电动机完全一样，但其转子绕组与笼型转子异步电动机则截然不同，绕线型转子绕组也和定子绕组一样作成三相对称绕组，如图 3.27 所示。

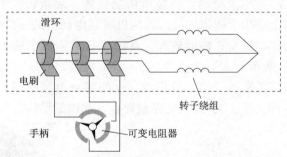

图 3.27　绕线转子结构图

转子绕组的磁极对数和定子绕组也相同。三相转子绕组一般都接成星形接法。一般绕线型异步电动机转子绕组与外接变阻器连接，改变电阻阻值可以调节电动机转速，所以绕线型异步电动机调速性能好，但其成本高。转轴是用以传递转矩及支承转子的重量，一般都由中碳钢或合金钢制成。

二、旋转磁场及转动原理

1. 旋转磁场

为了便于分析，异步电动机的三相绕组用三个线圈 $U_1 - U_2$、$V_1 - V_2$、$W_1 - W_2$ 表示，它们在空间相差 120°电角度，并接成星形连接，如图 3.28 所示。

把三相绕组接到三相交流电源上，三相绕组便有三相对称电流流过。假定电流的正方向由线圈的起始端流向末端，流过三相线圈的电流分别为：

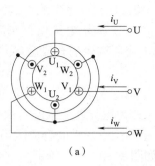 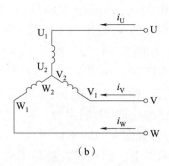

（a）　　　　　　　　　　　　　　（b）

图 3.28　对称三相定子绕组

（a）对称三相绕组；（b）星形连接

$$\begin{cases} i_U = I_m \sin \omega t \\ i_V = I_m \sin(\omega t - 120°) \\ i_W = I_m \sin(\omega t + 120°) \end{cases} \tag{3.21}$$

三相绕组电流波形图如图 3.29 所示。

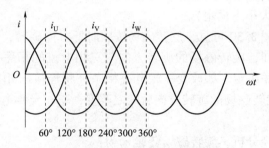

图 3.29　三相交流电流波形图

由于电流随时间变化，所以电流流过线圈产生的磁场分布情况也随时间而变化，取不同时刻分析定子内部的磁场情况，如图 3.30 所示。

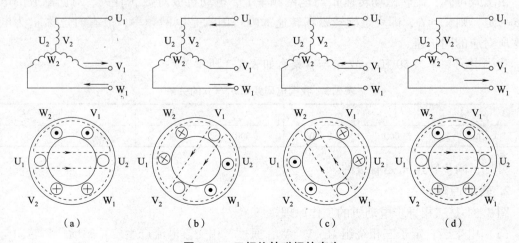

（a）　　　　　（b）　　　　　（c）　　　　　（d）

图 3.30　三相旋转磁场的产生

（a）$\omega t = 0°$；（b）$\omega t = 120°$；（c）$\omega t = 240°$；（d）$\omega t = 360°$

（1）当 $\omega t = 0°$ 瞬间，由图 3.29 可以看出，$i_U = 0$，U 相没有电流流过，i_V 为负，表示电流由末端流向首端（即 V_2 端为 $\oplus$，V_1 端为 $\odot$）；i_W 为正，表示电流由首端流入（即 W_1 端为 $\oplus$，W_2 端为 $\odot$），如图 3.30（a）所示。这时三相电流所产生的合成磁场方向由"右手螺旋定则"可得为水平向右，如图 3.30（a）所示。

（2）当 $\omega t = 120°$ 瞬间，由图 3.29 可以看出，$i_V = 0$，V 相没有电流流过，i_W 为负，表示电流由末端流向首端（即 W_2 端为 $\oplus$，W_1 端为 $\odot$）；i_U 为正，表示电流由首端流入（即 U_1 端为 $\oplus$，U_2 端为 $\odot$），如图 3.30（b）所示。这时三相电流所产生的合成磁场方向由"右手螺旋定则"可得为向左下，即顺时针旋转了 120°，如图 3.30（b）所示。

（3）当 $\omega t = 240°$ 瞬间，由图 3.29 可以看出，$i_W = 0$，W 相没有电流流过，i_U 为负，表示电流由末端流向首端（即 U_2 端为 $\oplus$，U_1 端为 $\odot$）；i_V 为正，表示电流由首端流入（即 V_1 端为 $\oplus$，V_2 端为 $\odot$），如图 3.30（c）所示。这时三相电流所产生的合成磁场方向由"右手螺旋定则"可得为向左上，即又顺时针旋转了 120°，如图 3.30（c）所示。

（4）当 $\omega t = 360°$ 瞬间（即为 0°），又转回到（1）的情况，如图 3.30（d）所示。

由此可见，三相绕组通入三相交流电流时，将产生旋转磁场。若满足两个对称（即绕组对称、电流对称），则此旋转磁场的大小便恒定不变（称为圆形旋转磁场），否则将产生椭圆形旋转磁场（磁场大小不恒定）。

旋转磁场转向：由图 3.30 可见，旋转磁场按顺时针方向旋转，而三相电流相序也按顺时针方向布置，由此可知，旋转磁场的旋转方向与三相电流的相序一致，或者说旋转磁场的转向由三相电流的相序决定。如改变三相电流相序（将连接三相电源的三根导线中的任意两根对换一下），则旋转磁场的旋转方向就随之改变，三相异步电动机的反转就是利用的这个原理。

旋转磁场的转速：经分析，旋转磁场转速 n_1 为：

$$n_1 = \frac{60f_1}{p} \qquad (3.22)$$

式中，f_1 为电网频率，p 为磁级对数，n_1 的单位为 r/min。

由上式可知，旋转磁场转速 n_1 与电网频率 f_1、电动机极对数 p 有关。对已制成的电动机 p 一定，则 $n_1 \propto f_1$，即决定旋转磁场转速的唯一因素是电网频率，故有时也称 n_1 为电网频率所对应的同步速。

我国电网频率为 50 Hz，故 n_1 与 p 具有如表 3.3 所示关系。

表 3.3　我国电网频率 n_1 与 p 的关系

p	1	2	3	4	5	6
$n_1/$（r·min^{-1}）	3 000	1 500	1 000	750	600	500

可见，同步转速 n_1 是有级的。

2. 转动原理

图 3.31 是三相异步电动机的工作原理。

（1）电生磁：定子三相绕组 U、V、W，通过三相交流电流产生旋转磁场，其转向与相序一致，为顺时针方向，转速为：$n_1 = \frac{60f_1}{p}$。假定该瞬间定子旋转磁场方向向下。

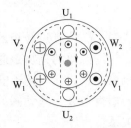

（2）（动）磁生电：定子旋转磁场旋转切割转子绕组，在转子绕组产生感应电动势，其方向由右手螺旋定则确定。由于转子绕组自身闭合，便有电流流过，并假定电流方向与电动势方向相同，如图3.31所示。

（3）电磁力（矩）：这时转子绕组感应电流在定子旋转磁场作用下，产生电磁力 F，其方向由"左手定则"判断，如图3.31所示。该力对转轴形成顺时针方向的转矩（称电磁转矩），于是，电动机在该电磁转矩的驱动下，便顺着电磁转矩的方向旋转。

图 3.31　异步电动机转动原理

转向：由图3.31可知，异步电动机的转向与旋转磁场转向一致，而旋转磁场转向又与三相电流相序一致，因此异步电动机的转向与三相电流相序一致。改变三相电流相序能改变三相异步电动机转向就是这个道理。

转速：异步电动机的转速 n 恒小于定子旋转磁场转速 n_1（$n < n_1$）。如果两者相等（$n = n_1$），即为同速同向运行，也就是说，转子与旋转磁场之间无相对运动（相对静止），因而转子导条不切割旋转磁场，从而不产生感应电动势和电流，也不产生电磁力和电磁转矩，因此转子就不可能继续以 n 的速度旋转。因此转子与旋转磁场必须有相对运动。因而 $n < n_1$ 是异步电动机旋转的必要条件，异步（$n \neq n_1$）的名称也由此而来。

定义异步电动机的转速差（$n_1 - n$）与旋转磁场转速 n_1 的比率，称为转差率，用 s 表示：

$$s = \frac{n_1 - n}{n_1} \tag{3.23}$$

转差率是分析异步电动机运行的一个重要参数，它与负载情况有关。当转子尚未转动（如起动瞬间）时，$n = 0$，$s = 1$；当转子转速接近于同步转速（空载运行）时，$n \approx n_1$，$s \approx 0$。因此对异步电动机来说，s 是在 $1 \sim 0$ 范围内变化。异步电动机负载越大，转速越慢，转差率就越大；负载越小，转速越快，转差率就越小。由式（3.23）推得：

$$n = (1 - s)n_1 \tag{3.24}$$

在正常运行范围内，异步电动机的转差率很小，仅在 $0.01 \sim 0.06$ 之间，可见异步电动机的转速很接近旋转磁场转速。

【例3.4】 一台额定转速 $n_N = 1\ 450$ r/min 的三相异步电动机，试求其额定负载运行时的转差率 s_N。

解：$n_N \approx n_1 = \dfrac{60f_1}{p}$，$p \approx \dfrac{60f_1}{n_N} = \dfrac{60 \times 50}{1\ 450} = 2.07$，取 $p = 2$；

$$n_1 = \frac{60f_1}{p} = \frac{60 \times 50}{2} = 1\ 500\ \text{（r/min）}, \quad s_N = \frac{n_1 - n}{n_1} = \frac{1\ 500 - 1\ 450}{1500} = 0.033$$

三、电磁转矩与机械特性

1. 电磁转矩

由工作原理可知，异步电动机的电磁转矩是由与转子电动势同相的转子电流（即转子电流的有功分量）和定子旋转磁场相互作用产生的，可见电磁转矩与转子电流有功分量（I_{2a}）及定子旋转磁场的每极磁通（ϕ_0）成正比，即：

$$T_{em} = C_T \phi_0 I'_{2a} = C_T \phi_0 I'_2 \cos \phi_2 \qquad (3.25)$$

式中，C_T 为计算转矩的结构常数，$\cos \phi_2$ 是转子回路的功率因数。

需说明的是当磁通一定时，电磁转矩与转子电流有功分量 I'_{2a} 成正比，而并非与转子电流 I'_2 成正比。当转子电流大，若大的是转子电流无功分量（并非有功分量），则此时的电磁转矩就不大，起动瞬间就是这个情况。经推导还可以算出电磁转矩与电动机参数之间的关系：

$$T_{em} \approx C'_T U_1^2 \frac{sR_2}{R_2^2 + (sX_{20})^2} \qquad (3.26)$$

式中，C'_T 为电动机结构常数，R_2 为转子绕组电阻，X_{20} 为转子不转时转子绕组漏抗。

由式（3.26）可知，$T_{em} \propto U_1^2$。可见电磁转矩对电源电压特别敏感，当电源电压波动时，电磁转矩按 U_1^2 关系发生变化。此外，电磁转矩还受转子电阻 R_2 的影响。

2. 机械特性

由式（3.26）可知，当 U_1、R_2、X_{20} 为定值时，$T_{em} = f(s)$ 之间的关系曲线称为 $T_{em} - s$ 曲线，如图 3.32 所示。

当电动机空载时，$n \approx n_1$，$s \approx 0$，故 $T_{em} = 0$；当 s 尚小时（$s = 0 \sim 0.2$），分母中 $(sX_{20})^2$ 很小，可略去不计，此时 $T_{em} \propto s$，故当 s 增大，T_{em} 也随之增大。当 s 大到一定值后，$sX_{20} \gg R_2$，R_2 可略去不计，此时，$T_{em} \propto \dfrac{1}{(sX_{20})^2}$，故 T_{em} 随 s 增大反而下降，$T_{em} - s$ 曲线由上升至下降过程中，必出现一最大值，此即为最大转矩 T_m。

由 $n = (1-s)n_1$ 关系，可将 $T_{em} - s$ 关系改为 $n = f(T_{em})$ 关系，此即为异步电动机的机械特性，如图 3.33 所示。因 n 与 T_{em} 均属机械量，故称此特性为机械特性，它直接反映了当电动机转矩变化时，转速的变化情况。

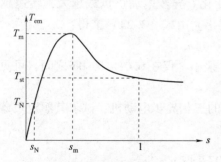

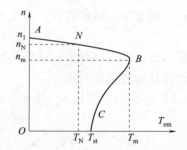

图 3.32　三相异步电动机的 $T_{em} - s$ 曲线　　　图 3.33　三相异步电动机的机械特性

电动机要稳定运行，必须满足转矩平衡。所谓转矩平衡，就是驱动转矩与制动转矩相等。

电动机的驱动转矩为电磁转矩 T_{em}；电动机的制动转矩包括生产机械转矩 T_2 和空载转矩 T_0（主要为机械损耗转矩）：

$$T_{em} = T_0 + T_2 \qquad (3.27)$$

由于 T_0 很小，常忽略不计，故：

$$T_{em} \approx T_2 \qquad (3.28)$$

电动机轴上的输出转矩正是生产机械所需要的转矩，其

$$T_2 = \frac{P_2}{\Omega} = \frac{P_2}{2\pi \dfrac{n}{60}} = 9\,550\,\frac{P_2}{n} \tag{3.29}$$

式中，P_2 为电动机轴上的输出功率（kW），n 为对应于 P_2 时的转速（r/min），T_2 单位为 N·m。

从理论上说，异步电动机的转差率 s 在 0~1 之间（即转速 n 在 n_1~0 范围），但它通常都运行于机械特性的 AB 段，即 n 在 n_1~n_m 之间（n_m 为最大转矩所对应的转速），因在这一段，当作用在电动机轴上的负载转矩发生变化时，电动机能适应负载转矩的变化而自动调节到稳定运行。如当负载转矩 T_2 增大（$T_2 < T_{em}$），电动机减速，由机械特性曲线可知，电动机电磁转矩将随着转速 n 的下降而增大，使电动机重新回到转矩平衡状态（$T_2 = T_{em}$），只不过这时的转速较前为低。由于该段区域较为平坦，当电动机负载变化时，其转速 n 变化不大，故它具有较硬的机械特性，这种特性很适用于金属切削机床等工作机械。

研究机械特性的目的就是为了分析异步电动机的运行性能，为便于分析，我们关注机械特性上的三个特征转矩。

1）额定转矩 T_N

它是电动机额定运行时的转矩，可由铭牌上的 P_N 和 n_N 求取：

$$T_N \approx 9\,550\,\frac{P_N}{n_N} \tag{3.30}$$

式中，P_N 单位为 kW，n_N 单位为 r/min，T_N 单位为 N·m。

【例3.5】有两台功率相同的三相异步电动机，一台的 $P_N = 7.5$ kW，$U_N = 380$ V，$n_N = 962$ r/min，另一台的 $P_N = 7.5$ kW，$U_N = 380$ V，$n_N = 1\,450$ r/min，试求它们的额定转矩。

解：第一台：$T_N \approx 9\,550\,\dfrac{P_N}{n_N} = 9\,550 \times \dfrac{7.5}{962} = 74.45$（N·m）

第二台：$T_N \approx 9\,550\,\dfrac{P_N}{n_N} = 9\,550 \times \dfrac{7.5}{1\,450} = 49.4$（N·m）

由上式知，当输出功率 P_N 一定时，额定转矩与转速成反比，也近似与磁极对数成正比 $\left(因 n \approx n_1 = \dfrac{60f_1}{p}，故频率一定时，转速近似与磁极对数成反比\right)$。因此，相同功率的异步电动机，磁极对数越多，或转速越低，其额定转矩越大，如上例的计算。

图3.33 的 $n = f(T_{em})$ 曲线中的 N 点是额定转矩 T_N 和额定转速 n_N 所对应的点，称为额定工作点。异步电动机若运行于此点或附近，其效率及功率因数均较高。

2）最大转矩 T_m

由图3.33 曲线知，电动机有个最大转矩 T_m，令 $\dfrac{dT_{em}}{ds} = 0$，解得产生最大转矩的临界转差率 s_m 为：

$$s_m = \frac{R_2}{X_{20}} \tag{3.31}$$

代入式（3.26），可得：

$$T_m \approx C_T' \frac{U_1^2}{2X_{20}} \tag{3.32}$$

由上两式可知：① $s_m \propto R_2$ 而与 U_1 无关；② $T_m \propto U_1^2$ 而与 R_2 无关。由此可以得到改变电源电压 U_1 和 R_2 的机械特性，如图 3.34 所示。

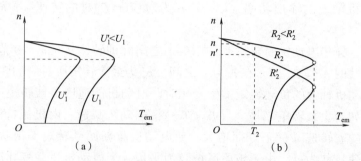

图 3.34　不同 U_1 和 R_2 的机械特性曲线

（a）不同 U_1；（b）不同 R_2

当电动机负载转矩大于最大转矩，即 $T_L > T_m$ 时电动机就因带不动负载而停转（故最大转矩也称停转转矩），此时电动机电流即刻能升至（5～7）I_N，致使绕组过热而烧毁。

最大转矩对电动机的稳定运行有重要意义。当电动机负载突然增加，短时过载，短时接近于最大转矩，电动机仍能稳定运行，由于时间短，也不至于过热。为保证电动机稳定运行，不因短时过载而停转，要求电动机有一定的过载能力。最大转矩也表示电动机短时允许过载能力。把最大转矩与额定转矩之比，称为过载能力，也称为最大转矩倍数，用 λ_t 表示：

$$\lambda_t = \frac{T_m}{T_N} \tag{3.33}$$

Y 系列三相异步电动机的 λ_t 在 2.0～2.2 范围。

3）起动转矩 T_{st}

电动机刚起动瞬间，即 $n = 0$，$s = 1$ 时的转矩叫作起动转矩。将 $s = 1$ 代入式（3.26），得：

$$T_{st} \approx C_T' U_1^2 \frac{R_2}{R_2^2 + X_{20}^2} \tag{3.34}$$

可见起动转矩也与电源电压、转子电阻有关。电源电压 U_1 降低，则起动转矩 T_{st} 减小。转子电阻适当增大，起动转矩增大。式（3.31）中，当转子电阻 $R_2 = X_{20}$ 时 $s_m = 1$，此时 $T_{st} = T_m$，当 R_2 继续再增大，起动转矩又开始减小。

只有当起动转矩大于负载转矩时电动机才能起动。起动转矩越大，起动就越迅速，由此引出电动机的另一个重要性能指标——起动转矩倍数 $K_{st} = \dfrac{T_{st}}{T_N}$。它反映电动机起动负载的能力。Y 系列三相异步电动机的 $K_{st} = 1.7 \sim 2.2$。

能力训练

一、判断题

1. 三相对称绕组是指结构相同、空间位置互差120°的三相绕组。　　　　（　　）

2. 异步电动机定子及转子铁芯使用硅钢片叠成的主要目的是减轻电动机的重量。

　　　　　　　　　　　　　　　　　　　　　　　　　　　　　　　　　（　　）

3. 旋转磁场转向的变化会直接影响交流异步电动机的转子旋转方向。　　（　　）

二、单选题

1. 根据三相笼型异步电动机的机械特性可知，电磁转矩达到最大值是在（　　）。

A. 起动瞬间　　　　B. 起动后某时刻　　　C. 达到额定转速时　　　D. 停车瞬间

2. 三相笼型异步电动机旋转磁场的转向取决于三相电源的（　　）。

A. 相位　　　　　　B. 频率　　　　　　　C. 相序　　　　　　　　D. 幅值

单元小结

磁路是磁通集中通过的路径，由于磁性物质具有高导磁性，所以很多电器设备均用铁磁材料构成磁路。磁路与电路有对偶性。磁通—电流、磁通势—电动势、磁阻—电阻一一对应，甚至磁路欧姆定律与电路欧姆定律也相对应。磁路欧姆定律：

$$\phi = F\frac{\mu S}{l} = \frac{F}{\dfrac{l}{\mu S}} = \frac{F}{F_{\mathrm{m}}} = \frac{IN}{\dfrac{l}{\mu S}}$$

这是分析磁路的基础，由于磁性物质的磁阻不是常数，故它常用于定性分析。

交流铁芯线圈主磁通 $\phi_{\mathrm{m}} = \dfrac{U}{4.44fN}$，它与电源电压、频率及线圈匝数有关，只要 U、f 不变，其主磁通大小就基本不变。这关系适用于一切交流励磁的磁路，如变压器、异步电动机及交流接触器等。

变压器是根据电磁感应原理制成的静止电器。它主要由用硅钢片叠成的铁芯和套装在铁芯柱上的线圈（绕组）构成。它只要一次、二次线圈匝数不等，就具有变电压、变电流和变阻抗的功能。它们与匝数的关系为：

$$\frac{U_1}{U_2} = \frac{N_1}{N_2} = K, \quad \frac{I_1}{I_2} = \frac{N_2}{N_1} = \frac{1}{K}, \quad |Z_{\mathrm{L}}'| = \left(\frac{N_1}{N_2}\right)^2 |Z_{\mathrm{L}}| = K^2 |Z_{\mathrm{L}}|$$

变压器带阻性和感性负载时，其外特性 $U_2 = f(I_2)$ 是一条稍微向下倾斜的曲线，当负载增大、功率因数减小时，端电压就下降。其变化情况由电压变化率来表示。

变压器铭牌是工作人员运行的依据，因此须掌握各额定值含义。其中：

额定容量是指在额定运行状态下所能输出的最大容量，对双线圈变压器，即 $S_{\mathrm{N}} = S_{2\mathrm{N}} = U_{2\mathrm{N}} \times I_{2\mathrm{N}}$，若二次侧有多个线圈，则 $S_{\mathrm{N}} = S_{2\mathrm{N}} = \sum (U_{2\mathrm{N}} I_{2\mathrm{N}})$。

二次额定电压 $U_{2\mathrm{N}}$ 定义为一次加额定电压 $U_{1\mathrm{N}}$、二次空载时的端电压，即 $U_{20} = U_{2\mathrm{N}}$。

三相异步电动机由定子和转子两部分组成，这两部分之间由气隙隔开。转子按结构的不同，分为笼型异步电动机和绕线型异步电动机两种。前者结构简单，价格便宜，运行、维护方便，使用广泛。后者起动、调速性能好但结构复杂，价格高。

异步电动机又称感应电动机，它的转动原理是：①电生磁：在三相定子绕组通入三相交流电流产生旋转磁场；②磁生电：旋转磁场切割转子绕组，在转子绕组感应电动势（电流）；③电磁力（矩）：转子感应电流（有功分量）在旋转磁场作用下产生电磁力并形成转矩，驱动电动机旋转。

转子转速 n 恒小于旋转磁场转速 n_1，即转差的存在是异步电动机旋转的必要条件。

转子转向与旋转磁场方向（即三相电流相序）一致，这是异步电动机改变转向的原理。转差率定义为：

$$s = \frac{n_1 - n}{n_1} \quad \text{或} \quad n = (1 - s)n_1$$

它实质上是反映转速快慢的一个物理量。空载时，$n \approx n_1$，$s \approx 0$；不转时（起动瞬间），$n = 0$，$s = 1$。故异步电动机转差率变化范围在 $0 \sim 1$ 范围。正常运行时，$s = 0.01 \sim 0.06$，故异步电动机的转速 n 很接近旋转磁场转速 n_1，由此可根据磁极对数来估算异步电动机转速。转差率是异步电动机的一个极为重要的参数。

电磁转矩的物理表达式为 $T_{em} = C_T \phi_0 I_{2a}' = C_T \phi_0 I_2' \cos \phi_2$，表明电磁转矩是由主磁通与转子电流的有功分量相互作用产生的。

电磁转矩表达式：$T_{em} \approx C_T' U_1^2 \dfrac{sR_2}{R_2^2 + (sX_{20})^2}$。

由此可描绘出 $T_{em} - s$ 曲线及 $n = f(T_{em})$ 机械特性曲线。它是分析异步电动机运行性能的依据。当频率 f_1 一定时，$T_{em} \propto U_1^2$，即异步电动机电磁转矩对电源电压的波动十分敏感。异步电动机负载变化时，其转速变化不大，故它具有较硬特性。

重点掌握三个特征转矩：额定转矩、最大转矩和起动转矩。

额定转矩：$T_N = 9\,550 \dfrac{P_N}{n_N}$，当 P_N 一定时，$T_N \propto \dfrac{1}{n_N} \propto P_N$，即具有相同功率的异步电动机，其电磁转矩近似与磁极对数 p 成正比，即磁极对数越多，其输出转矩就越大。

最大转矩的大小决定了异步电动机的过载能力，$\lambda_t = \dfrac{T_m}{T_N}$。

起动转矩的大小反映了异步电动机的起动性能，$K_{st} = T_{st}/T_N$。

这三个转矩是使用和选择异步电动机的依据。

异步电动机起动电流大而起动转矩小。对于稍大容量异步电动机，为限制起动电流，常用降压（$\curlyvee - \triangle$ 换接，自耦补偿器）起动。问题是降压限制起动电流同时，也限制了本来就不大的起动转矩，故它只适用于空载或轻载起动。绕线型异步电动机用转子回路串电阻或接频敏变阻器起动，它既能减小起动电流又增大起动转矩。

🌀 单元检测

一、填空题

1. 根据磁路欧姆定律，当磁路磁阻变小时，在电流不变情况下，磁场会变_____。

2. 交流铁芯线圈当电源电压不变时，磁通_____，电源电压有效值与磁通的关系是_____。

3. 交流电磁铁吸力随衔铁吸合_____，线圈电流随衔铁吸合_____，直流电磁铁吸力随衔铁吸合_____，线圈电流随衔铁吸合_____。

4. 交流铁芯线圈损耗包括_____和_____，采用硅钢片叠成的铁芯可以_____涡流损耗。

5. 三相异步电动机同步转速是指_____，转差率表示式为_____，其取值范围是_____。

6. 三相异步电动机旋转磁场产生的条件是_____。

7. 三相异步电动机机械特性图中包括_____区和_____区，正常工作时应工作在_____区。

8. 三相异步电动机改变运行方向的方法是_____。

9. 三相异步电动机起动方法有_____和_____。其中_____方法是为了降低起动电流。

10. 三相异步电动机调速是指_____，方法有_____、_____和_____。其中_____调速是目前应用最多的一种。

二、分析计算题

1. 一台额定容量为 90 VA 的小型电源变压器，电源电压为 220 V，频率 $f = 50$ Hz，它有两个二次线圈，一个 $U_{20} = 280$ V，另一个 $U'_{20} = 24$ V，选用铁芯的最大磁通密度 $B_m = 0.89$ T，截面积 $S = 14$ cm^2，试求各线圈匝数。

2. 已知某收音机输出变压器的一次线圈匝数 $N_1 = 240$ 匝，二次线圈匝数 $N_2 = 80$ 匝，原接阻抗为 8 Ω 的扬声器，现要改接成 2 Ω 的扬声器，试求二次线圈匝数应如何变化？

3. 一台如图 3.35 所示电源变压器，一次额定电压 $U_{1N} = 220$ V，匝数 $N_1 = 1\,100$ 匝，它有两个二次线圈，一个电压 $U_{2N} = 24$ V，负载功率 $P_2 = 180$ W，另一个电压 $U'_{2N} = 110$ V，负载功率 $P'_2 = 900$ W。试求：

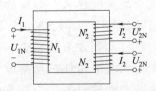

图 3.35　分析计算题 3 用图

（1）两个二次线圈匝数 N_2 和 N'_2；

（2）一次电流 I_1（忽略漏阻抗压降和损耗）。

4. 一台额定转速 $n_N = 1\,430$ r/min 的三相异步电动机，试求它在额定负载运行时的转差率 s_N。

5. 有两台功率相同的三相异步电动机，一台的 $P_N = 8$ kW，$U_N = 380$ V，$n_N = 1\,300$ r/min，另一台的 $P_N = 8$ kW，$U_N = 380$ V，$n_N = 1\,400$ r/min，试求它们的额定转矩。

拓展阅读

盾 构 机

（全断面）隧道掘进机里一部分采用盾构法，一部分采用敞开式施工法，例如，由中国铁建重工自主研制的全断面双护盾岩石隧道掘进机（TBM）自带双护盾，不需要构建（铺设）隧道之"盾"，即不需要铺设管片，而是集开挖、支护、出渣于一体，可以实现隧道的一次成型。图 3.36 所示为盾构机施工示意图。

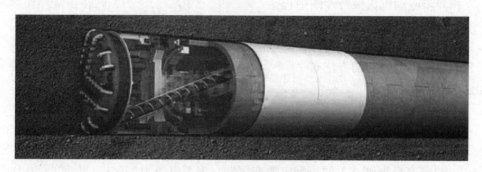

图 3.36　盾构机施工示意图

采用盾构法施工的掘进量占京城地铁施工总量的 45%，共有 17 台盾构机为地铁建设效力。虽然盾构机成本高昂，但可将地铁暗挖功效提高 8~10 倍，而且在施工过程中，地面上不用大面积拆迁，不阻断交通，施工无噪声，地面不沉降，不影响居民的正常生活。不过，大型盾构机技术附加值高、制造工艺复杂，国际上只有欧美和日本的几家企业能够研制生产。

盾构机问世至今已有近 200 年的历史，其始于英国，发展于日本、德国。40 多年来，通过对土压平衡式、泥水式盾构机中的关键技术，如盾构机的有效密封，确保开挖面的稳定、控制地表隆起及塌陷在规定范围之内，刀具的使用寿命以及在密封条件下的刀具更换，对一些恶劣地质如高水压条件的处理技术等方面的探索和研究解决，使盾构机有了很快的发展。盾构机尤其是土压平衡式和泥水式盾构机在日本由于经济的快速发展及实际工程的需要，发展很快。德国的盾构机技术也有独到之处，尤其是在地下施工过程中，可在保证密封的前提以及高达 0.3 MPa 气压的情况下更换刀盘上的刀具，从而提高盾构机的一次掘进长度。德国还开发了在密封条件下，从大直径刀盘内侧常压空间内更换被磨损的刀具。

盾构机的选型原则是因地制宜，尽量提高机械化程度，减少对环境的影响。

参与沈阳地铁工作的盾构机名为开拓者号，总长为 64.7 m，盾构部分为 9.08 m，质量为 420 t，其工作误差不超过几毫米。

价格：德国进口的盾构机大概需要人民币 5 000 万元，日本进口的盾构机大概需要人民币 3 000 万元以上，国产的盾构机价格一般在 2 500 万~5 000 万元。

国内具有自主知识产权的国产盾构机是上海隧道工程股份有限公司研制的国产"863"系列盾构机。

2007 年 7 月，北方重工集团董事长耿洪臣与法国 NFM 公司原股东正式签署了股权转让协议，以绝对控股方式成功结束了历时两年的并购谈判，使北方重工拥有了世界上最先进的全系列隧道盾构机的核心技术和知名品牌。

2015年11月14日，由中国铁建重工集团和中铁十六局集团合作研发的中国国产首台铁路大直径盾构机在长沙下线，拥有完全自主知识产权，打破了国外近一个世纪的技术垄断，加速了中国快速城市化和大铁路网建设的步伐。本次下线的大直径盾构机开挖直径为8.8 m，总长100 m，每台售价比进口同类产品便宜2 000万元以上，性价比高，可靠性好，能够适用于多种复杂地层，下线后服务于广珠城际轨道交通线。

2018年3月13日，由中国自主研发的出口海外超大直径盾构机在中交天和机械设备制造有限公司总装车间下线，这台直径达12.12 m的超大直径泥水气压平衡盾构机，被用于中国在海外最大的盾构公路隧道项目——孟加拉国卡纳普里河底隧道工程，这也是南亚地区投入使用的最大直径盾构机，终结欧美垄断。

2020年6月18日，宽14.82 m、高9.446 m的世界最大土压平衡矩形盾构机"南湖号"正式在嘉兴市区快速路环线下穿南湖大道隧道工程投入使用。

2021年12月22日，由中铁十五局集团和铁建重工集团联合研制的直径为15.01 m超大直径、国内首台适用于超浅覆土、超软地层施工的盾构机"振兴号"顺利下线。

2021年12月25日，应用于我国最深海底隧道——深江铁路珠江口隧道的"大湾区号"盾构机成功在广州南沙始发，正式开启挑战水下115 m穿越珠江入海口的施工。"大湾区号"盾构机被应用于深江铁路全线控制性工程珠江口隧道的建设施工，深江铁路是全国"八纵八横"高铁主通道沿海通道的重要组成部分，是支撑粤港澳大湾区建设的重大交通基础设施，线路正线长116 km，途经深圳、广州、东莞、中山、江门5个地市。

2022年2月，中交集团所属中交一公局集团隧道局参建的国内在建承受水压最高、直径最大盾构隧道——江阴靖江长江隧道所用盾构机"聚力一号"刀盘在江苏靖江成功下井。

2022年3月，上海机场联络线建设取得重大突破，"骐跃号"盾构顺利完成接收，标志着上海市域铁路机场联络线3标"梅富路工作井——华泾站"区间隧道迎来全线贯通。

2022年4月，由央企中铁装备制造的土压平衡盾构机顺利通过海外客户验收，首次出口葡萄牙。

2022年5月7日，伴随大型运输车的轰鸣声，一台直径为6.6 m的再制造盾构机DL509X1（见图3.37）从中铁十六局曹妃甸重工机械公司厂区顺利装车发运。这是今年以来该公司克服疫情影响，实现再制造下线出厂的第三台盾构机，未来将用于广州轨道交通10号线项目建设。

2022年6月15日，中国出口葡萄牙的首台盾构机由天津港起运，正式发往里斯本，为这座古老又现代的城市地下排水系统能力提升，增强防洪防涝水平贡献中国智慧、中国方案、中国力量。

图3.37　DL509X1盾构机

学习单元四

二极管及其应用

单元描述

二极管是最早诞生的半导体器件之一，又称晶体二极管（Diode），其应用非常广泛。特别是在各种电子电路中，利用二极管和电阻、电容、电感等元器件进行合理的连接，构成不同功能的电路，可以实现对交流电整流、对调制信号检波、限幅和钳位以及对电源电压的稳压等多种功能。无论是在常见的收音机电路还是在其他的家用电器产品或工业控制电路中，都可以找到二极管的踪迹，通过本单元的学习我们一起来了解一下常见二极管的基本原理及应用。

学习导航

知识点	(1) 了解半导体的基本知识。 (2) 熟悉二极管的分类、特性及用途。 (3) 理解二极管组成的整流滤波电路工作原理。 (4) 掌握直流稳压电源的电路组成及分析方法
重点	二极管的特性、结构、分类及整流电路的分析
难点	直流稳压电源的电路组成及分析方法
能力培养	(1) 能够识别、判别二极管的性能及好坏。 (2) 学会分析计算直流稳压电源电路的基本原理和主要参数
思政目标	通过对国产二极管和进口二极管的比较，讨论我国电子技术发展现状，激发学生学习的激情和爱国热情
建议学时	6~10 学时

模块一 二极管的识别

先导案例

发光二极管，简称 LED，由含镓（Ga）、砷（As）、磷（P）、氮（N）等的化合物制成，是一种常用的发光器件，通过电子与空穴复合释放能量发光，它在照明领域应用广泛。

发光二极管可高效地将电能转化为光能，在现代社会具有广泛的用途，这种电子元件早在1962年出现，早期只能发出低光度的红光，之后发展出其他单色光的版本，能发出的光已遍及可见光、红外线及紫外线（砷化镓二极管发红光，磷化镓二极管发绿光，碳化硅二极管发黄光，氮化镓二极管发蓝光），随着技术的不断进步，发光二极管已被广泛地应用于显示器和照明。

下面就让我们一起来学习下二极管的原理及特性吧。

一、二极管的结构

1. 二极管的结构及电路符号

半导体二极管是由一个 PN 结加上相应的电极引出线，并用管壳封装而成，结构如图 4.1（a）所示。由 P 型区引出的电极称为阳极（或正极"＋"），N 型区引出的电极称为阴极（或负极"－"）。二极管在电路中的图形符号如图 4.1（b）所示，文字符号用 VD 或 D 表示。常见二极管的外形如图 4.1（c）所示。

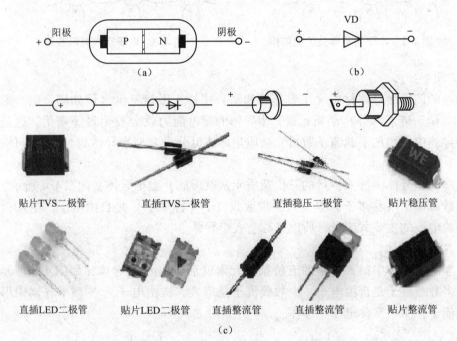

图 4.1　二极管的结构、符号及常见外形
（a）结构；（b）符号；（c）外形

2. 半导体的基本知识

自然界中的各种物质，按导电能力划分为导体、绝缘体、半导体三类，半导体导电能力介于导体和绝缘体之间。在电子器件中，用得最多的半导体材料是硅（Si）和锗（Ge）。半导体具有热敏性、光敏性和掺杂性的特点。

1）本征半导体

本征半导体是一种纯净的、不含有任何杂质的、具有晶体结构的半导体。纯净的硅和锗都是四价元素，其最外层原子轨道上具有四个价电子，每个原子的 4 个价电子不仅受自身原子核的束缚，还与周围相邻的 4 个原子发生联系，形成共价键结构，如图 4.2 所示。

当外界温度升高或受光照时，共价键中的价电子从外界获得一定的能量，少数价电子会挣脱共价键的束缚，成为自由电子，同时在原来共价键的相应位置上留下一个空位，这个空位称为空穴，如图 4.3 所示。本征半导体中的自由电子和空穴总是成对出现的，在外加电场的作用下，它们会发生定向运动形成电流，所以都称为载流子。

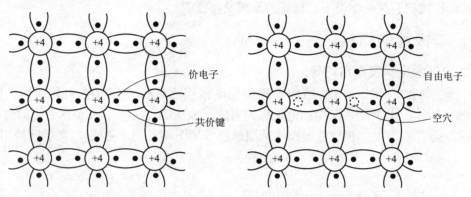

图 4.2　本征半导体共价键结构　　　　图 4.3　电子空穴对示意图

2）杂质半导体

在纯净的四价半导体材料（主要是硅和锗）中掺入微量三价（例如硼、铝、铟等）或五价（例如磷、砷、锑等）杂质元素，半导体的导电能力就会发生显著变化。这是由于掺杂后的半导体中，增加了载流子数目。杂质半导体可分为 P 型半导体和 N 型半导体两大类。

（1）P 型半导体。

在纯净的半导体中掺入少量的三价杂质元素就形成 P 型半导体，如图 4.4 所示。P 型半导体的多数载流子（称多子）是空穴，少数载流子（称少子）是自由电子，空穴为 P 型半导体中形成电流的主要载流子，所以又称空穴半导体。

（2）N 型半导体。

在纯净的半导体中掺入少量的五价杂质元素就形成 N 型半导体，如图 4.5 所示。N 型半导体的多数载流子是自由电子，少数载流子是空穴，自由电子为 N 型半导体中形成电流的主要载流子，所以又称电子半导体。

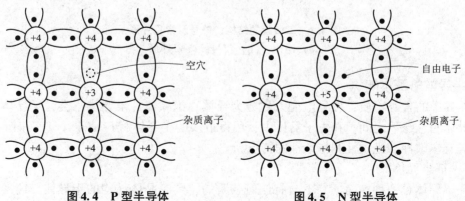

图 4.4　P 型半导体　　　　　　　　图 4.5　N 型半导体

（3）PN 结。

在一块纯净的半导体基片上，通过特殊的掺杂工艺使其一边形成 P 型半导体，另一边形成 N 型半导体，那么在两种半导体的交接面，会形成一个特殊的阻挡层，称为 PN 结，如图 4.6 所示。

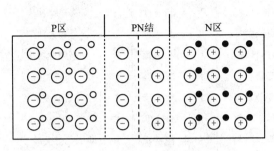

图 4.6　PN 结

二、二极管的种类

1. 二极管的分类

（1）按制造材料分有锗（Ge）二极管、硅（Si）二极管、磷化镓（GaP）二极管和磷砷化镓（GaAsP）二极管等。

（2）按照封装形式分有塑料封装（塑封）二极管、玻璃封装（玻封）二极管、金属封装二极管和片状二极管等。

（3）按照功率分有大功率二极管（5 A 以上）、中功率二极管（1～5 A）和小功率二极管（1A 以下）。

（4）按照用途分有普通二极管、整流二极管、稳压二极管、发光二极管、变容二极管、光敏二极管和激光二极管等。

2. 半导体二极管的命名方法

国内半导体器件的命名由 5 个部分组成，如图 4.7 所示。其型号组成部分的符号及其意义如表 4.1 所示。

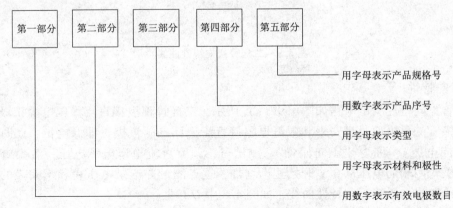

图 4.7　半导体器件的命名

表 4.1　国产半导体器件型号组成部分的符号及意义

第一部分		第二部分		第三部分					
符号	意义	符号	意义	符号	意义	符号	意义	符号	意义
2	二极管	A	N 型锗材料	P	普通管	X	低频小功率管	CS	场效应管
		B	P 型锗材料	V	微波管	G	高频小功率管	FH	复合管
		C	N 型硅材料	W	稳压管	D	低频大功率管	PIN	PIN 型
		D	P 型硅材料	C	参量管	A	高频大功率管	JG	激光器件
3	三极管	A	PNP 型锗材料	F	发光管	T	可控整流器	B	雪崩管
		B	NPN 型锗材料	Z	整流管	J	阶跃恢复管	GS	光电子显示器
		C	PNP 型硅材料	L	整流堆	U	光电器件	GF	发光二极管
		D	NPN 型硅材料	S	隧道管	K	开关管	GD	光敏二极管
		E	化合物材料	N	阻尼管	BT	半导体特殊器件	GT	光敏晶体管

例如型号 2AP9 中，"2"表示电极数为 2，即二极管，"A"表示 N 型锗材料，"P"表示普通管，"9"表示序号；3AX51A 代表 PNP 型锗材料低频小功率三极管。

三、二极管的特性及主要参数

二极管的基本特性可以用流过它的电流 i_{VD} 与其两端电压 u_{VD} 之间的关系来描述，称为伏安特性曲线，如图 4.8 所示，通常可以用如图 4.9 所示的实验电路来测试。

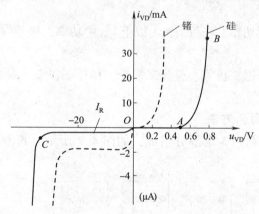

图 4.8　二极管伏安特性曲线

1. 正向特性

二极管正向特性测试电路如图 4.9（a）所示，二极管正极接直流稳压电源正极，即高电位，二极管的负极通过毫安表和限流电阻接直流稳压电源负极，即低电位，此时二极管外加"正向电压"，称为"正向偏置"。测试时，调节直流稳压电源电压，观察电压表读数，使二极管两端的电压从 0 V 开始逐渐增加，逐点测量并记录电压表和毫安表的对应数值，即可绘制出二极管正向特性曲线，如图 4.8 中 OB 段。

二极管正向偏置时，当两端的正向电压很小时，正向电流几乎为零，这一部分称为死区，如图 4.8 中 OA 段，相应的 A 点的电压称为死区电压或阈值电压，常温下硅管死区电压约为 0.5 V，锗管约为 0.1 V。

当正向电压超过死区电压后，二极管开始导通，正向电流随正向电压的增大而急剧增大，管子呈现低阻状态。这时二极管的正向电流在很大的范围内变化，而二极管两端的电压却基本不变，称为二极管的"正向导通压降"（硅管约为 0.7 V，锗管约为 0.3 V），如图 4.8 中 *AB* 段。

2. 反向特性

二极管反向特性测试电路如图 4.9（b）所示，二极管负极接直流稳压电源的正极，即高电位，二极管的正极通过微安表和限流电阻接直流稳压电源的负极，即低电位，此时二极管外加"反向电压"，称为"反向偏置"。测试时，调节直流稳压电源电压，观察电压表读数，使二极管两端的反向电压从 0 V 开始逐渐增加，逐点测量并记录电压表和微安表的对应数值，即可绘制出二极管反向特性曲线，如图 4.8 中 *OC* 段。

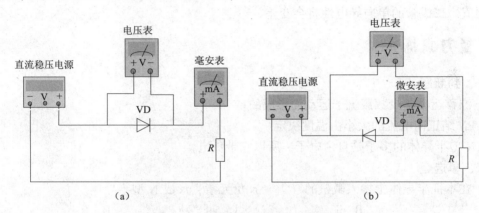

图 4.9　二极管伏安特性测试电路
（a）正向特性测试；（b）反向特性测试

二极管反向偏置时，在开始很大范围内，只有微弱的反向电流流过二极管，且不随反向电压的变化而变化，该电流称为反向饱和电流，此时二极管处于反向截止状态。

3. 反向击穿特性

二极管反向电压加到一定数值时，反向电流急剧增大，二极管将失去单向导电性，这种现象称为反向击穿。此时对应的电压称为反向击穿电压，用 U_{BR} 表示。各类二极管的反向击穿电压各不相同，通常为几十到几百伏，有的高达数千伏。二极管击穿后，反向电流在很大的范围内变化，而二极管两端的反向电压却基本不变。

4. 温度对特性的影响

二极管的导电性能与温度有关，温度升高时二极管正向特性曲线向左移动，死区电压及正向导通压降都减小；反向特性曲线向下移动，反向饱和电流增大，反向击穿电压减小。

5. 二极管的主要参数

用来表示二极管的性能好坏和适用范围的技术指标，称为二极管的参数。不同类型的二极管有不同的特性参数，以整流二极管 2CZ52 系列为例，其主要参数如下。

1）最大整流电流 I_F

最大整流电流是指管子长期运行时，允许通过的最大正向平均电流。实际使用中，若二极管的正向电流超过此值，会使管子过热而损坏（硅管为 140 ℃左右，锗管为 90 ℃左右）。

2）最高反向工作电压 U_{RM}

最高反向工作电压是指二极管在正常工作时允许加的最大反向电压。加在二极管两端的反向电压高到一定值时，会将管子击穿，失去单向导电能力。一般手册上给出的最高反向工作电压约为击穿电压的一半，以确保管子安全运行。

3）反向饱和电流 I_R

反向饱和电流是指二极管在规定的温度和最高反向电压作用下，管子未击穿时流过二极管的反向电流。反向电流越小，管子的单向导电性能越好。值得注意的是反向电流对温度很敏感，温度每升高 10 ℃，反向电流大约会增大一倍，所以在使用二极管时要注意温度的影响。

4）最高工作频率 f_M

最高工作频率是指二极管具有单向导电性的最高交流信号频率。使用时如果工作频率超过此值，二极管的单向导电性将会变差。

能力训练

一、判断题

1. 漂移运动是少数载流子运动而形成的。 （   ）

2. PN 结正向电流的大小由温度决定。 （   ）

3. N 型半导体的多子是自由电子，所以它带负电。 （   ）

二、单选题

1. 在本征半导体中掺入微量的（   ）价元素，形成 N 型半导体。

A. 二　　　　　　　B. 三　　　　　　　C. 四　　　　　　　D. 五

2. 在 P 型半导体中，自由电子浓度（   ）空穴浓度。

A. 大于　　　　　　B. 等于　　　　　　C. 小于　　　　　　D. 无法确定

模块二　二极管的应用

先导案例

生活中常见的用电器都是采用直流电驱动的，而我国引入的市电为 220 V 的交流电，那么用电器是如何将交流电转换为直流电的呢？这里面用到了哪些器件，二极管在其中起到了什么样的作用，能量又是如何转化的呢？下面我们一起来看看二极管最常见的整流、滤波和稳压电路的原理吧。

一、二极管整流电路

1. 单相半波整流电路

1）电路组成

单相半波整流电路如图 4.10（a）所示，图中 Tr 为电源变压器，其作用是把 220 V 的交流电压变换为整流电路所需要的交流低电压，VD 是整流二极管，R_L 是负载电阻。在变压器原级接上 220 V、50 Hz 的交流电压 u_1 时，变压器的次级会产生感应电压 $u_2 = \sqrt{2}\,U_2\sin\omega t$。

2）工作原理

当 u_2 为正半周时（即如图 4.10（a）中所示上正下负），整流二极管正向偏置导通，负载上有由上而下的电流流过，忽略二极管的导通压降，则 $u_0 = u_2$。

当 u_2 为负半周时，整流二极管反向偏置截止，负载上没有电流流过，则 $u_0 = 0$。

电路的输入输出电压波形如图 4.10（b）所示。可见在输入电压 u_2 的整个周期内，负载 R_L 上只获得半个周期的电压，所以称为半波整流。

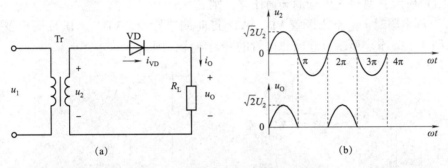

图 4.10　单相半波整流电路及波形图

（a）电路图；（b）波形图

3）负载上的平均电压和电流

负载上得到的直流电压是指一个周期内脉动电压的平均值，即：

$$U_0 = \frac{1}{2\pi}\int_0^{2\pi} u_0 \mathrm{d}(\omega t) = \frac{1}{2\pi}\int_0^{\pi}\sqrt{2}\,U_2\sin\omega t\,\mathrm{d}(\omega t) \approx 0.45 U_2 \qquad (4.1)$$

负载 R_L 上电流的平均值为：

$$I_0 = \frac{U_0}{R_L} \approx 0.45\frac{U_2}{R_L} \qquad (4.2)$$

4）整流二极管参数

在电路中整流二极管与负载串联，所以流过整流二极管的平均电流与流过负载的电流相等，即：

$$I_{VD} = I_0 \approx 0.45\frac{U_2}{R_L} \qquad (4.3)$$

在 u_2 的负半周，二极管截止，它承受的反向峰值电压 U_{RM} 是变压器次级电压的最大值，即：

$$U_{RM} = \sqrt{2}\,U_2 \qquad (4.4)$$

半波整流电路把输入的交流电变成脉动的直流电，电路结构简单，使用元件少，但是负载上得到的只有输入信号的一半，所以电源利用率不高，且输出直流电压和电流的脉动较大，只适用于要求不高的场合，因而应用较少，目前广泛应用的是单相桥式整流电路。

2. 单相桥式整流电路

1）电路组成

单相桥式整流电路如图 4.11 所示，由电源变压器和 4 个二极管及负载电阻组成，其中 4 个二极管接成电桥形式。

2）工作原理

当 u_2 为正半周时，整流二极管 VD_1、VD_3 正向偏置导通，VD_2、VD_4 反向偏置截止，电流回路如图 4.12（a）所示，忽略二极管的导通压降，则 $u_O = u_2$。

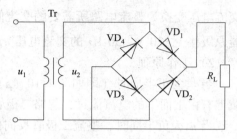

图 4.11 单相桥式整流电路

当 u_2 为负半周时，整流二极管 VD_2、VD_4 正向偏置导通，VD_1、VD_3 反向偏置截止，电流回路如图 4.12（b）所示，忽略二极管的导通压降，则 $u_O = u_2$。

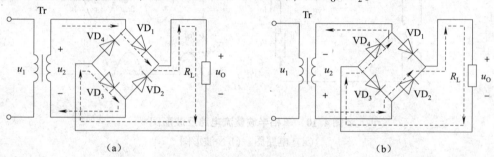

图 4.12 桥式整流工作原理

（a）u_2 正半周电流回路；（b）u_2 负半周电流回路

可见在输入电压 u_2 的整个周期内，由于 4 个二极管两两交替导通，负载 R_L 上始终有方向一致的电流流过，从而有效地利用了输入电压的负半周，提高了电源的利用率。电路的输入输出电压波形如图 4.13 所示。

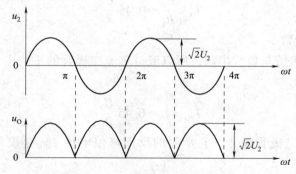

图 4.13 桥式整流电路波形图

3）负载上的平均电压和电流

由以上分析可知，桥式整流电路负载电压和电流是半波整流的 2 倍。即：

$$U_O \approx 0.9 U_2 \tag{4.5}$$

$$I_O \approx 0.9 \frac{U_2}{R_L} \tag{4.6}$$

4）整流二极管参数

在桥式整流电路中，因为 4 个二极管在电源电压变化一周内是轮流导通的，所以流过每个二极管的电流都等于负载电流的一半，即：

$$I_{VD} = \frac{1}{2}I_0 \approx 0.45\frac{U_2}{R_L} \tag{4.7}$$

每个二极管在截止时承受的反向峰值电压为：

$$U_{RM} = \sqrt{2}\,U_2 \tag{4.8}$$

【例 4.1】 已知某电路负载电阻 $R_L = 100\ \Omega$，负载工作电压 $U_0 = 18\ V$，若用桥式整流电路为其供电，选择合适的二极管及电源变压器，并搭接电路进行测试。

解：由式 $U_0 \approx 0.9U_2$ 可得：$U_2 = \dfrac{U_0}{0.9} = \dfrac{18}{0.9} = 20$（V）

所以，选择次级电压有效值为 20 V 的变压器。

加在二极管上的反向最大电压为：$U_{RM} = \sqrt{2}\,U_2 \approx 28$（V）

流过二极管的平均电流为：$I_{VD} = \dfrac{1}{2}I_0 = \dfrac{1}{2} \times \dfrac{18}{100} = 0.09$（A）

查手册可知二极管 2CZ52B 可满足要求。

桥式整流电路与半波整流电路相比，电源利用率提高了，同时输出电压波动小，因此桥式整流电路得到了广泛应用。但该电路的缺点是 4 个二极管组成的电桥连接容易出错，为了解决这一问题，生产厂家常将整流桥集成在一起构成桥堆，常用的有"半桥堆"和"全桥堆"，半桥堆的内部由两个二极管组成，其结构和外形如图 4.14（a）所示。全桥堆内部由 4 个二极管组成，结构及外形如图 4.14（b）所示。

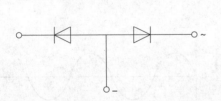

（a）

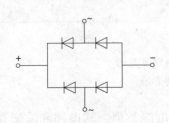

（b）

图 4.14　半桥堆和全桥堆的结构及外形
（a）半桥堆；（b）全桥堆

使用一个"全桥堆"或连接两个"半桥堆",就可代替 4 个二极管与电源变压器相连,组成桥式整流电路。选用时,应注意桥堆的额定工作电流和允许的最高反向工作电压应符合整流电路的要求。

二、二极管整流滤波电路

整流电路将交流电变为脉动的直流电,但其中含有很大的交流成分,这样的直流电可以作为电镀或蓄电池充电的电源,但如果作为大部分电子设备的电源,则将会影响电路的性能,甚至使电路不能正常工作,为此需要在整流电路后接滤波电路,来尽可能滤掉输出电压中的交流分量,使之接近理想的直流电压。

1. 电容滤波电路

1)电路组成

半波整流滤波电路如图 4.15(a)所示,即在半波整流电路中负载 R_L 两端并联电解电容 C 构成,由图可见,输出电压 u_O 与电容 C 两端电压 u_C 相等,利用电容器两端电压不能突变的特性达到滤波效果。

2)工作原理

假定在 $t = 0$ 时接通电路,在输入电压的正半周,u_2 由零上升时,$u_2 > u_C$,整流二极管 VD 导通,电路对电容 C 充电,电容 C 两端得到上正下负的电压 u_C,由于充电回路电阻很小,因而充电很快,若忽略二极管的内阻,则 $u_O = u_C \approx u_2$;当 u_2 到达峰值后开始下降,此时 $u_2 < u_C$,二极管截止,电容 C 通过负载电阻 R_L 放电,由于放电时间常数 $\tau = R_L C$ 一般比较大,则电容电压按照指数规律逐渐减小,直到第二个周期开始,又出现 $u_2 > u_C$,二极管 VD 导通重复上述的过程,其波形如图 4.15(b)所示(虚线部分表示没有滤波时的输出波形,实线部分表示加滤波电容后的输出波形)。由波形图可以看出滤波电路使整流后输出电压中的脉动成分大大减少。

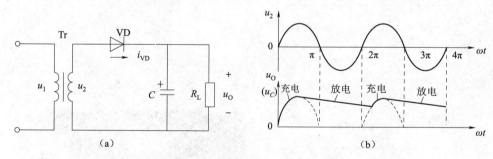

图 4.15 半波整流滤波电路及波形
(a)电路图;(b)波形图

桥式整流滤波电路的基本原理与半波整流滤波电路类似,其电路和波形如图 4.16 所示,所不同的是在输入电压一个周期内电容充放电各两次,其输出波形更加平滑。

电容滤波的效果与放电时间常数 $\tau = R_L C$ 的大小有关,τ 越大,放电越缓慢,负载上的电压越平滑,输出电压也越高。当负载开路时,有 $\tau = R_L C = \infty$,输出电压达到最大值 $\sqrt{2}\,U_2$。在实际应用中为了得到好的滤波效果,通常根据下面的经验公式来选取时间常数。

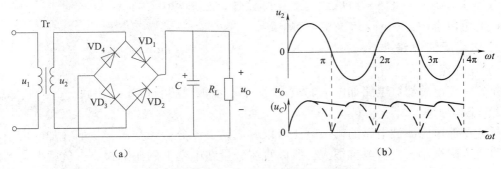

图 4.16 桥式整流电容滤波电路及波形

(a) 电路图；(b) 波形图

$$R_{\mathrm{L}}C \geq (3 \sim 5)T \qquad (\text{半波整流滤波电路}) \qquad (4.9)$$

$$R_{\mathrm{L}}C \geq (3 \sim 5)\frac{T}{2} \qquad (\text{桥式、全波整流滤波电路}) \qquad (4.10)$$

上式中，T 为交流电源电压的周期。也可以根据上式来选择滤波电容，电容的耐压值应大于 $\sqrt{2}\,U_2$。

3）负载上的平均电压

在一般的实际工程中，在满足式（4.9）、式（4.10）的条件下，可按照以下公式估算负载上的电压：

$$U_0 \approx U_2 \qquad (\text{半波整流滤波电路}) \qquad (4.11)$$

$$U_0 \approx 1.2U_2 \qquad (\text{桥式、全波整流滤波电路}) \qquad (4.12)$$

4）电容滤波的特点

（1）电路结构简单，输出电压平均值高，脉动较小。

（2）接通电源的瞬间有浪涌电流通过二极管，从而影响二极管的使用寿命，所以在选择二极管时必须留有足够的电流余量。

（3）如果负载电流太大（$R_{\mathrm{L}}\downarrow$），则放电速度加快，使输出的直流电压下降，交流脉动成分上升，所以电容滤波只适用于负载电流较小的场合。

【例 4.2】 在图 4.16（a）所示的桥式整流电容滤波电路中，若要求输出直流电压为 18 V、电流为 100 mA，试选择合适的滤波电容和整流二极管，并连接电路进行测试。

解：（1）整流二极管的选择：

流过每个二极管的平均电流：$I_{\mathrm{VD}} = \dfrac{1}{2}I_0 = \dfrac{1}{2}\times 100 = 50$（mA）；

由 $U_0 \approx 1.2U_2$ 可得变压器次级有效值为：$U_2 = \dfrac{U_0}{1.2} = \dfrac{18}{1.2} = 15$（V）；

则：$U_{\mathrm{RM}} = \sqrt{2}\,U_2 = 21$（V）。

查手册可知，可选择型号为 2CZ52B 的整流二极管。

（2）选择滤波电容器。

由式 $R_{\mathrm{L}}C \geq (3 \sim 5)\dfrac{T}{2}$ 可得：$C \geq \dfrac{5T}{2R_{\mathrm{L}}} = \dfrac{5 \times 0.02}{2 \times (18 \div 0.1)} \approx 278$（μF）；

电容器耐压为：$(1.5 \sim 2)U_2 = (1.5 \sim 2) \times 15 = 22.5 \sim 30$（V）。

因此可以选用 330 μF/35 V 的电解电容。

2. 电感滤波电路

1）电路组成

桥式整流电感滤波电路如图 4.17（a）所示，滤波电感与负载 R_L 串联。

2）工作原理

桥式整流电感滤波电路的输出电压可以看成是直流分量和交流分量的叠加。由于电感器的直流电阻很小，交流电抗很大，所以直流分量在电感上的压降很小，负载上得到的直流分量就很大；而交流分量在电感上的压降很大，负载上得到的交流分量就很小，波形如图 4.17（b）所示。电感滤波电路的输出电压为：

$$U_0 \approx 0.9U_2 \tag{4.13}$$

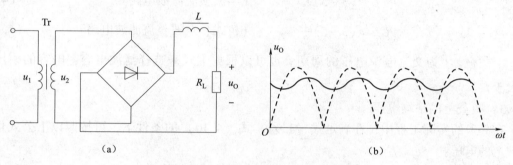

图 4.17　桥式整流电感滤波电路及波形

（a）电路图；（b）波形图

3）电感滤波的特点

电感线圈 L 的电感量越大，或负载电流越大，则输出电压的脉动就越小，滤波效果越好，所以适用于负载电流较大的场合。但 L 越大，其体积和成本也越大。

3. 其他形式的滤波电路

1）LC 滤波电路（Γ 型滤波）

LC 滤波电路如图 4.18 所示，可以看成是电容滤波和电感滤波的综合，先利用电感阻交流通直流的特性，再利用电容旁路交流的特性，这样使负载上的输出更加平滑稳定。

2）Π 型 LC 滤波电路

在 LC 滤波电路的基础上再并联一个电容，就构成 Π 型滤波电路，如图 4.19 所示。Π 型滤波电路的滤波效果更好，输出电压较高。

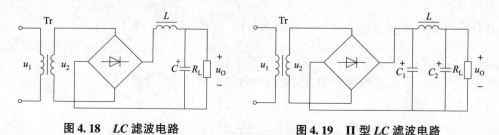

图 4.18　LC 滤波电路　　　　**图 4.19　Π 型 LC 滤波电路**

3）Ⅱ型 *RC* 滤波电路

由于电感线圈体积较大、成本较高，将Ⅱ型 *LC* 滤波电路中的电感用电阻代替就构成了Ⅱ型 *RC* 滤波电路，如图4.20所示。

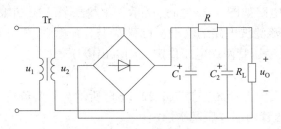

图4.20　Ⅱ型 *RC* 滤波电路

三、直流稳压电源电路

在很多自动控制、通信、电子测量等设备中都需要使用电压稳定的直流电源，如果电源电压不稳定，将会引起误操作、测量产生较大误差，甚至造成设备不能正常工作。整流滤波电路虽然能把交流电变为较平滑的直流电，但其输出电压往往会随着电网电压的波动和负载的变化而变化，这显然满足不了实际需求，如果在整流滤波电路后再加上稳压电路，就可组成直流稳压电源。

小功率直流稳压电源一般包括电源变压器、整流电路、滤波电路、稳压电路四部分，如图4.21所示。

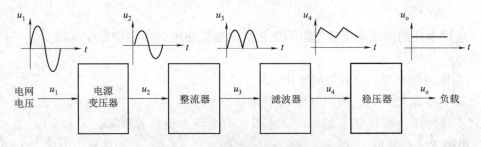

图4.21　小功率直流稳压电源组成框图

1. 稳压电路主要的技术指标

稳压电路的主要技术指标包括两大类：一类是特性指标，用来表示稳压电路的规格，例如输入、输出电压和电流以及输出电压的可调范围等；另一类是质量指标，反映稳压电路的性能，例如稳压系数、输出电阻、纹波电压等。

1）稳压系数 S_r

稳压系数是指在负载不变的条件下，稳压电路输出电压的相对变化量与输入电压的相对变化量之比，反映了输入电压变化对输出电压稳定性的影响，即 S_r 数值越小，输出电压稳定性越好。

2）输出电阻 r_o

输出电阻是指输入电压不变的条件下，稳压电路输出电压的相对变化量与输出电流的相对变化量之比，反映了负载变化对输出电压稳定性的影响，即 r_o 越小，带负载能力越强。

2. 稳压管稳压电路

1）电路组成

硅稳压二极管稳压电路如图 4.22（a）所示，由稳压管 VD_Z 和限流电阻 R 构成。稳压电路的输入电压 U_I 为整流滤波电路的输出，负载 R_L 与稳压管并联，即输出电压 U_O 与稳压管两端电压 U_Z 相等，如果稳压管两端电压稳定，则输出电压也稳定。

2）工作原理

稳压二极管工作在反向击穿区，如图 4.22（b）所示，只要流过稳压管的电流在 $I_{Zmin} \sim I_{Zmax}$ 范围内变化，则稳压管两端电压基本稳定。

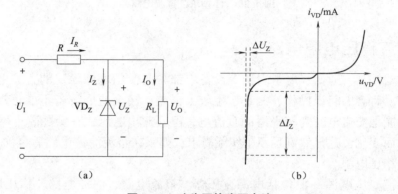

图 4.22 硅稳压管稳压电路

（a）电路组成；（b）稳压二极管特性

由于电网电压的波动和负载电阻的变化是引起输出电压不稳定的主要因素，所以从这两个方面进行分析。

（1）电网电压不变，负载电阻变化。

当负载电阻 R_L 增大时，输出电压 U_O 将增大，稳压管两端的电压 U_Z 也随之上升，由稳压管的伏安特性知，当 U_Z 略有增加时，稳压管的电流 I_Z 会显著增加，又 $I_R = I_Z + I_O$，所以 I_R 增大，电阻 R 上的压降 U_R 增大，又由于 $U_O = U_Z = U_I - I_R R$，从而使输出电压 U_O 减小。整个稳压过程如下：

$$R_L \uparrow \rightarrow U_O \uparrow \rightarrow U_Z \uparrow \rightarrow I_Z \uparrow \rightarrow I_R \uparrow$$
$$U_O \downarrow \leftarrow \text{————————} U_R \uparrow$$

同理，当 R_L 减小时，R 上的压降 U_R 会随着减小，使输出电压基本保持不变。

（2）负载电阻不变，电网电压变化。

当电网电压升高时，输入电压 U_I 升高，引起输出电压 U_O 有增大的趋势，则电路将产生如下的调整过程：

$$U_I \uparrow \rightarrow U_O \uparrow \rightarrow U_Z \uparrow \rightarrow I_Z \uparrow \rightarrow I_R \uparrow$$
$$U_O \downarrow \leftarrow \text{————————} U_R \uparrow$$

当电网电压降低时，稳压过程相反。

3）限流电阻和稳压二极管的选择

稳压管稳压电路能起到稳定电压的作用，必须要有合适的限流电阻与之配合，通过电阻 R 的电压调整作用维持输出电压的稳定。稳压管稳压电路的设计首先选定稳压二极管，然后确定限流电阻 R。

（1）稳压二极管的选取。

稳压二极管的参数可按下式选取：

$$\begin{cases} U_{Z} = U_{O} \\ I_{Zmax} = （2 \sim 3） I_{Omax} \end{cases} \tag{4.14}$$

（2）限流电阻的确定。

当输入电压 U_{I} 最高、负载电流最小时，流过稳压管的电流不超过稳压管的最大允许电流 I_{Zmax}，即：

$$\frac{U_{Imax} - U_{O}}{R} - I_{Omin} < I_{Zmax}$$

整理得：

$$R > \frac{U_{Imax} - U_{O}}{I_{Zmax} + I_{Omin}}$$

当输入电压 U_{I} 最小，负载电流最大时，流过稳压管的电流不允许小于稳压管稳定电流的最小值 I_{Zmin}，即：

$$\frac{U_{Imin} - U_{O}}{R} - I_{Omax} > I_{Zmin}$$

整理得：

$$R < \frac{U_{Imin} - U_{O}}{I_{Zmin} + I_{Omax}}$$

故限流电阻可根据下式选择：

$$\frac{U_{Imax} - U_{O}}{I_{Zmax} + I_{Omin}} < R < \frac{U_{Imin} - U_{O}}{I_{Zmin} + I_{Omax}} \tag{4.15}$$

限流电阻的阻值确定后，其功率可按下式选择：

$$P = （2 \sim 3） \frac{（U_{Imax} - U_{O}）^{2}}{R} \tag{4.16}$$

【例4.3】如图4.22（a）所示的稳压电路中，输入电压 $U_{I} = 30$ V，波动范围为 ±10%，负载电阻 R_{L} 由开路变到 2 kΩ，电路输出电压 $U_{O} = 10$ V，试选择合适的稳压管和限流电阻。

解：当负载阻值最小时流过负载的电流最为：

$$I_{Omax} = \frac{U_{O}}{R_{L}} = \frac{10}{2} = 5 （mA）$$

所以：

$$I_{Zmax} = 3I_{Omax} = 15 （mA）$$

因 $U_{Z} = U_{O} = 10$ V，查元器件手册，可选型号为 2CW59 的硅稳压二极管。

因负载电流的最小值 $I_{Omin} = 0$，U_{I} 的波动范围为 ±10%，且

$$\frac{U_{Imax} - U_{O}}{I_{Zmax} + I_{Omin}} < R < \frac{U_{Imin} - U_{O}}{I_{Zmin} + I_{Omax}}$$

$$\frac{U_{Imax} - U_O}{I_{Zmax} + I_{Omin}} = \frac{30(1+0.1) - 10}{15 + 0} = 1.53 \ (k\Omega)$$

$$\frac{U_{Imin} - U_O}{I_{Zmin} + I_{Omax}} = \frac{30(1-0.1) - 10}{5 + 5} = 1.7 \ (k\Omega)$$

所以选取电阻值为 1.6 kΩ，电阻的功率为：

$$P = 2.5 \times \frac{(U_{Imax} - U_O)^2}{R} = 0.83 \ (W)$$

因此，选择功率为 1 W 的电阻。

硅稳压管稳压电路结构简单，设计制作方便，但输出电压不能调节，只能由稳压管的型号来决定，而且电网电压和负载电流波动范围较大时，稳压效果较差，所以只适用于输出电压固定且负载电流变化不大的场合。目前使用比较广泛的是三端集成稳压器。

3. 三端集成稳压器

三端集成稳压器只有 3 个引出端子，具有接线简单、维护方便、性能稳定、价格低廉等优点，因而得到广泛应用。三端集成稳压器按照输出电压是否可调，分为三端固定式集成稳压器和三端可调式集成稳压器；按照输出电压的极性分为正电源三端稳压器和负电源三端稳压器。

1）三端固定式集成稳压器

（1）三端固定式集成稳压器识别。

常用国产的三端固定式集成稳压器有 CW78XX 系列（正电压输出）和 CW79XX（负电压输出）系列，输出电压有 ±5 V、±6 V、±8 V、±9 V、±12 V、±15 V、±18 V、±24 V等几个档次。其型号组成及意义如图 4.23 所示，如 CW79M12 表示稳压器输出电压为 – 12 V，输出电流为 0.5 A。

三端固定式集成稳压器型号组成及意义如图 4.23 所示。

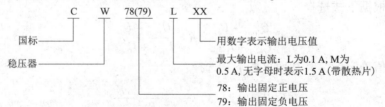

图 4.23　三端固定式集成稳压器型号组成及意义

三端固定式集成稳压器的外形和引脚排列如图 4.24（a）所示。它有输入（IN）、输出（OUT）和公共地（GND）3 个端子。其电路符号如图 4.24（b）所示。

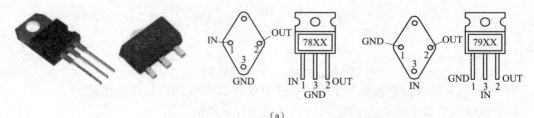

（a）

图 4.24　三端固定式集成稳压器外形及电路符号

（a）实物外形及引脚排列

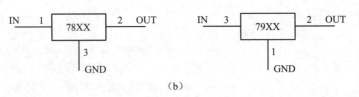

（b）

图 4. 24　三端固定式集成稳压器外形及电路符号（续）

（b）电路符号

（2）三端固定式集成稳压器的应用。

三端固定式集成稳压器的典型应用电路如图 4.25 所示。经过整流滤波后的直流电压作为稳压电路的输入电压 U_I，输出端便可得到稳定的输出电压 U_O，正常工作时，稳压器部分输入输出电压差为 2～3 V。图中 C_1 为滤波电容，C_2 用来旁路高频干扰信号，C_3 的作用是改善负载瞬态响应，二极管 VD 起保护作用。

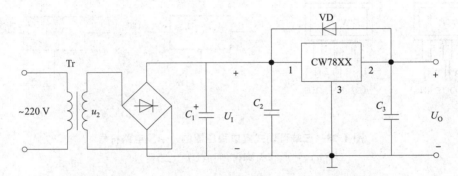

图 4. 25　三端固定式集成稳压器的典型应用电路

如果需要的输出电压高于三端集成稳压器输出电压时，可采用图 4.26 所示电路。

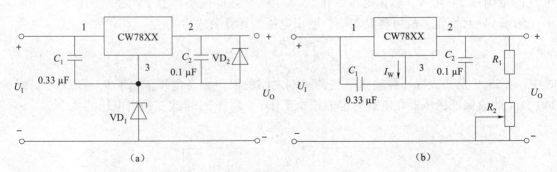

（a）　　　　　　　　　　　　　　　（b）

图 4. 26　提高输出电压电路

（a）提高输出电压电路 1；（b）提高输出电压电路 2

2）三端可调式集成稳压器

（1）三端可调式集成稳压器识别。

三端可调式集成稳压器型号由五部分组成，其意义如图 4.27 所示。

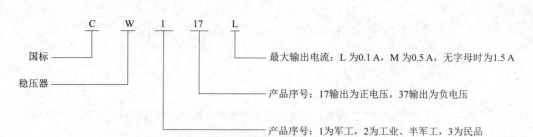

图 4.27 三端可调式集成稳压器型号组成及意义

它有输入（IN）、输出（OUT）和调整（ADJ）端 3 个端子，外形和引脚排列如图 4.28（a）所示，电路符号如图 4.28（b）所示。

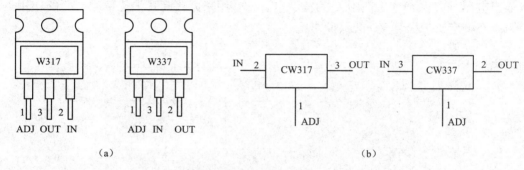

图 4.28 三端可调式集成稳压器的外形及电路符号

（a）外形和引脚排列；（b）电路符号

（2）三端可调式集成稳压器的应用。

三端可调式集成稳压器的典型应用电路如图 4.29 所示。为了使电路正常工作，输入电压 U_I 的范围在 2~40 V，输出电压可在 1.25~37 V 之间调整。由于调整端的输出电流非常小（50 μA）且恒定，故可将其忽略，输出电压的计算公式为：

$$U_O \approx \left(1 + \frac{R_W}{R_1}\right) \times 1.25 \text{ V} \tag{4.17}$$

式中，1.25 V 是集成稳压器输出端与调整端之间的固定参考电压 U_{REF}；R_1 一般取值 120~240 Ω（此值保证稳压器在空载时也能正常工作），调节 R_W 可改变输出电压的大小。

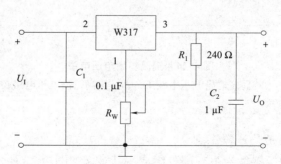

图 4.29 三端可调式集成稳压器典型应用电路

能力训练

一、判断题

1. P 型半导体中，多数载流子是电子，少数载流子是空穴。 （   ）

2. 硅稳压管的动态电阻越小，则稳压管的稳压性能越好。 （   ）

3. 二极管的反向电阻越大，其单向导电性能越好。 （   ）

二、单选题

1. 当温度升高时，二极管的反向饱和电流将（   ）。

A. 增大   B. 不变   C. 减小   D. 都有可能

2. 稳压管的稳压性能是利用（   ）实现的。

A. PN 结的单向导电性   B. PN 结的反向击穿特性

C. PN 结的正向导通特性   D. 本征半导体

单元小结

（1）二极管是一种用半导体材料制成的具有单向导电特性的二端元件，在电子电路中广泛用于整流、检波、限幅、稳压等电路。

（2）二极管正向偏置时，当两端的正向电压很小时，正向电流几乎为零，这一部分称为死区；当正向电压超过死区电压后，二极管开始导通，正向电流随正向电压的增大而急剧增大，管子呈现低阻状态。

（3）二极管反向偏置时，在开始很大范围内，只有微弱的反向电流流过二极管，且不随反向电压的变化而变化，该电流称为反向饱和电流，此时二极管处于反向截止状态。二极管反向电压加到一定数值时，反向电流急剧增大，二极管将失去单向导电性，这种现象称为反向击穿。

（4）二极管的单向导电性使它在电子电路中获得了广泛的应用，如整流电路、检波电路、限幅电路等。

（5）半波整流电路把输入的交流电变成脉动的直流电，电路结构简单，使用元件少，但是负载上得到的只有输入信号的一半，所以电源利用率不高，且输出直流电压和电流的脉动较大，只适用于要求不高的场合，因而应用较少，目前广泛应用的是单相桥式整流电路。

（6）直流稳压电源是电子设备的重要组成部分，整流滤波电路虽然能把交流电变为较平滑的直流电，但其输出电压往往会随着电网电压的波动和负载的变化而变化，这显然满足不了实际需求，如果在整流滤波电路后再加上稳压电路，就可组成直流稳压电源。小功率直流稳压电源一般包括电源变压器、整流电路、滤波电路、稳压电路四部分。

单元检测

一、填空题

1. 杂质半导体有_____型和_____型之分。

2. 在纯净的半导体中掺入少量的三价杂质元素就形成_____型半导体，该半导体中的多子是_____，少子是_____，所以又称为_____半导体。

3. PN 结加正向电压，是指电源的正极接_____区，电源的负极接____区，这种接法叫_____。

4. 当二极管的正极接_____电位，负极接____电位时二极管导通，但有一段"死区电压"，锗管约为_____，硅管约为_____。

5. 二极管的类型按材料主要分为_____和_____。

6. 硅稳压二极管主要工作在_____区。

7. 当环境温度升高时，二极管的正向压降_____，反向饱和电流_____。（增大、减小）

8. 小功率直流稳压电源一般由_____、_____、_____、_____四部分组成。

9. 在桥式整流滤波电路中，当负载开路时输出电压 $U_0 = $_____。

10. CW78XX 系列三端集成稳压器各引脚的功能是：1 脚_____；2 脚_____；3 脚_____。

二、分析计算题

1. 已知某电路负载电阻 $R_L = 200\ \Omega$，负载工作电压 $U_0 = 24\ V$，若用桥式整流电路为其供电，请选择合适的二极管及电源变压器。

2. 电源 220 V、50 Hz 的交流电压经降压变压器给桥式整流电容滤波电路供电，要求输出直流电压为 24 V，电流为 400 mA，试选择整流二极管的型号、变压器次级电压的有效值及滤波电容器的规格。

3. 如图 4.22（a）所示的稳压电路中，输入电压 $U_I = 40\ V$，波动范围为 ±10%，负载电阻 R_L 由开路变到 1 kΩ，电路输出电压 $U_0 = 24\ V$，试选择合适的稳压管和限流电阻。

4. 三端可调式集成稳压电路及参数如图 4.30 所示，试计算输出电压的可调范围。

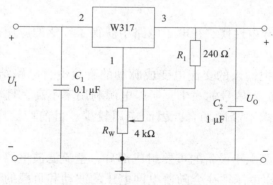

图 4.30　分析计算题 4 用图

![拓展阅读图标] **拓展阅读**

LED 光源

在日常生活中，光源的主要作用就是照明，所以我们在黑暗的空间内也能够看到周围的物体。传统的照明设备以白炽灯为主，照射出来的光线明亮但是刺眼，而且能源消耗大，使用寿命短，很容易发生短路的情况。所以在 LED 光源被研发出来之后，逐渐取代了白炽灯的地位。

光源将发射光线到物体表面，而物体将照射到表面的光线反射到人的眼睛上，所以我们才能够在黑暗的环境中看到周围的物体。现在的生活以及工作的场景中之所以采用 LED 光源，主要得益于它的几个特点，所以我们可以通过以下几个内容来了解一下 LED 光源的优点。

1. 节能环保

在如今的社会发展中，各行各业在开发新产品的时候，首先要满足的生产条件就是环保，LED 光源之所以能够成为白炽灯的替代产品，就是因为它的发光原理不同，而 LED 光源的能量转换率要高于普通的照明设备，所以同样的照明效果，LED 光源的耗电量要比白炽灯节省百分之八十左右。

2. 使用寿命长

普通的白炽灯很容易受到电压不稳或者是其他因素的影响而导致钨丝烧坏，而 LED 光源（见图 4.31）只要是在正常使用的情况下，它的使用寿命是可以达到 10 万小时的，如果按照日常用电的标准进行衡量，一个 LED 灯源足够一家人一直使用。所以说 LED 灯源的出现彻底地解决了照明设备寿命短的问题。

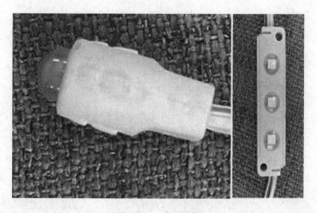

图 4.31 LED 灯

3. 光色纯正

白炽灯是拥有全光谱的，所以它照射出来的光线是白色的，而典型的 LED 灯源的光谱范围是比较窄的，同时在颜色上可以随意搭配，所以它的颜色更加饱和、纯正，亮度可调，也可以通过数字化的控制方式来展现出灯光的美丽。

4. 防潮，抗振动效果好

LED 灯源在制作的过程中外部的材料采用的是环氧树脂的材质，所以它的密封性能好，在日常的使用环境中不会受到水分子的侵袭，因此能够起到一定的防潮效果。也正是因为这个原因，LED 灯源的抗冲击性能也非常好。

5. 外形设计更灵活

在日常生活中，我们所见到的各种 LED 光源的外形是各种各样的，所以在使用的过程中，可以根据具体的环境来进行外形设计，和周围的建筑物融合度更高，使用的范围更加广泛，达到见光不见灯的效果，提升了环境的美观性。

6. 灯光颜色多变

在了解了 LED 灯珠之后，大家就会知道，LED 灯源能够展现出来的灯光颜色并不是唯一性的，而是可以根据实际的使用情况来选择不同的颜色，主要是因为 LED 光源可以利用三原色的原理通过计算机技术进行颜色搭配，从而形成多种不同颜色的组合，实现了颜色的多变性。

7. 先进的技术原理

从根源上来说，LED 灯源就是发光二极管，属于低压类型的微电子产品，一个小小的灯珠内蕴含了计算机技术、网络通信技术以及图像处理技术等，是数字化信息产品中具有代表性的产品。

8. 低热量，响应时间短

普通光源在使用的过程中会散发出大量的热，从而使得设备表面温度升高。而 LED 电源属于低热量设备，而且响应的时间短，使用的过程中大大地减少了能源的损耗，同时增加了使用的方便性。

综合以上的优势来说，LED 灯源在以后的发展过程中还将会是主要的照明设备，并且随着计算机技术的不断提升，还将被开发出更多有趣、实用的技能，为人们的生活增加更多的乐趣。

学习单元五

三极管及其应用

 单元描述

三极管，也称双极型晶体管、晶体三极管，是一种控制电流的半导体器件。其作用是把微弱信号放大成幅度值较大的电信号，也用作无触点开关。它是半导体基本元器件之一，具有电流放大作用，是电子电路的核心元件，带来并促进了"固态革命"，进而推动了全球范围内的半导体电子工业。作为主要部件，它及时、普遍地首先在通信工具方面得到应用，并产生了巨大的经济效益。由于晶体管彻底改变了电子线路的结构，集成电路及大规模集成电路应运而生，这样制造像高速电子计算机之类的高精密装置就变成了现实。

学习导航

知识点	（1）了解射极输出器、多级放大器、功率放大器的结构和特性。 （2）熟悉三极管的基本结构、特性、分类及用途。 （3）掌握三极管组成的放大电路的电路结构、工作原理、静态和动态分析方法，能估算放大电路静态工作点和性能指标
重点	（1）三极管的放大作用。 （2）三极管放大电路的组成、静态和动态参数的估算。 （3）射极输出器、多级放大器、功率放大器的结构特点
难点	（1）三极管工作状态的偏置条件和判断方法。 （2）三极管放大电路的微变等效电路
能力培养	（1）能准确识别三极管，掌握判别三极管的性能及好坏的方法。 （2）具备调试放大器静态工作点、测试放大器性能指标的基本技能
思政目标	通过三极管的电流放大作用，培养学生"透过现象看本质"的辩证唯物主义思想；在放大电路的静态分析、动态分析的过程中引导学生建立正确的科学观
建议学时	10～14学时

模块一 三极管的识别

先导案例

三极管是最常用的半导体器件，因其内部存在空穴和电子两种载流子，又称为双极型三极管（BJT）。三极管具有电流放大及开关作用，是构成电子电路的核心器件，用途极为广泛。由于三极管内部有两个 PN 结，那么它和二极管有哪些区别和联系呢？下面让我们一起来看一下吧。

一、三极管的结构

三极管由两个 PN 结构成，由三层不同性质的半导体组合而成。三极管的结构示意图与电路符号如图 5.1 所示，文字符号用 VT 或 T 表示。常见三极管的外形如图 5.2 所示。

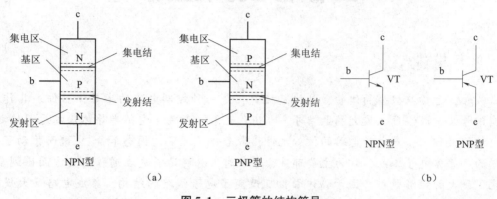

图 5.1　三极管的结构符号

（a）构造；（b）符号

图 5.2　常见三极管的外形图

如图 5.1（a）所示，三极管内部分为三个区：发射区、基区、集电区。从三个区各引出一个金属电极分别称为发射极，用 e（或 E）表示；基极、用 b（或 B）表示；集电极、用 c（或 C）表示。在三个区的两个交界处形成两个 PN 结，发射区与基区之间形成的 PN 结称为发射结，集电区与基区之间形成的 PN 结称为集电结，即三区（三极）两结。

三极管在制作时，要求发射区掺杂浓度高，基区很薄、且掺杂浓度低，集电结面积大于发射结面积，其目的是满足三极管各极的电流分配条件。同时也应注意三极管集电区和发射区虽然半导体材料类型相同，但不能互换使用。

三极管的电路符号如图 5.1（b）所示，发射极的箭头方向表示发射结正向偏置时的发射极电流的实际方向。

二、三极管的种类

1. 三极管的分类

三极管的种类很多，其分类方法也不尽相同。按其半导体组合方式不同，可分为 NPN 管和 PNP 管；按其制作材料不同，可分为硅管（多为 NPN 型）和锗管（多为 PNP 型），硅管用途广泛，而锗管多用于低电压、小信号电路中；按工作频率不同，可分为高频管和低频管，可根据工作频率选用高频管和低频管；按其用途不同，可分为放大管、开关管，放大管是放大器的核心器件，开关管是开关电路的关键器件；按其耗散功率不同，可分为大功率管和小功率管。

2. 三极管型号的命名方法

同学习单元四的模块一中的半导体二极管的命名方法。

三、三极管的特性

1. 三极管的特性

三极管的特性是指三极管各电极间电压和电流之间的对应关系。它包括输入、输出特性。如果在结上加上相应的电压，就可以得到各极间电流的对应关系，如图 5.3 所示。

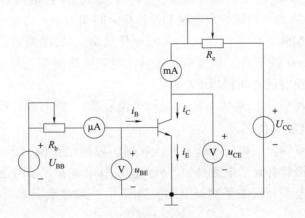

图 5.3　三极管特性测试电路

1）输入特性

三极管的输入特性是指集电极和发射极之间的电压 u_{CE} 为常数时，输入回路中的基极电流 i_B 和基 – 射电压 u_{BE} 之间的关系曲线，如图 5.4（a）所示。

从图 5.4（a）中可知，当发射结加上正向电压导通时，三极管具有恒压特性。在常温下，硅管导通电压约为 0.7 V（锗管约为 0.3 V）。

2）输出特性

输出特性是指当 i_B 一定时，输出回路中的 i_C 与 u_{CE} 之间的关系曲线，由不同的 i_B，组成一组曲线，如图 5.4（b）所示，通常将输出特性曲线划分成三个区域。

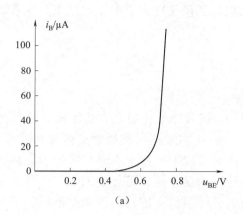 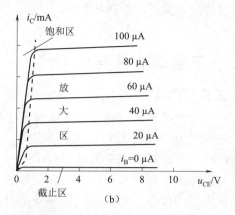

图 5.4　三极管的特性

（a）输入特性；（b）输出特性

（1）放大区：$i_B > 0$ 以上的平缓区域为放大区。此时三极管发射结正偏，集电结反偏。从图 5.4（b）中可知：i_C 随 i_B 的变化而变化，而与 u_{CE} 无关，具有受控性及恒流性。三极管具有电流放大作用。

偏置条件：NPN 型管，$U_C > U_B > U_E$（集电极电位最高、发射极电位最低），PNP 型管反之。

（2）饱和区：$u_{CE} < u_{BE}$ 时的区域为饱和区。此时三极管发射结和集电结均正偏。i_B 失去对 i_C 的控制，i_C 由 u_{CE} 决定。三极管集电极和发射极之间相当于短路。

偏置条件：NPN 型管，$U_B > U_C > U_E$（基极电位最高），PNP 型管反之。

（3）截止区：$i_B = 0$ 以下的区域为截止区。此时三极管发射结零偏或反偏，集电结反偏。三极管集电极和发射极之间相当于断路。

偏置条件：NPN 型管，$U_B \leq U_E < U_C$（基极电位最低），PNP 型管反之。

2. 三极管的电流放大作用

从三极管的特性可知：三极管工作在放大区时，发射结正偏，集电结反偏，具有电流放大作用。此时，三极管各极的电流是如何分配的，其电流放大作用是如何体现的呢？

图 5.5 是三极管电流分配关系测试电路。调节 R_P，通过毫安表可测得 I_B、I_C、I_E 的数据，见表 5.1。

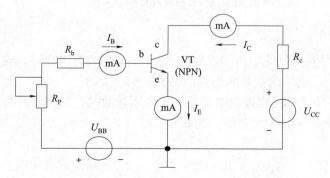

图 5.5　三极管电流分配关系测试电路

表 5.1　三极管电流测试数据　　　　　　　　　　　　　　　　　mA

I_B	0.01	0.02	0.03	0.04	0.05
I_C	0.56	1.14	1.74	2.33	2.91
I_E	0.57	1.16	1.77	2.37	2.96

分析实验数据可得出以下结论：

（1）发射极电流等于基极电流与集电极电流之和。即：

$$I_E = I_B + I_C$$

因为 $I_B \ll I_C$，所以 $I_E \approx I_C$。

（2）I_C 和 I_B 的比值近似为常数，即：

$$\bar{\beta} = \frac{I_C}{I_B}$$

I_B 的微小变化能引起 I_C 较大变化，即：

$$\beta = \frac{\Delta I_C}{\Delta I_B}$$

$\bar{\beta}$ 和 β 分别是三极管的直流放大倍数和交流放大倍数，且有 $\beta \approx \bar{\beta}$。因此在实际应用中不加区分，统称为电流放大倍数。即：

$$I_C = \beta I_B$$

上式表明三极管具有电流放大作用，其电流放大的实质是通过改变基极电流 I_B，控制集电极电流 I_C，因此三极管是电流控制型器件。

【例 5.1】三极管工作在放大区，测得两个极的电流如图 5.6 所示。

（1）求另一极①的电流。

（2）判别电极及管型。

（3）估算 β 值。

解：

（1）根据电流分配关系，可得①电流方向为流出，其值为 $6 - 5.9 = 0.1$（mA）。

（2）①脚电流最小，为 b 极；③脚电流最大，为 e 极；②脚，为 c 极。③脚电流为流入，故为 PNP 型管。

（3）$I_C = 5.9$ mA，$I_B = 0.1$ mA，故

$$\beta = \bar{\beta} = \frac{I_C}{I_B} = \frac{5.9}{0.1} = 59$$

【例 5.2】三极管各极的电压如图 5.7 所示，判断下列三极管的工作区域。

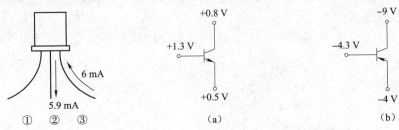

图 5.6　例 5.1 用图　　　　　　　　图 5.7　例 5.2 用图

解：图 5.7（a）所示为 NPN 管，且有 $U_B > U_C > U_E$，故工作在饱和区；

图 5.7（b）所示为 PNP 管，且有 $U_C < U_B < U_E$，$u_{BE} = 0.3$，故工作在放大区。

四、三极管的参数

1. 电流放大倍数 β

β 是表示三极管电流放大能力的参数。若 β 值太小，电流放大能力差；β 值太大，则稳定性差。因此，一般 β 值为 20～200。

2. 穿透电流 I_{CEO}

I_{CEO} 是指基极开路时，集电极－发射极之间的电流。它随温度上升而剧增，是影响三极管稳定性的主要参数，I_{CEO} 越小三极管质量越好。

3. 集电极最大允许电流 I_{CM}

I_{CM} 是指能保证三极管正常工作时所允许的最大电流。集电极工作电流 i_C，必须满足 $i_C < I_{CM}$。

4. 集电极－发射极间的击穿电压 $U_{(BR)CEO}$

$U_{(BR)CEO}$ 是指基极开路时，集电极和发射极之间的反向击穿电压。集电极和发射极之间 u_{CE} 必须满足 $u_{CE} < U_{(BR)CEO}$。

5. 集电极最大耗散功率 P_{CM}

P_{CM} 是指三极管正常工作时最大允许消耗的功率。三极管消耗功率为 $P_C = I_C U_{CE}$，P_C 必须满足 $P_C < P_{CM}$。

能力训练

一、判断题

1. 三极管处于放大状态时，发射结和集电结均正偏。   （　　　）

2. 两个二极管反向连接起来可以作为三极管使用。   （　　　）

3. 三极管两个 PN 结均反偏，说明三极管工作在饱和状态。   （　　　）

二、选择题

1. 下列数据中，对 NPN 型三极管属于放大状态的是（　　　）。

A. $U_{BE} > 0$，$U_{BE} < U_{CE}$ B. $U_{BE} > 0$，$U_{BE} > U_{CE}$

C. $U_{BE} < 0$，$U_{BE} < U_{CE}$ D. $U_{BE} < 0$，$U_{BE} > U_{CE}$

2. 工作在放大区的某三极管，当 I_B 从 20 μA 增大到 40 μA 时，I_C 从 1 mA 增大到 2 mA，则它的 β 值约为（　　　）。

A. 10   B. 50   C. 80   D. 100

模块二　三极管的应用

先导案例

对电信号进行幅度放大的电路叫作放大电路，又称为放大器。其基本特征是输出信号和输入信号频率一致，只是输出信号的幅度增大。放大器就是利用三极管的电流放大（控制）作用，实现输入信号的小电流控制输出信号的大电流，把直流电源的能量转换成输出信号。三极管是构成放大器的核心元件，而放大器是构成电子设备的基本单元，是应用最为广泛的电子电路。

我们常见的声控灯就是利用放大电路将由声音引起的电流脉冲进行放大，直至能够驱动三极管，将该电流放大后利用三极管的开关特性，打开声控电路的开关，从而起到点亮日光灯的作用，下面我们一起来看看三极管的具体应用吧。

一、共射极放大器

1. 共射极放大器的组成

1）放大器的三种组态

放大器由三极管、电阻、电容和电源等元件组成，其作用是对输入的电信号进行放大。

三极管有三个电极，在构成放大器时，可有三种不同的连接方式，称为三种组态。这三种接法分别以发射极、集电极、基极作为输入回路和输出回路的公共端，构成共射极、共集电极、共基极三种放大器，如图 5.8 所示。三极管构成放大器时，集电极不能作为输入端，基极不能作为输出端。

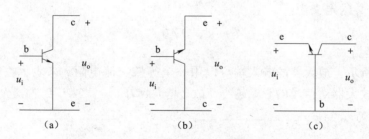

图 5.8　放大器中三极管的三种连接方法
（a）共射极放大器；（b）共集电极放大器；（c）共基极放大器

2）共射极放大器的组成

共射极放大器的组成如图 5.9 所示。电路中各元件的作用如下。

（1）集电极电源 U_{CC}：其作用是为整个电路提供能源，保证三极管的发射结正向偏置，集电结反向偏置。

（2）基极偏置电阻 R_{b}：其作用是为基极提供合适的偏置电流。

（3）集电极负载电阻 R_{c}：其作用是将集电极电流的变化转换成电压的变化。

（4）耦合电容 C_1、C_2：其作用是隔直流、通交流。

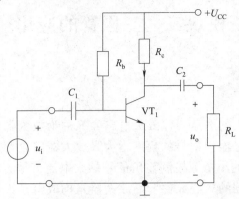

图 5.9　共射极放大器

3）放大器放大的条件

（1）三极管必须偏置在放大区，即发射结正偏，集电结反偏。

（2）输入回路将变化的输入电压 u_i 转化成变化的基极电流。

（3）输出回路将变化的集电极电流转化成变化的电压，经电容滤波输出 u_o。

2. 放大器的主要性能指标

放大器的放大性能有两个方面的要求：一是放大倍数要尽可能大；二是输出信号要尽可能不失真。衡量放大器性能的重要指标有放大倍数、输入电阻 r_i、输出电阻 r_o、通频带。

1）放大倍数

放大倍数是衡量放大器放大能力的指标，常用的有电压放大倍数和电流放大倍数。

电压放大倍数的定义为：

$$A_u = u_o / u_i$$

电流放大倍数的定义为：

$$A_i = i_o / i_i$$

2）输入电阻

如图 5.10 所示，放大器的输入端可以用一个等效交流电阻 r_i 来表示，它定义为：$r_i = u_i / i_i$。r_i 越大，放大器对信号的影响越小，故 r_i 越大越好。

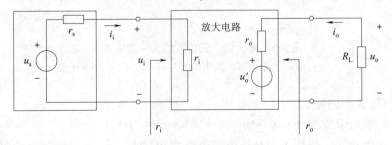

图 5.10　放大器的方框图

3）输出电阻

如图 5.10 所示，放大器输出端可以用一个等效交流电阻 r_o 来表示，它定义为：$r_o =$

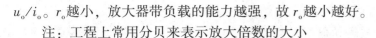

u_o / i_o。r_o 越小，放大器带负载的能力越强，故 r_o 越小越好。

注：工程上常用分贝来表示放大倍数的大小

$$A_u(\mathrm{dB}) = 20\lg|A_u|(\mathrm{dB})$$
$$A_i(\mathrm{dB}) = 20\lg|A_i|(\mathrm{dB})$$
$$A_p(\mathrm{dB}) = 10\lg|A_p|(\mathrm{dB})$$

4）通频带

通频带是衡量放大器对不同频率信号的放大能力的指标。由于放大器中电容、电感及三极管结电容等电抗元件的存在，在输入信号频率较低或较高时，放大倍数的数值会下降。如图 5.11 所示为放大器的幅频特性曲线。

下限截止频率 f_L：在信号频率下降到一定程度时，放大倍数的数值明显下降，使放大倍数的数值等于 0.707 倍的频率称为下限截止频率 f_L。

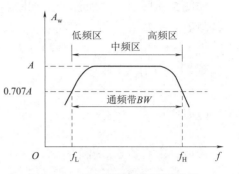

图 5.11　放大器的幅频特性曲线

上限截止频率 f_H：信号频率上升到一定程度时，放大倍数的数值也将下降，使放大倍数的数值等于 0.707 倍的频率称为上限截止频率 f_H。

通频带 f_{BW}：f_L 与 f_H 之间形成的频带称为中频段，也称为通频带。即

$$f_{BW} = f_H - f_L$$

通常情况下，放大器只适用于放大某一个特定频率范围内的信号。通频带越宽，表明放大器对信号频率的适应能力越强。理论分析及实验证实放大器放大倍数越大，通频带越窄。

3. 共射极放大器的工作状态分析

1）静态分析

（1）静态工作点。

输入信号为零时放大器的工作状态称为静态。静态时，电路中的直流电压、电流均为稳定值。此时，三极管的静态参数（I_{BQ}、U_{BEQ}）和（I_{CQ}、U_{CEQ}）称为静态工作点 Q。静态分析就是通过直流通路（见图 5.12（a））分析放大电路中三极管的工作状态，确定 Q 点，如图 5.12（b）所示。

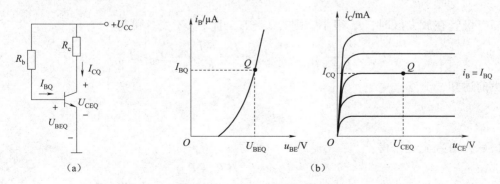

图 5.12　放大器的静态情况

（a）固定偏置式直流通路；（b）静态工作点 Q

（2）静态工作点的估算。

设置直流偏置电路，确定合适的静态工作点（硅管 $U_{BEQ}=0.7\ V$、锗管 $U_{BEQ}=0.3\ V$），是实现信号放大的前提。

放大器常见的直流偏置电路有以下两种。

①固定偏置式电路。

如图5.9所示，其直流通路如图5.12（a）所示。

由 $U_{CC}=I_{BQ}R_b+U_{BEQ}$ 可得：

$$I_{BQ}=(U_{CC}-U_{BEQ})/R_b$$

若 $U_{CC}\gg U_{BEQ}$，则

$$I_{BQ}\approx U_{CC}/R_b$$

由前述知，

$$I_{CQ}=\beta I_{BQ}$$

最后，由直流通路得：

$$U_{CEQ}=U_{CC}-I_{CQ}\,R_c$$

②分压式偏置电路。

如图5.13（a）所示，其直流通路如图5.13（b）所示。

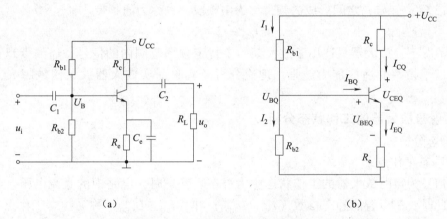

（a）　　　　　　　　　　　　　　　　（b）

图5.13　分压偏置式共射极放大器

（a）分压偏置式共射极放大器；（b）分压偏置式共射极放大器直流通路

当三极管在放大区时，I_{BQ} 很小，则有 $I_1\approx I_2$，且 U_{BQ} 不变，可得：

$$U_{BQ}=\frac{R_{b2}}{R_{b1}+R_{b2}}U_{CC},\ I_{EQ}=\frac{U_{BQ}-U_{BEQ}}{R_e},\ I_{EQ}\approx I_{CQ}$$

由前述知，

$$I_{BQ}=\frac{I_{CQ}}{\beta}$$

最后，由直流通路得：

$$U_{CEQ}\approx U_{CC}-I_{CQ}\ (R_c+R_e)$$

注：该电路具有稳定 Q 点的作用，其稳定作用的原理简单表示如下：

$$T\uparrow\rightarrow I_{CQ}\uparrow\rightarrow I_{EQ}\uparrow\rightarrow(U_{BQ}-I_{EQ}R_e)\downarrow\rightarrow U_{BEQ}\downarrow\rightarrow I_{BQ}\downarrow\rightarrow I_{CQ}\downarrow$$

2）动态分析

放大器输入信号不为零时的工作状态，称为动态。因为放大器所放大的信号是交流信号，其动态分析是在放大器静态工作点确定的条件下，通过微变等效电路计算放大器的性能指标。图 5.14 所示为三极管的微变等效电路。

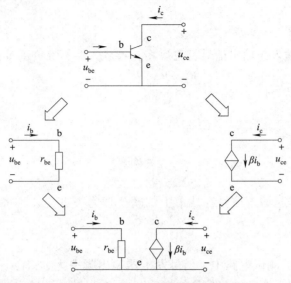

图 5.14　三极管的微变等效电路

（1）三极管微变等效电路。

三极管是非线性元件，在一定的条件（输入信号 u_i 在很小范围内变化）下可以把三极管看成线性元件。即基极与发射极之间等效为一个电阻 r_{be}，集电极与发射极之间等效为一个电流为 i_c（$i_c = \beta i_b$）的恒流源，如图 5.15 所示。

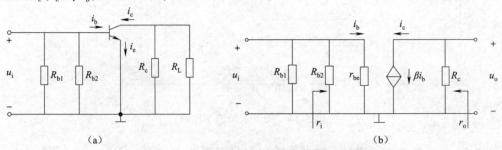

（a）　　　　　　　　　　　　　　　（b）

图 5.15　分压偏置式共射极放大器等效电路

（a）交流通路；（b）微变等效电路

等效电阻：

$$r_{be} = 300 + (1 + \beta)\frac{26\,(\mathrm{mV})}{I_{EQ}\,(\mathrm{mV})}$$

r_{be} 一般为几百欧到几千欧。

（2）放大器的微变等效电路。

交流通路如图 5.15（a）所示，把三极管用微变等效电路代换，则可得到如图 5.15（b）所示的放大器的微变等效电路。

117

（3）放大器的性能指标。

①电压放大倍数 A_u：

$$A_u = u_o / u_i$$

由图 5.15 可得：$u_o = -i_c R'_L = -\beta i_b R'_L$，其中，$R'_L = R_c /\!/ R_L$，$u_i = i_b r_{be}$，则有

$$A_u = \frac{u_o}{u_i} = \frac{\beta i_b R'_L}{i_b r_{be}} = -\frac{\beta R'_L}{r_{be}}$$

上式中的"$-$"表示输入与输出信号相位反相，若放大器不带负载时：

$$R'_L = R_c /\!/ R_L \approx R_c$$

②输入电阻 r_i：

$$r_i = u_i / i_i = R_b /\!/ r_{be}$$

③输出电阻 r_o：

$$r_o = R_c$$

3）失真分析

放大器的输出信号与输入信号在波形上的畸变称为失真，失真将影响到放大信号的真实性。

（1）失真现象。

在如图 5.16 所示的测试电路中，信号发生器输出频率为 1 kHz、有效值为 10 mV 的正弦波信号，输入放大器，调整输入信号的幅值和电位器 R_P，通过示波器在输出端可观察到最大不失真输出信号的波形，如图 5.17（a）所示。

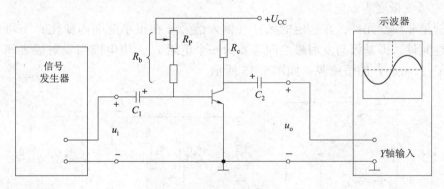

图 5.16　失真现象演示电路

调节 R_P，使 R_b 减小，通过示波器在输出端可观察到 5.17（b）所示的底部失真信号。

调节 R_P，使 R_b 增大，通过示波器在输出端可观察到 5.17（c）所示的顶部失真信号。

调节信号发生器输出信号幅度，增大输出电压，通过示波器在输出端可观察到 2.17（d）所示的双向失真信号。

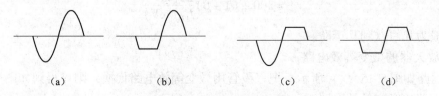

（a）　　　　　　（b）　　　　　　（c）　　　　　　（d）

图 5.17　放大器输出波形图

通过实验可知，失真现象有三种，即底部失真、顶部失真、双向失真。

（2）现象分析。

①底部失真：$R_b \downarrow \rightarrow I_{BQ} \uparrow \rightarrow I_{CQ} \uparrow \rightarrow U_{CEQ} \downarrow$。

静态工作点偏高，接近饱和区，交流量在饱和区不能放大，使输出电压波形负半周被削底，产生底部失真，也称为饱和失真。

改善方法是调低静态工作点。

②顶部失真：$R_b \uparrow \rightarrow I_{BQ} \downarrow \rightarrow I_{CQ} \downarrow \rightarrow U_{CEQ} \uparrow$。

静态工作点偏低，接近截止区，交流量在截止区不能放大，使输出电压波形正半周被削顶，产生顶部失真，也称为截止失真。

改善方法是提高静态工作点。

③双向失真：当输入信号幅度过大时，输出信号将会同时出现饱和失真和截止失真，称之为双向失真。

改善方法是减小输入信号幅度。

【例5.3】共射极放大电路如图5.18所示，$U_{BEQ} = 0.7$ V，$\beta = 50$，其他参数如图中标注。

（1）画出直流通路。

（2）求静态工作点 Q。

（3）画出微变等效电路。

（4）求电压放大倍数 A_u。

解：（1）画出直流通路。

直流通路如图5.19所示。

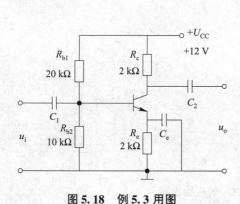

图5.18　例5.3用图

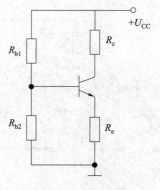

图5.19　直流通路

（2）估算静态工作点 Q。

$$U_{BQ} = \frac{R_{b2}}{R_{b1} + R_{b2}} U_{CC} = \frac{10}{10 + 20} \times 12 = 4 \ (\text{V})$$

$$I_{CQ} \approx I_{EQ} = \frac{U_{BQ} - U_{BEQ}}{R_e} = \frac{4 - 0.7}{2} = 1.65 \ (\text{mA})$$

$$I_{BQ} = I_{CQ} / \beta = 1.65 / 50 = 33 \ (\mu\text{A})$$

$$U_{CEQ} \approx U_{CC} - I_{CQ}(R_c + R_e) = 12 - 1.65 \times (2 + 2) = 5.4 \ (\text{V})$$

（3）画出其微变等效电路。

微变等效电路如图 5.20 所示。

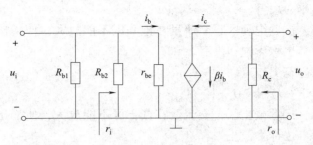

图 5.20 微变等效电路

（4）求电压放大倍数 A_u。

$$r_{be} = r_{bb'} + (1+\beta)\frac{26}{I_{EQ}} = 300 + 51 \times \frac{26}{1.65} \approx 1.10 \ （\text{k}\Omega）$$

$$A_u = -\frac{\beta R_c}{r_{be}} = -\frac{50 \times 2}{1.10} \approx -91$$

二、射极输出器

1. 电路组成

如图 5.21（a）所示，交流信号从基极输入，从发射极输出，故该电路称为射极输出器。图 5.21（b）为该电路对应的交流通路。由交流通路可看出，集电极为输入、输出的公共端，故称为共集电极放大电路。

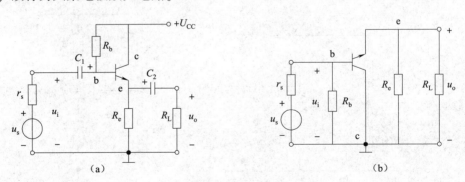

图 5.21 射极输出器

（a）电路；（b）交流通路

2. 性能指标分析

射极输出器微变等效电路如图 5.22 所示，由图可求得射极输出器的性能指标。

（1）电压放大倍数：

$$A_u = u_o / u_i$$

由图 5.22 可得：

$$u_o = i_e R_L' = (1+\beta) i_b R_L' \quad （R_L' = R_e /\!/ R_L）$$

120

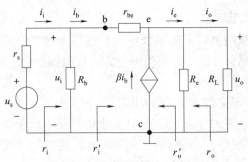

图 5.22　射极输出器微变等效电路

$$u_i = i_b r_{be} + u_o = i_b r_{be} + (1+\beta) i_b R'_L$$

则有：

$$A_u = \frac{u_o}{u_i} = \frac{(1+\beta) R'_L}{r_{be} + (1+\beta) R'_L}$$

由于 $r_{be} \ll (1+\beta) R'_L$，射极输出器电压放大倍数 $A_u \approx 1$，且输入电压输出电压同相，因此又称为电压跟随器。

（2）输入电阻 r_i。

分析图 5.22 输入回路，可得：

$$r_i = R_b /\!/ [r_{be} + (1+\beta) R'_L]$$

分析上式，可知输入电阻很大。

（3）输出电阻 r_o。

分析图 5.22 输出回路，可得：

$$r_o = R_e /\!/ \frac{r_{be}}{1+\beta}$$

分析上式，可知输出电阻很小。

三、多级放大器

共射极放大器（单管），其电压放大倍数一般只能达到几十至几百。然而在实际工作中，放大器所得到的信号往往都非常微弱，要将其放大到能推动负载工作的程度，仅通过单级放大器放大，达不到实际要求，则必须通过多个单级放大电路连续多次放大，才可满足实际要求。

1. 多级放大器的组成

多级放大器的组成可用图 5.23 所示的框图来表示。其中，输入级的主要作用是抑制零点漂移，中间级（多级共射极放大器）的主要作用是实现电压放大，输出级的主要作用是功率放大，以推动负载工作。

图 5.23　多级放大器的结构框图

2. 多级放大器的耦合方式

多级放大器是由两级或两级以上的单级放大器连接而成的。在多级放大器中，我们把级与级之间的连接方式称为耦合方式。常用的耦合方式有阻容耦合、直接耦合、变压器耦合。

1）阻容耦合

级与级之间通过电容连接的方式称为阻容耦合方式，如图 5.24 所示。由于电容具有"隔直"作用，所以各级电路的静态工作点相互独立，互不影响。但电容对交流信号具有一定的容抗，在信号传输过程中，会受到一定的衰减。尤其对于变化缓慢的信号容抗很大，不便于传输。此外，阻容耦合的多级放大器不便于集成。

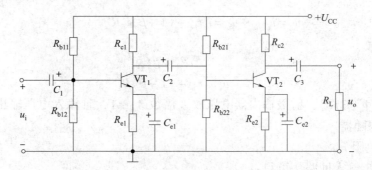

图 5.24　两级阻容耦合放大器

2）直接耦合

级与级之间直接用导线连接的方式称为直接耦合，如图 5.25 所示。直接耦合既可以放大交流信号，也可以放大直流和变化非常缓慢的信号。并且电路简单，便于集成。但各级静态工作点相互牵制，调整困难。在实际应用中，必须采取一定的措施，保证各级都有合适的静态工作点。

3）变压器耦合

级与级之间通过变压器连接的方式称为变压器耦合，如图 5.26 所示。由于变压器的"隔直"作用，所以各级电

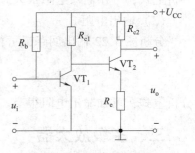

图 5.25　两级直接耦合放大器

路的静态工作点相互独立，互不影响。此外，变压器耦合可实现阻抗匹配，但不能放大直流和变化非常缓慢的信号，并且因变压器体积和质量大，不便于集成。

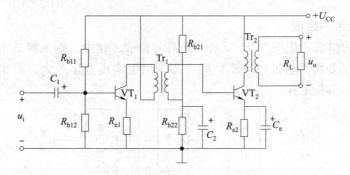

图 5.26　两级变压器耦合放大器

3. 性能指标分析

1）电压放大倍数

根据电压放大倍数 $A_u = u_o / u_i$，由图 5.25 可得：

$$u_o = A_{u2} u_{i2}, \quad u_{i2} = u_{o1}, \quad u_{o1} = A_{u1} u_i$$

则：

$$A_u = u_o / u_i = A_{u1} A_{u2}$$

推广：n 级放大电路的电压放大倍数为：

$$A_u = A_{u1} A_{u2} \cdots A_{un}$$

2）输入电阻

多级放大电路的输入电阻，就是输入级的输入电阻：$r_i = r_{i1}$。

3）输出电阻

多级放大电路的输出电阻就是输出级的输出电阻：$r_o = r_{on}$。

四、功率放大器

在实际放大电路中，多采用多级放大，其输出级的任务是向负载提供较大的功率，这就要求输出级不仅要有较高的输出电压，而且要有较大的电流。能够输出大功率的放大电路称为功率放大电路。

1. 功率放大器的特点和分类

1）特点

（1）输出功率大。由于功率放大器的主要任务是向负载提供一定的功率，因而输出电压和电流的幅度足够大。

（2）效率高。功率放大器是将电源的直流功率转换为输出的交流功率提供给负载，在转换的同时还有一部分功率消耗在三极管上并产生热量。

（3）失真小。由于输出信号幅度较大，使三极管工作在饱和区与截止区的边沿，因此输出信号存在一定程度的失真，必须将失真减小到最低。

2）分类

根据放大器中三极管静态工作点设置的不同，可分成甲类、乙类和甲乙类三种。

（1）甲类放大器的工作点设置在放大区的中间，输入信号的整个周期内三极管都处于导通状态，输出信号失真较小，但静态电流较大，管耗大，效率低。

（2）乙类放大器的工作点设置在截止区，三极管的静态电流为零，效率高，但只能对半个周期的输入信号进行放大，失真大。

（3）甲乙类放大器的工作点设置在放大区但接近截止区，即三极管处于微导通状态，静态电流小，效率较高。有效地克服了失真问题，并提高了能量转换效率，目前使用较广泛。

2. 乙类互补对称功率放大器

1）电路分析

乙类互补对称功率放大器如图 5.27 所示。VT_1、

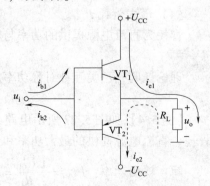

图 5.27　乙类互补对称功率放大器

VT_2 为导电性能相反、参数对称的三极管，两个三极管的发射极和基极分别连在一起，构成一对互补射极输出器。

当输入信号 $u_i = 0$ 时，两三极管都工作在截止区，此时 I_{BQ}、I_{CQ} 均为零，负载上无电流通过，输出电压 $u_o = 0$。

当输入信号 $u_i > 0$ 时，三极管 VT_1 导通，VT_2 截止，输出电流经 U_{CC} 流入 VT_1 的集电极，再从发射极流出，流过负载 R_L，形成正半周输出电压，$u_o > 0$。

当输入信号 $u_i < 0$ 时，三极管 VT_2 导通，VT_1 截止，流过负载 R_L 的电流与 $u_i > 0$ 时相反，形成负半周输出电压，$u_o < 0$。

显然，在输入信号的一个周期内，VT_1 和 VT_2 交替导通，负载上正、负半波电压叠加后形成一个完整的输出波形。

2）性能分析

（1）输出功率 P_O。

输出功率为输出电压与输出电流的乘积，即：

$$P_O = U_O I_O$$

理论证明，乙类互补对称功率放大器的最大输出功率为：

$$P_{OM} = \frac{1}{2} \frac{U_{CC}^2}{R_L}$$

（2）直流电源提供的功率 P_{DC}。

直流电源提供的功率为电源电压与电流的乘积，即：

$$P_{DC} = 2I_{DC} U_{CC}$$

理论证明，乙类互补对称功率放大器直流电源提供的最大功率为：

$$P_{DCM} = \frac{2}{\pi} \frac{U_{CC}^2}{R_L}$$

（3）输出效率 η。

输出效率为最大输出功率与直流电源提供的最大功率之比，即：

$$\eta_M = \frac{P_{OM}}{P_{DCM}}$$

理论证明，乙类互补对称功率放大器的最大效率 η_M 为 78%，实际效率一般为 60% 左右。

（4）最大管耗 P_{CM}。

管耗为直流电源提供的功率与输出功率的差值，即：

$$P_C = P_{DC} - P_O$$

理论证明，乙类互补对称功率放大器每个三极管的管耗为：

$$P_{CM} = 0.2 P_{OM}$$

【例 5.4】如图 5.27 所示电路，已知 $U_{CC} = 20$ V，$R_L = 8$ Ω。求电路的最大输出功率、管耗、直流电源提供的最大功率和最高效率。

解：输出功率：$P_{OM} = \frac{1}{2} \frac{U_{CC}^2}{R_L} = \frac{20^2}{2 \times 8} = 25$ （W）；

最大管耗：$P_{CM} = 0.2 P_{OM} = 0.2 \times 25 = 5$ （W）；

直流电源提供的最大功率：$P_{DCM} = \dfrac{2}{\pi} \dfrac{U_{CC}^2}{R_L} = \dfrac{2 \times 20^2}{3.14 \times 8} = 31.85$（W）；

输出效率：$\eta_M = \dfrac{P_{OM}}{P_{DCM}} = \dfrac{25}{31.85} = 78\%$。

3. 甲乙类互补功率放大电路

在乙类互补对称功率放大电路中，没有施加偏置电压，三极管工作在截止区。由于三极管存在死区电压，当输入信号小于死区电压时，三极管 VT_1、VT_2 不能导通，输出电压 u_o 为零，这样在输入信号正、负半周的交界处，无输出信号，使输出波形失真，这种失真叫交越失真，如图 5.28 所示。

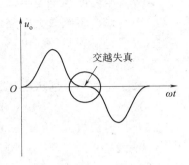

图 5.28　交越失真

为此，给三极管加适当的基极偏置电压，使三极管工作在截止区的边沿，处在微导通状态，放大器工作在甲乙类工作状态，电路如图 5.29 所示，可有效地解决交越失真现象。但仍需要双电源供电，实际使用时会感到不便。因此在实际中多采用单电源互补功率放大电路，如图 5.30 所示。

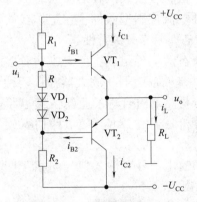

图 5.29　双电源甲乙类互补
对称功率放大器（OCL）

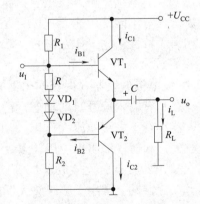

图 5.30　单电源甲乙类互补
对称功率放大器（OTL）

适当选择电路中偏置电阻 R_1、R_2 阻值，可使两管静态时发射极电位为 U_{CC} 的一半，此时电容 C 两端电压也稳定在 $U_{CC}/2$。

在输入信号正半周，VT_1 导通，VT_2 截止，VT_1 以射极输出器形式将正向信号传送给负载，同时对电容器 C 充电；

在输入信号负半周时，VT_1 截止，VT_2 导通，电容 C 放电，充当 VT_2 管直流工作电源，使 VT_2 也以射极输出器形式将负向信号传送给负载。这样，负载 R_L 上得到一个完整的信号波形。由于电容器容量较大，可近似认为放电过程中电容器电压不变，电容器相当于一个 $U_{CC}/2$ 的电源。

OTL 电路的性能参数其计算方法和 OCL 电路相同，但是 OTL 电路中每个三极管的工作电压为 $U_{CC}/2$，在应用时，需将 U_{CC} 用 $U_{CC}/2$ 替换。

能力训练

一、判断题

1. 放大电路必须加上合适的直流电源才能正常工作。 （　　）
2. 阻容耦合多级放大电路各级 Q 点相互独立，它只能放大交流信号。 （　　）
3. 只要是共射极放大电路，输出电压的底部失真都是饱和失真。 （　　）

二、选择题

1. 某三极管的发射极电流为 1 mA，基极电流为 20 μA，则集电极电流为 （　　）。
A. 0.98 mA　　　　B. 1.02 mA　　　　C. 0.8 mA　　　　D. 1.2 mA
2. 在共射极放大电路中，负载电阻 R_L 减小时，输出电阻 r_o （　　）。
A. 增大　　　　B. 减小　　　　C. 不变　　　　D. 不能确定

单元小结

（1）三极管是由两个 PN 结构成的，具有电流放大作用，其具有电流放大作用的条件是：发射结正偏，集电结反偏。三极管有饱和、截止、放大三种工作状态，对应不同的工作状态，三极管具有不同的用途。三极管是一种电流控制型器件，它工作在放大状态时具有受控特性和恒流特性；它工作在饱和、截止状态时具有开关特性。

（2）三极管放大器由三极管、偏置电源以及有关元件组成，可组成共射极放大器（基本放大器）、共集电极放大器（射极输出器）、共基极放大器。放大器存在两种状态：无输入信号时的静态和有输入信号时的动态。静态分析是通过合理的直流偏置电路设置静态工作点，使放大器具有不失真的放大作用；动态分析是通过微变等效电路估算放大器的性能指标。基本放大器和射极输出器应用较多。

（3）射极输出器具有放大倍数近似等于 1，输出信号和输入信号同相，且输出电阻很小，带载能力强的特性，常用于多级放大器的输出级。

（4）多级放大器各级之间的耦合方式有阻容耦合、直接耦合和变压器耦合三种，各有特点。多级放大器的总电压放大倍数等于各单级电压放大倍数的乘积，带宽小于各单级放大器的带宽。

（5）功率放大器要求输出足够大的功率，其要求为输出功率大，效率高，非线性失真小。互补对称功率放大器有 OCL 和 OTL 放大器两种，前者为双电源供电，后者为单电源供电。

单元检测

一、填空题

1. 三极管从结构上看可以分成 _____ 和 _____ 两种类型。
2. 三极管用来放大时，应使发射结处于 _____ 偏置，集电结处于 _____ 偏置。
3. 三极管工作区为 _____、_____、_____ 三个工作区。
4. 对于三极管组成的共射极放大器，若产生饱和失真，则输出电压 _____ 失真；若产生截止失真，则输出电压 _____ 失真。

5. 共射极放大器输出信号和输入信号的相位关系为_____。

6. 射极输出器的特点是：电压放大倍数小于____，输入电阻_____，输出电阻_____。

7. 多级放大器常用的耦合方式有三种，即阻容耦合、_____和_____。

8. 互补对称功率放大器要求两三极管特性_____，极性_____。

9. 甲乙类互补对称电路虽然效率降低了，但能有效克服_____。

10. OCL 电路比 OTL 电路多用了一路_____，省去了_____。

二、分析判断题

1. 已知两个三极管的电流放大倍数 β 分别为 50 和 100，现测得放大电路中这两只管子两个电极的电流如图 5.31 所示。分别求另一电极的电流，标出其实际方向，并在圆圈中画出管子。

2. 测得放大电路中六个三极管的直流电位如图 5.32 所示。在圆圈中画出管子，并分别说明它们是硅管还是锗管。

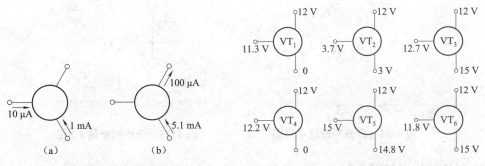

图 5.31　分析判断题 1 用图　　　　图 5.32　分析判断题 2 用图

3. 测得某电路中几个三极管的各极电位如图 5.33 所示，试判断各个三极管分别工作在截止区、放大区，还是饱和区。

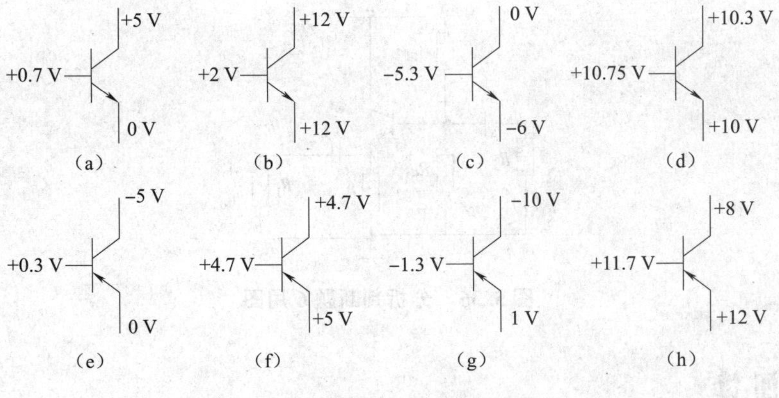

图 5.33　分析判断题 3 用图

4. 电路如图 5.34 所示。已知 $U_{CC} = 12$ V，$U_{BE} = 0.7$ V，$R_c = 2$ kΩ，$R_b = 150$ kΩ，三极管的 $\beta = 50$，试求：

（1）估算直流工作点 Q。

（2）估算放大电路的输入电阻和 $R_L = \infty$ 时的电压增益 A_u。

（3）若 $R_L = 4$ kΩ 时，求电压增益 A_u。

5. 电路如图 5.35 所示。已知 $U_{CC} = 12$ V，$R_{b1} = 51$ kΩ，$R_{b2} = 10$ kΩ，$R_c = 3$ kΩ，$R_e = 1$ kΩ，$R_L = 3$ kΩ，三极管的 $\beta = 30$。试求：

（1）电路的静态工作点 Q。

（2）电压放大倍数。

（3）输入电阻和输出电阻。

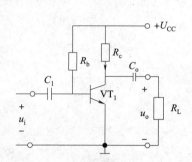

图 5.34　分析判断题 4 用图

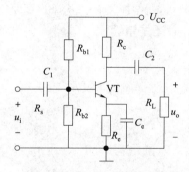

图 5.35　分析判断题 5 用图

6. 射极输出器如图 5.36 所示。已知 $R_{b1} = 51$ kΩ，$R_{b2} = 20$ kΩ，$R_e = 2$ kΩ，$R_L = 2$ kΩ，三极管的 $\beta = 100$，$r_{be} = 2$ kΩ，$U_{BE} = 0.7$ V，$U_{CC} = 12$ V。

（1）计算电路的静态工作点 Q。

（2）计算 r_i、r_o、A_u。

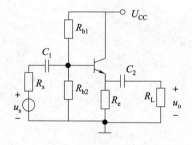

图 5.36　分析判断题 6 用图

拓展阅读

　　功率放大器可以放大各种信号（声音信号、图像信号等任何需要驱动负载的电路）；例如，科学家利用一种异质结晶体管制造出一款仅有 4 mm² 的三级功率放大电路，放在神舟十五号卫星通信系统中实现信号的远距离传输。正是由于功率放大器的存在才让我们看到和听到了远在数万光年以外的景象和声音。

　　神舟十五号飞行任务是中国载人航天工程 2022 年的第六次飞行任务，也是中国空间站建造阶段最后一次飞行任务，航天员乘组在轨工作生活了 6 个月，任务的主要目的为：验证空间站支持乘组轮换能力，实现航天员乘组首次在轨轮换；开展空间站舱内外设备及空间应用任务相关设施设备安装与调试，进行空间科学实验与技术试验；进行空间站日常维护维修；验证空间站三舱组合体常态化运行模式。神舟十五号飞行乘组由航天员费俊龙、邓清明和张陆组成，费俊龙担任指令长。

　　2022 年 11 月 29 日 23 时 08 分，搭载神舟十五号载人飞船的长征二号 F 遥十五运载火箭在酒泉卫星发射中心点火发射，约 10 min 后，神舟十五号载人飞船与火箭成功分离，进入预定轨道，发射取得成功。11 月 30 日 7 时 33 分，神舟十五号 3 名航天员顺利进驻中国空间站，与神舟十四号航天员乘组首次实现"太空会师"。

　　北京时间 2023 年 2 月 10 日 00 时 16 分，经过约 7 h 的出舱活动，神舟十五号航天员费俊龙、邓清明、张陆密切协同，完成出舱活动全部既定任务。

　　嫦娥一号升空了，我们欣喜地发现，原来月球上没有玉兔，也没有桂花树；蛟龙下水为我们探测到的不是龙王的定海神针体，而是黑金石油。只有撸起袖子加油干，才能真正使我们人人都变成千里眼、顺风耳。

学习单元六

场效应管及其应用

单元描述

场效应管与三极管同属于半导体器件，二者均可组成放大应用电路与电子开关应用电路；因为二者的内部结构不同，所以二者在特性、参数、应用等方面均存在明显差异，在学习使用中请注意对比区分。本单元主要介绍场效应管的分类、场效应管的结构、场效应管的工作原理与场效应管典型放大电路。

学习导航

知识点	（1）了解典型场效应管的结构和分类。 （2）熟悉场效应管的特性参数，熟悉场效应管放大电路的功能特点。 （3）掌握场效应管放大电路的典型分析方法
重点	场效应管放大电路
难点	场效应管放大电路
能力培养	（1）会使用场效应管构成放大电路。 （2）场效应管放大电路的分析计算与测量
思政目标	通过场效应管与三极管结构功能对比，培养学生的观察分析能力
建议学时	2~6学时

模块一　认识场效应管

先导案例

场效应管与三极管的内部同样存在两个 PN 结，那又有哪些不同之处呢？两种管子的外部均具有对应的三个电极，又是如何命名的呢？二者在特性与参数方面又存在哪些差异？

一、场效应管的结构

1. 结型场效应管

场效应管（Field Effect Transistor，FET）的内部结构与三极管类似，存在 P 型半导体、

N 型半导体和 PN 结；现以 N 沟道结型场效应管（JFET）为例，介绍其内部结构，如图 6.1（a）所示，它是用一块 N 型半导体作衬底，在其两侧做成两个高浓度的 P 型区，形成两个 PN 结，并且将两边的 P 型区连在一起，引出一个电极称为栅极（用 G 表示），在 N 型衬底的两端各引出一个电极，分别称为漏极（用 D 表示）和源极（用 S 表示），而两个 PN 结中间的 N 型区域，称为导电沟道，是漏极和源极之间的电流通道，因为结型场效应管的结构对称，所以其漏极和源极两极可以互换使用；N 沟道结型场效应管的电路符号如图 6.1（b）所示；N 沟道结型场效应管的实物外形如图 6.1（c）所示。

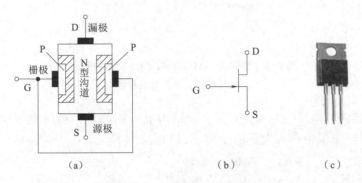

图 6.1　N 沟道结型场效应管

（a）结构图；（b）电路符号；（c）实物图

若用一块 P 型半导体作衬底，在其两侧做成两个高浓度的 N 型区，形成两个 PN 结，引出相应三个电极（G、D、S），而两个 PN 结中间的 P 型区域则成为 D 极与 S 极之间的导电沟道，就构成了 P 沟道结型场效应管，如图 6.2 所示。

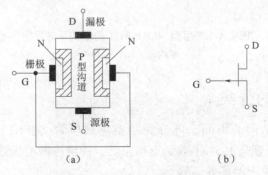

图 6.2　P 沟道结型场效应管结构与符号

（a）结构图；（b）电路符号

2. 绝缘栅型场效应管

绝缘栅型场效应管是由金属（Metal）、氧化物（Oxide）和半导体（Semiconductor）等材料组成的，故简写为 MOSFET；N 沟道 MOS 场效应管简写为 NMOSFET，P 沟道 MOS 场效应管简写为 PMOSFET。

增强型 NMOSFET 的结构如图 6.3（a）所示，它是将一块掺杂浓度较低的 P 型半导体作为衬底，通过扩散工艺形成两个高掺杂浓度的 N 型区，并引出两个电极分别作为漏极（D 极）和源极（S 极）；在 P 型半导体表面上覆盖一层 SiO_2 的绝缘层，并在 SiO_2 的表面再覆盖一层金属铝的薄层，引出一个电极作为栅极（G极）；因为栅极与漏极、栅极与源极之间均是绝缘的，故称其为绝缘栅型场效应管，相应电路符号如图6.3（b）所示。

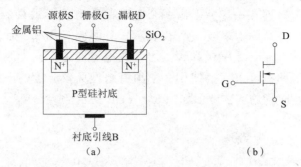

图 6.3　增强型 NMOSFET 的结构与符号图

（a）结构图；（b）电路符号

耗尽型 NMOSFET 与增强型 NMOSFET 在结构上不同的是，耗尽型 MOS 管在制造过程中，预先在 SiO_2 绝缘层中掺入大量的正离子，如图 6.4 所示。

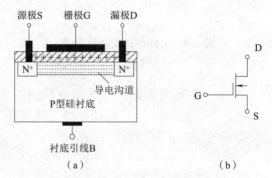

图 6.4　耗尽型 NMOSFET 的结构与符号图

（a）结构图；（b）电路符号

二、场效应管的分类

场效应管根据内部结构的不同，可分为结型场效应管（JFET）和绝缘栅型场效应管（MOSFET），结型场效应管是 1952 年被制造出来的，而绝缘栅型场效应管则出现于 1960 年，目前应用最广泛的是绝缘栅型场效应管。

场效应管根据制造工艺和材料不同，可分为 N 沟道场效应管和 P 沟道场效应管。

场效应管根据具体工作方式的不同，可分增强型场效应管和耗尽型场效应管。

结型场效应管均属于耗尽型场效应管，既有 N 沟道的结型场效应管，也有 P 沟道的结型场效应管，总共存在两种类型的结型场效应管；而绝缘栅型场效应管既有增强型的，也有耗尽型的，既有 N 沟道的，也有 P 沟道的，总共存在四种类型的绝缘栅型场效应管，具体分类如图 6.5 所示。

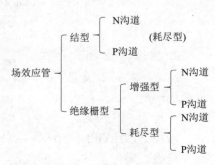

图 6.5　场效应管的分类

三、场效应管的特性

1. 结型场效应管的特性

1）结型场效应管的工作原理

结型场效应管分为 N 沟道和 P 沟道场两种类型，N 沟道结型场效应管的工作原理如图 6.6 所示，当在 D 极和 S 极之间加上电压 u_{DS} 时，从而在两极之间形成电流 i_D；并且在 G 极和 S 极之间加的是控制电压 u_{GS}，当 u_{GS} 改变时，N 沟道两侧耗尽层的宽度也随之改变，导致沟道电阻值的变化，沟道电阻值的变化引起电流 i_D 的变化，这个过程就是场效应管利用 u_{GS}（输入电压）控制 i_D（漏极电流）的工作原理。

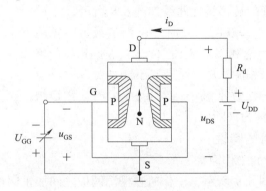

图 6.6 N 沟道结型场效应管工作原理

2）结型场效应管的输出特性

结型场效应管的输出特性是指当以 u_{GS} 为常数时，漏极电流 i_D 与漏源电压 u_{DS} 之间的关系，即

$$i_D = f(u_{DS}) \mid_{u_{GS} = 常数} \tag{6.1}$$

以 N 沟道结型场效应管为例，相应的输出特性曲线如图 6.7 所示。

从图 6.7 可知，N 沟道结型场效应管的输出特性曲线可划分为 4 个区域——可变电阻区、恒流区、夹断区和击穿区，分别对应场效应管的 4 种工作状态，下面将逐一介绍。

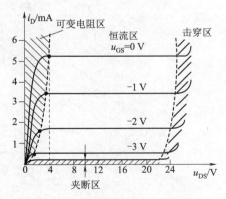

图 6.7 N 沟道结型场效应管的输出特性曲线

（1）可变电阻区：当 u_{GS} 固定时，i_D 随 u_{DS} 的增大而线性上升，此时的场效应管相当于一个线性电阻；当只改变 u_{GS} 时，相应的特性曲线斜率发生变化，相当于电阻的阻值改变；所以当场效应管工作于可变电阻区时，其可以看作一个受 u_{GS} 控制的可变电阻（漏源电阻 R_{DS}），与工作在饱和区的三极管功能类似，可以视作闭合的开关。

（2）恒流区：当 i_D 基本不随 u_{DS} 的变化而变化，仅取决于 u_{GS} 的值，此时输出特性曲线趋于水平，故称为恒流区；场效应管工作于恒流区时，与工作在放大区的三极管功能类似，可以实现 u_{GS} 控制 i_D 功能。

（3）夹断区：当 u_{GS} 小于一定值时，对应的导电沟道被耗尽层"全夹断"，由于耗尽层电阻极大，漏极电流 i_D 近似为零；场效应管工作于夹断区时，与工作在截止区的三极管功能类似，可以视作断开的开关。

（4）击穿区：当 u_{DS} 增加到一定值时，漏极电流 i_D 将急剧增大，反向偏置的 PN 结可能被击穿，此时场效应管不能正常工作，甚至会被损坏。

3）结型场效应管的转移特性

结型场效应管的转移特性是指当漏源电压 u_{DS} 保持不变时，漏极电流 i_D 和栅源电压 u_{GS} 的关系，即

$$i_D = f(u_{GS})\big|_{u_{DS}=常数} \qquad (6.2)$$

N 沟道结型场效应管的转移特性曲线如图 6.8 所示。

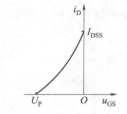

由图 6.8 可见，当 $u_{GS} = 0$ 时，此时导电沟道最宽，相应漏极电流 i_D 最大，被称为饱和漏极电流（I_{DSS}）；随着 $|u_{GS}|$ 增大，PN 结上反向电压也逐渐增大，耗尽层不断加宽，而导电沟道不断变窄，所以 i_D 随之逐渐减小；当 $u_{GS} = U_P$ 时，沟道被全部夹断，$i_D = 0$，U_P 被称为夹断电压。

图 6.8　N 沟道结型场效应管的转移特性曲线

2. 增强型 NMOS 管的特性

1）增强型 NMOS 管的工作原理

增强型 NMOS 管如图 6.9 所示，工作时在栅源两极之间加正向电压 u_{GS}，在漏源两极之间加正向电压 u_{DS}，并将源极与衬底相连，衬底是此电路中的最低电位。

当漏源之间加的正向电压 $u_{DS} = 0$ 时，因为此时漏极与衬底、源极之间为两个反向串联的 PN 结，漏极与衬底之间的 PN 结呈反向偏置，所以漏源两极之间没有导电沟道，漏极电流 $i_D = 0$。

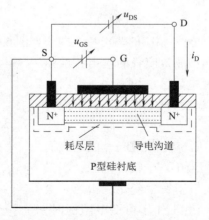

图 6.9　增强型 NMOS 管的工作原理

当 u_{GS} 从零逐渐增大（即 $u_{GS} > 0$ 时），将在栅极与衬底之间产生一个垂直于半导体表面、由栅极 G 指向衬底的电场，此电场排斥空穴，吸引电子，从而形成耗尽层；当栅源电压 u_{GS} 继续增大到一定程度时，垂直电场可吸引足够多的电子，穿过耗尽层到达半导体最表层，从而形成以自由电子为主体的导电薄层，称其为反型层，而反型层在漏极 D 与源极 S

之间形成一条导电沟道，当加上漏源电压 u_{DS} 后，就会发现有漏极电流 i_D 流过。刚刚开始出现漏极电流 i_D 时所对应的栅源电压 u_{GS} 称为 MOS 管的开启电压，用 U_T 表示。所以对于增强型 NMOS 管，当 $u_{GS} < U_T$ 时，导电沟道消失，$i_D = 0$，而只有当 $u_{GS} \geq U_T$ 时，才能形成导电沟道，并产生漏极电流 i_D，增强型 PMOS 管的工作原理类似于增强型 NMOS 管。

2）增强型 NMOS 管的特性

增强型 NMOS 管的输出特性包含了 4 个区域——可变电阻区、恒流区、击穿区、夹断区，如图 6.10（a）所示。

由图 6.10（b）的转移特性曲线可见，当 $u_{GS} < U_T$ 时，导电沟道没有形成，漏极电流 $i_D = 0$；当 $u_{GS} = U_T$ 时，开始形成导电沟道；当 $u_{GS} > U_T$ 时，导电沟道随着 u_{GS} 的增大而变宽，漏极电流 i_D 增大。

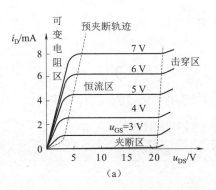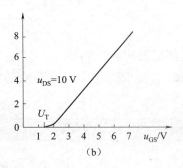

图 6.10　增强型 NMOS 管的特性曲线

3. 耗尽型 NMOS 管的特性

1）耗尽型 NMOS 管的工作原理

耗尽型 NMOS 管如图 6.11 所示，因为耗尽型 NMOS 管在制造时，已经在 SiO_2 绝缘层中掺入大量的正离子，由于这些正离子的存在，使得当 $u_{GS} = 0$ 时，就有垂直电场进入半导体，并吸引自由电子到半导体的表层而形成 N 型导电沟道，此时若加上正向电压 u_{DS}，便会有漏极电流 i_D 产生。

当 $u_{GS} > 0$ 时，u_{GS} 在栅极 G 和衬底之间形成电场，与绝缘层中的正离子形成的电场方向相同，使导电沟道变宽，在 u_{DS} 的作用下，i_D 也较大。

当 $u_{GS} < 0$ 时，即栅源极间加负电压，u_{GS} 形成的电场就削弱了正离子所产生的电场，使得沟道变窄，i_D 减小；

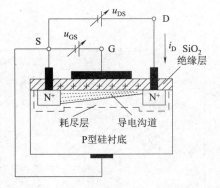

图 6.11　耗尽型 NMOS 管的工作原理

当 u_{GS} 到达某一特定负值时，导电沟道完全被夹断，此时的栅源电压 u_{GS} 称为夹断电压 U_P。

2）耗尽型 NMOS 管的特性

耗尽型 NMOS 管的特性曲线如图 6.12 所示。

当 $u_{GS} < 0$ 时，它将削弱正离子所形成的电场，导电沟道变窄，漏极电流 i_D 减小；

当 $u_{GS} > 0$ 时，垂直电场增强，导电沟道变宽，漏极电流 i_D 增大；

当 $u_{GS} = U_P$ 时，导电沟道全夹断，此时 $i_D = 0$，此时的 u_{GS} 称为夹断电压，用 U_P 表示。

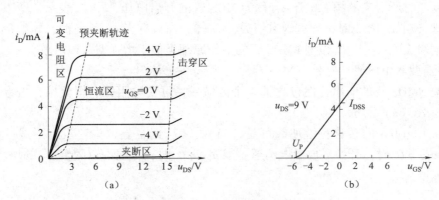

图 6.12 耗尽型 NMOS 场效应管的特性曲线

（a）输出特性；（b）转移特性

4. 典型场效应管的对比

为便于比较，现将各种场效应管的符号和特性曲线统一列于表 6.1 中。

表 6.1 各种场效应管的符号和特性曲线对比表

类型	符号和极性	转移特性	输出特性
结型 N 沟道 （耗尽型）			
结型 P 沟道 （耗尽型）			
增强型 NMOS			

类型	符号和极性	转移特性	输出特性
耗尽型 NMOS			
增强型 PMOS			
耗尽型 PMOS			

四、场效应管的参数

1. 直流参数

开启电压 U_T——增强型 MOSFET 专属参数，是指当漏源电压 u_{DS} 为固定值时，漏极电流 i_D 产生微小电流，此时需要施加的栅源电压 u_{GS} 对应值。

夹断电压 U_P——耗尽型 MOSFET 专属参数，是指当漏源电压 u_{DS} 为固定值时，漏极电流 i_D 为零，此时施加的栅源电压 u_{GS} 对应值。

饱和漏极电流 I_{DSS}——耗尽型 MOSFET 专属参数，是指当漏源电压 u_{DS} 为固定值时，栅源电压 $u_{GS}=0$ 时的漏极电流。

直流输入电阻 R_{GS}——是指栅源间加有一定电压 u_{GS} 和栅极电流 i_G 的相应比值，MOSFET 的直流输入电阻一般很大，通常在 $10^7\ \Omega$ 以上。

2. 交流参数

场效应管最重要的交流参数是低频跨导（g_m），此参数是指在 u_{DS} 一定时，漏极电流 i_D 与 u_{GS} 的变化量之比，即：

$$g_m = \frac{\partial i_D}{\partial u_{GS}}\bigg|_{u_{DS}=常数} \tag{6.3}$$

低频跨导（g_m）反映了栅极电压对漏极电流的控制能力，是衡量场效应管放大能力的重要参数，其数值越大，说明场效应管的放大能力越好，其单位是毫西门子（mS）。

3. 极限参数

漏源击穿电压 $U_\text{(BR)DS}$：是指发生雪崩击穿时，i_D 开始急剧上升时对应的 u_DS 值，当使用 FET 时，漏源之间的外加电压 u_DS 不允许超过此值，否则可能会损坏 FET。

栅源击穿电压 $U_\text{(BR)GS}$：是指输入 PN 结反向栅极电流开始急剧增大时对应的 u_GS 值。

漏极最大耗散功率 P_DM：是指漏极电压和漏极电流的乘积，即 $P_\text{DM} = u_\text{DS} \times i_\text{D}$，耗散功率会使 FET 温度升高，有可能损坏 FET，所以 FET 工作时耗散功率 P_D 不能超过最大数值 P_DM。

五、场效应管的命名

关于场效应管的型号，常用的命名方法有两种。

第一种是与双极型三极管的命名方法类似，第二位为字母，代表制造材料，D 代表 N 沟道，C 代表 P 沟道；第三位为字母，表示结构类型，J 代表结型场效应管，O 代表绝缘栅型场效应管，例如 3DJ6D 是结型 N 沟道场效应管，如图 6.13 所示。

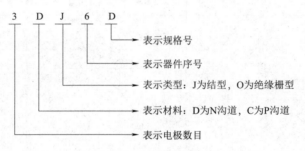

图 6.13　场效应管的命名方法（1）

第二种命名方法是国际通用的标注，CS 代表场效应管，××以数字代表型号的序号，#用字母代表同一型号中的不同规格，例如 CS14A、CS45G 等，如图 6.14 所示。

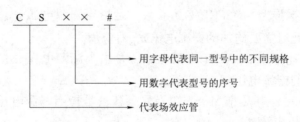

图 6.14　场效应管的命名方法（2）

能力训练

一、判断题

1. 因为场效应管仅利用内部半导体中的多数载流子来导电，因此又称场效应管为单极型晶体管。　　　　　　　　　　　　　　　　　　　　　　　　　（　　）

2. 结型场效应管既有耗尽型的，也有增强型的。　　　　　　　　　　（　　）

3. 结型场效应管的漏极和源极可以互换使用。　　　　　　　　　　（　　）

二、单选题

1. 场效应管是（　　）控制型半导体器件。

A. 电压　　　　　　　　B. 电流　　　　　　　　C. 电压或者电流　　　　D. 不确定

2. 绝缘栅型场效应管的具体类型有（　　）类。

A. 1　　　　　　　　　　B. 2　　　　　　　　　　C. 3　　　　　　　　　　D. 4

模块二　场效应管的应用

🎯 先导案例

　　场效应管与晶体三极管功能相似，也能够实现放大与电子开关等功能；但是因为二者内部结构不同，造成二者的特性、参数等方面存在明显差异，从而在应用电路中各具特点，需要对比学习。

一、场效应管与三极管的应用对比

　　场效应管和三极管均可组成放大电路和开关电路，由于场效应管制造工艺简单，且具有耗电少、热稳定性好、工作电源电压范围宽等优点，因而被广泛用于大规模和超大规模集成电路中。

　　场效应管是由多数载流子参与导电；三极管是两种载流子参与导电，而少子浓度受温度、辐射等因素影响较大，因而场效应管比三极管的温度稳定性好、抗辐射能力强，在环境条件（温度等）变化很大的情况下应选用场效应管。

　　场效应管是电压控制电流器件，由 u_{GS} 控制 i_D，其放大倍数 g_m 一般较小，因此场效应管的放大能力较差；三极管是电流控制电流器件，由 i_B（或 i_E）控制 i_C，其放大倍数 β 一般较大，因此三极管的放大能力较好。

　　场效应管栅极几乎不取电流（$i_G = 0$）；而三极管工作时基极总要吸取一定的电流，因此场效应管的栅极输入电阻比三极管的输入电阻高。

　　三极管导通电阻大，场效应管导通电阻小，只有几百毫欧姆，现在用电器件上，一般都用场效应管做开关来用，其效率是比较高的。

　　场效应管的噪声系数很小，在低噪声放大电路的输入级及要求信噪比较高的电路中要选用场效应管。

　　场效应管从结构上看漏源两极是对称的，可以互换使用，但某些 MOSFET 在制作时已将衬底和源极在内部连在一起，此时漏源两极不能对换使用；而三极管的集电极与发射极通常不能互换使用。

二、场效应管的使用注意事项

　　在使用场效应管时，要注意漏源电压 u_{DS}、漏极电流 i_D、栅源电压 u_{GS} 及耗散功率等值不能超过最大允许值。

结型场效应管的栅源电压 u_{GS} 不能加正向电压，因为它工作在反偏状态。通常各极需要在开路状态下保存。

绝缘栅型场效应管的栅源两极绝不允许悬空，因为栅源两极如果有感应电荷，就很难泄放，电荷积累会使电压升高，而使栅极绝缘层击穿，造成管子损坏。因此要在栅源两极之间绝对保持直流通路，保存时务必用金属导线将三个电极短接起来。在焊接时，烙铁应有良好的接地，并在烙铁断开电源后再焊接栅极，以避免交流感应将栅极击穿，并按 S→D→G 极的顺序焊好之后，再去掉各极的金属短接线。

三、场效应管共源极放大电路

对于场效应管放大电路，根据其交流通路中输入回路、输出回路所用公共端的不同，可将场效应管放大电路分成共源极、共漏极和共栅极三种基本组态，如图 6.15 所示，本书主要介绍常用的共源极和共漏极这两种场效应管放大电路。

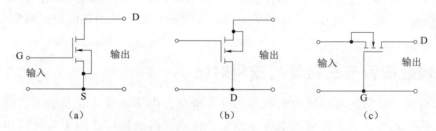

图 6.15 场效应管放大电路的三种基本组态

（a）共源极；（b）共漏极；（c）共栅极

1. 场效应管共源极放大电路静态分析

为使场效应管不失真地放大信号，必须给其各极加上一定的偏置电压，建立合适稳定的工作点。常用的偏置电路有以下两种。

1）自给偏压电路

N 沟道结型场效应管的自给偏压电路如图 6.16（a）所示，N 沟道绝缘栅耗尽型场效应管的自给偏压电路如图 6.16（b）所示。

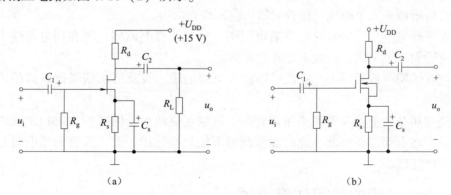

图 6.16 场效应管自给偏压电路

（a）N 沟道结型场效应管放大电路；（b）N 沟道绝缘栅耗尽型场效应管放大电路

因为栅极静态电流 $I_{GQ}=0$，所以栅极静态电位 $U_{GQ}=0$。因此，栅源之间的静态电压为：

$$U_{GSQ} = U_{GQ} - U_{SQ} = -I_{DQ}R_s \tag{6.4}$$

R_s 具有稳定工作点的作用，R_s 越大，静态工作点越低，反之亦然，通常使工作点在恒流区，通过下列关系式可求得工作点上的有关电流和电压：

$$I_D = I_{DSS}\left(1 - \frac{U_{GS}}{U_P}\right)^2 \tag{6.5}$$

联立求解以上两式，可得 I_{DQ} 和 U_{GSQ}，然后由下式求得 U_{DSQ}：

$$U_{DSQ} = U_{DD} - I_{DQ}(R_d + R_s) \tag{6.6}$$

这种偏置电路只适用于结型场效应管和绝缘栅耗尽型场效应管，但是不适用于增强型场效应管（此类偏置电路静态时不能使增强型场效应管处于工作状态）。

2）分压式偏置电路

分压式偏置电路适用于任何场效应管，与三极管放大电路一样要设置合适的静态工作点，使场效应管能始终工作在恒流区，以确保电路能实现正常放大，如图 6.17 所示。

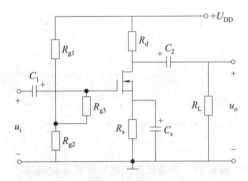

图 6.17　场效应管分压式偏置电路

此电路中的栅极电阻 R_{g3} 是为提高输入电阻而设置的，对静态工作点不产生影响。因为场效应管栅源间电阻极高，基本没有栅极电流流过电阻 R_{g3}，所以栅极电位为电源 U_{DD} 在 R_{g1}、R_{g2} 上的分压，所以有：

$$U_{GQ} = \frac{R_{g2}}{R_{g1} + R_{g2}}U_{DD} \tag{6.7}$$

又

$$U_{SQ} = I_{DQ}R_s$$

所以

$$U_{GSQ} = U_{GQ} - U_{SQ} = \frac{R_{g2}}{R_{g1} + R_{g2}}U_{DD} - I_{DQ}R_s \tag{6.8}$$

再由式（6.4）联立求解，可得 I_{DQ} 和 U_{GSQ}，然后式（6.6）求得 U_{DSQ}。

2. 场效应管共源极放大电路动态分析

如果放大电路的输入信号是低频小信号，且场效应管工作在恒流区时，也可以和三极管一样利用微变等效电路来进行动态分析，场效应管采用共源极接法时对应的微变等效电路如图 6.18 所示。

输入端因栅极电流几乎为零，可看成一个阻值极高的 R_{GS}，通常视为开路。

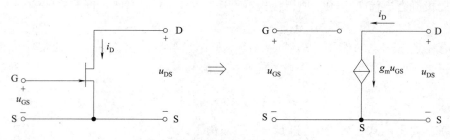

图 6.18　场效应管的微变等效电路

输出端的漏极电流 i_D 主要受栅极电压 u_{GS} 的控制，当有输入信号时，$i_D = g_m u_{GS}$，所以输出回路可以等效为一个受电压控制的电流源。

下面利用微变等效电路分析图 6.17 中共源极放大电路的电压放大倍数 A_u、输入电阻 r_i 和输出电阻 r_o，如图 6.19 所示。

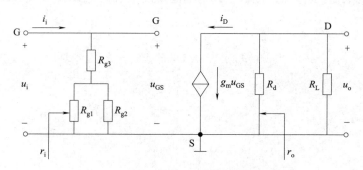

图 6.19　共源极放大器的微变等效电路

1）电压放大倍数 A_u

由图 6.19 可知，$u_o = -i_D(R_d /\!/ R_L) = -g_m u_{GS}(R_d /\!/ R_L)$

$$u_i = u_{GS}$$

由此可推导出电压放大倍数的表达式为：

$$A_u = \frac{u_o}{u_i} = -\frac{i_d(R_d /\!/ R_L)}{u_{GS}} = -\frac{g_m u_{GS} R'_L}{u_{GS}} = -g_m R'_L$$

即

$$A_u = -g_m R'_L \tag{6.9}$$

式（6.9）表明场效应管共源放大电路的放大倍数 A_u 与跨导 g_m 成正比，且输出电压与输入电压反相。

2）输入电阻 r_i

$$r_i = R_{g3} + (R_{g1} /\!/ R_{g2}) \tag{6.10}$$

由式（6.10）可知，场效应管共源极放大电路的输入电阻 r_i 主要由偏置电阻决定，通常很大。

3）输出电阻 r_o

从场效应管的漏极特性可知，当场效应管工作在恒流区时，受影响较小，即漏源之间的电阻很大，所以可采用与三极管共射极放大电路类似的方法来计算其输出电阻，其值就等于外接的漏极电阻。

$$r_\text{o} = R_\text{d} \tag{6.11}$$

【例6.1】 电路如图6.17所示，已知 $U_{\text{DD}} = 5\text{ V}$，$R_\text{d} = 30\text{ k}\Omega$，$R_{\text{g1}} = 100\text{ k}\Omega$，$R_{\text{g2}} = 40\text{ k}\Omega$，$R_{\text{g3}} = 2\text{ M}\Omega$，$R_\text{L} = 10\text{ k}\Omega$，$g_\text{m} = 1\text{ mS}$，试求该电路的电压放大倍数、输入电阻和输出电阻。

解： 该电路的微变等效电路如图6.19所示，利用公式可得：

电压放大倍数：$A_u = u_\text{o}/u_1 = -g_\text{m}(R_\text{d} /\!/ R_\text{L}) = -1 \times 30 /\!/ 10 = -7.5$；

输入电阻：$r_\text{i} = R_{\text{g3}} + (R_{\text{g1}} /\!/ R_{\text{g2}}) = 2.028(\text{M}\Omega)$；

输出电阻：$r_\text{o} = R_\text{d} = 30(\text{k}\Omega)$。

四、场效应管共漏极放大电路

共漏极放大电路又称源极输出器，如图6.20（a）所示，其具有输入电阻高、输出电阻低、电压放大倍数约等于1的特点，常用作多级电路的输入级或者输出级，源极输出器的等效电路如图6.20（b）所示，下面简要分析该电路的性能指标。

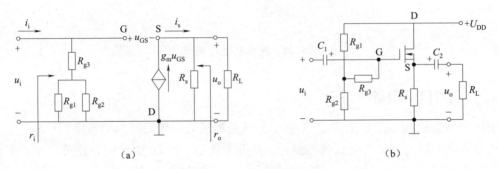

图6.20　共漏极放大电路

（a）基本电路；（b）等效电路

1. 电压放大倍数 A_u

由图6.20（b）可知，

$$u_\text{o} = i_\text{d}(R_\text{s} /\!/ R_\text{L}) = g_\text{m} u_{\text{GS}} R_\text{L}'$$

$$u_\text{i} = u_{\text{GS}} + u_\text{o} = u_{\text{GS}} + g_\text{m} u_{\text{GS}}(R_\text{s} /\!/ R_\text{L}) = u_{\text{GS}}(1 + g_\text{m} R_\text{L}')$$

其中

$$R_\text{L}' = R_\text{s} /\!/ R_\text{L}$$

由此可推导出电压放大倍数的表达式为：

$$A_u = \frac{u_\text{o}}{u_\text{i}} = \frac{g_\text{m} R_\text{L}'}{1 + g_\text{m} R_\text{L}'} \leqslant 1 \tag{6.12}$$

2. 输入电阻 r_i

$$r_\text{i} = (R_{\text{g1}} /\!/ R_{\text{g2}}) + R_{\text{g3}} \approx R_{\text{g3}} \tag{6.13}$$

3. 输出电阻 r_o

按共射极放大电路的方法求输出电阻，即令图6.20（b）中的输入端短路（$u_\text{i} = 0$），在输出端外加一交流电压 u_o 可得，如图 6.21 所示，可求出：

输出电阻为

$$r_o = R_s /\!/ \frac{u_o}{i_s}$$

其中

$$\frac{u_o}{i_s} = \frac{u_o}{-g_m u_{GS}} = \frac{u_o}{-g_m(-u_o)} = \frac{1}{g_m}$$

则

$$r_o = R_s /\!/ \frac{1}{g_m} \tag{6.14}$$

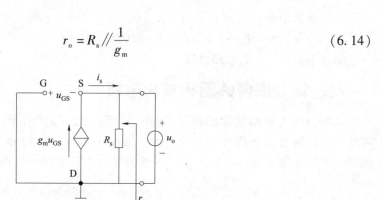

图 6.21　输出电阻 r_o 电路

五、CMOS 电路

MOS 集成逻辑门电路是采用 MOS 管（绝缘栅型场效应管）构成的数字集成电路，其具有工艺简单、集成度高、抗干扰能力强、功耗低等优点，所以 MOS 门电路的应用发展迅速而广泛。MOS 门电路有 PMOS、NMOS、CMOS 等三种类型，PMOS 电路工作速度低且采用负电压；NMOS 电路工作速度比 PMOS 电路要高、集成度高，但带电容负载能力较弱；CMOS 电路又称互补 MOS 电路，其突出的优点是静态功耗低、抗干扰能力强、工作稳定性好、开关速度高，是性能较好且应用较广泛的一种电路。

1. CMOS 反相器

CMOS 反相器如图 6.22（a）所示，图中驱动管 VT_1 是 NMOS 型，负载管 VT_2 是 PMOS 型，它们的栅极相连作为反相器的输入；漏极相连作为反相器的输出。VT_2 的源极接至电源 $+U_{DD}$，VT_1 的源极接至电源的负极，且使电源 $+U_{DD}$ 大于或等于两管的开启电压绝对值之和。

反相器工作原理如下：当输入电压 $u_i = 0$ 时，VT_1 截止，VT_2 导通，VT_1 截止电阻 $r_{1反} = 500~M\Omega$，VT_2 导通电阻 $r_{D2} = 750~\Omega$，所以输出电压 $u_o = U_{DD}$；当输入电压 $u_i = U_{DD}$ 时，VT_1 导通，VT_2 截止，$r_{D1} = 750~\Omega$，$r_{2反} = 500~M\Omega$，输出电压 $u_o = 0$，由此该电路通过输入输出实现反相功能。

图 6.22（b）为 CMOS 管反相器电压传输特性（分别画出了电源电压 U_{DD} 为 5 V、10 V 和 15 V 的三条曲线），从曲线中可看出，CMOS 电路对漏极源电压变化的适应性很强，一般允许变化范围为 3 ~ 18 V，电源利用率极高，输出电压最大为 $U_{oH} = U_{DD}$，最小为 $U_{oL} = 0~V$；它具有较好的温度稳定性；抗干扰容限一般优于 40% 的 U_{DD}，且抗干扰容限跟随 U_{DD} 增高而加大。

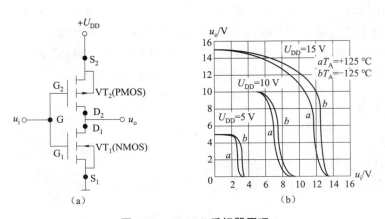

图 6.22 CMOS 反相器原理

（a）反相器；（b）电压传输特性

每个电源单独作用，是指电路中仅一个独立电源作用而其他电源都取零值（电压源短路、电流源开路）。

2. CMOS 传输门

传输门的电路和符号如图 6.23 所示，PMOS、NMOS 两管的栅极 G 分别接互补的控制信号 C 和 $\overline{C}$，P 沟道和 N 沟道两管的源极和漏极分别连在一起作为传输门的输入端和输出端。

当控制信号 $C=1(U_{DD})(\overline{C}=0)$ 时，输入信号 U_I 接近于 U_{DD}，则 $U_{GS1}=-U_{DD}$，故 VT_1 截止，VT_2 导通；如输入信号 U_I 接近于 0 时，则 VT_1 导通，VT_2 截止；如果 U_I 接近于 $U_{DD}/2$，则 VT_1、VT_2 同时导通。所以，传输门相当于接通的开关，通过不同的管子连续向输出端传送信号。

反之，当 $C=0$（$\overline{C}=1$）时，只要 U_I 在 $0\sim U_{DD}$ 之间，则 VT_1、VT_2 都截止，传输门相当于断开的开关。

因为 MOS 管的结构是对称的，源极和漏极可以互换使用。所以 CMOS 传输门具有双向性，又称双向开关，用 TG 表示。

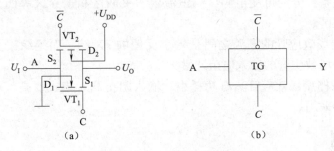

图 6.23 CMOS 传输门

3. CMOS 集成电路使用注意事项

因为 CMOS 电路容易产生栅极击穿问题，所以要特别注意以下几点：

（1）避免静电损失。不能用塑料袋存放 CMOS 电路，要用金属将引脚短接起来或用金属盒屏蔽；工作台应当用金属材料覆盖，并应良好接地；焊接时，电烙铁壳应接地。

（2）处理好集成电路的多余输入端。因为 CMOS 电路的输入阻抗高，易受外界干扰的影响，所以 CMOS 电路多余输入端不允许悬空，应根据逻辑要求将多余输入端或接电源 U_{DD}（与非门、与门），或接地（或非门、或门），或与其他输入端连接。

能力训练

一、判断题

1. 自给偏压电路适用于增强型场效应管。 （ ）

2. 为使场效应管不失真地放大信号，必须给其各极加上一定的偏置电压，建立合适稳定的工作点。 （ ）

3. 共漏极放大电路又称源极输出器，其电压放大倍数约等于1。 （ ）

二、单选题

1. 对于场效应管放大电路，根据其交流通路中输入回路、输出回路所用公共端的不同，可将场效应管放大电路分成（ ）种基本组态。

A. 1   B. 2   C. 3   D. 4

2. 在场效应管共源放大电路中（ ）。

A. 放大倍数 A_u 与跨导 g_m 成正比，且输出电压与输入电压反相

B. 放大倍数 A_u 与跨导 g_m 成反比，且输出电压与输入电压反相

C. 放大倍数 A_u 与跨导 g_m 成正比，且输出电压与输入电压同相

D. 放大倍数 A_u 与跨导 g_m 成反比，且输出电压与输入电压同相

单元小结

（1）场效应管是一种电压控制器件，它是利用栅源电压来控制漏极电流的，通过这点可以实现信号放大。

（2）场效应管的转移特性是漏极电流与栅源电压之间的变化关系，反映了栅源电压对漏极电流的控制能力；场效应管的输出特性表示以栅源电压为参变量时的漏极电流与漏源电压之间的变化关系，分为可变电阻区、恒流区、夹断区和击穿区等四个区域，场效应管放大时工作在恒流区。

（3）由于结型场效应管的栅源之间是一个反偏的 PN 结，而绝缘栅型场效应管的栅源之间是绝缘的，故场效应管的输入电阻非常大。

（4）由于绝缘栅型场效应管具有功耗小、输入阻抗高、集成度高等优点，在数字集成电路中逐渐被广泛采用。

单元检测

一、填空题

1. 场效应管是一种_____控制器件，它是利用栅源电压来控制_____的。

2. 由于结型场效应管的栅、源间是一个_____的 PN 结，绝缘栅型场效应管的栅、源极之间是_____的，故输入电阻非常大。

3. 场效应管的转移特性是漏极电流与栅源电压之间的变化关系，它反映了栅源电压对漏极电流的_____能力。

4. 场效应管的输出特性表示以栅源电压为参变量时的漏极电流与漏源电压之间的变化关系，它分为_____、_____、_____、_____等四个区域，场效应管放大时工作在_____。

5. 利用场效应管栅源电压能够控制漏极电流的特点可以实现信号放大。场效应管放大电路有_____、_____、_____等三种组态。

6. 场效应管根据内部结构的不同可分为_____场效应管和_____场效应管。

二、分析计算题

1. 已知图 6.24 所示各场效应管工作在恒流区，请将管子类型（JFET、MOSFET）、电源 U_{DD} 的极性（ + 、 - ）、u_{GS} 的极性（ >0， ≥0， <0， ≤0，任意）分别填写在表 6.2 中。

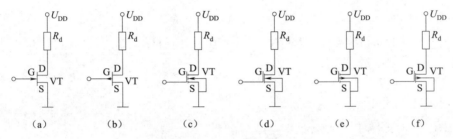

图 6.24 分析计算题 1 用图

表 6.2 数据记录表

项目 \ 图号	(a)	(b)	(c)	(d)	(e)	(f)
沟道类型						
增强型或耗尽型						
电源 U_{DD} 极性						
u_{GS} 极性						

2. 试分析图 6.25 所示各电路能否正常放大，并简要说明理由。

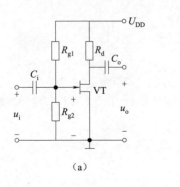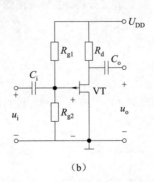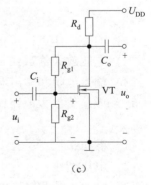

图 6.25 分析计算题 2 用图

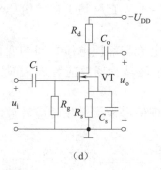

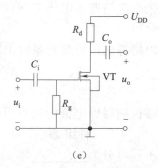

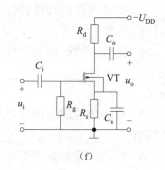

(d)   (e)   (f)

图 6.25 分析计算题 2 用图（续）

3. 场效应管放大电路如图 6.26 所示，$U_{DD} = 24$ V，所用场效应管为 N 沟道耗尽型，其参数 $I_{DSS} = 0.9$ mA，$U_{GS,off} = 0.4$ V，跨导 $g_m = 1.5$ mA/V。电路参数 $R_{g1} = 200$ kΩ，$R_{g2} = 64$ kΩ，$R_g = 1$ MΩ，$R_d = R_s = R_L = 10$ kΩ。试求：

（1）静态工作点；

（2）电压放大倍数；

（3）输入电阻和输出电阻。

4. 场效应管放大电路如图 6.27 所示，场效应管的 $U_{GS,off} = 0.1$ V，$I_{DSS} = 0.5$ mA，r_{ds} 为无穷大。试求：

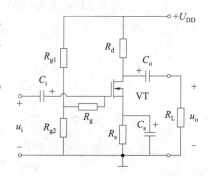

图 6.26 分析计算题 3 用图

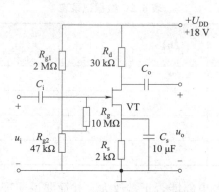

图 6.27 分析计算题 4 用图

（1）静态工作点；

（2）电压放大倍数；

（3）输入电阻和输出电阻。

5. 场效应管放大电路如图 6.28（a）所示，MOS 管转移特性曲线如图 6.28（b）所示。试求：

（1）静态工作点；

（2）电压增益；

（3）输入电阻和输出电阻。

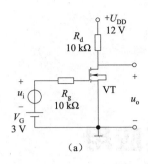 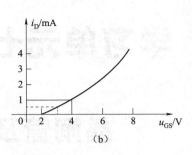

图 6.28 分析计算题 5 用图

6. 对于结型场效应管，它的哪两个引脚可以互换使用？为什么可以互换使用？

拓展阅读

晶体三极管是 1947 年被发明的，场效应管则是 4 年之后才问世的，这两种类型的电子器件均由 PN 结组成，均可以应用于放大电路和用作电子开关；同时二者在诸多特性表现上存在显著差异，如表 6.3 所示。之所以出现这种现象，是因为电子器件的特性表现是其内外因共同起作用的结果，其内因是电子器件的相应内部结构，是特性表现的根据，它是第一位的，它决定着特性表现的基本趋向；其外因是电子器件的外部参数（例如电压、电流），是特性表现的外部条件，它是第二位的，它对特性表现起着加速或延缓的作用，外因必须通过内因起作用，内因和外因相互依赖、相互联系，在一定条件下还可以相互转化。

表 6.3 场效应管与三极管的主要区别

项目	场效应管	三极管
导电特点	利用多子导电，称单极型器件	利用多子和少子导电，称双极型器件
控制方式	电压控制电流型器件，由 u_{GS} 控制 i_D	电流控制电流型器件，由 i_B 控制 i_C
输出特性	可变电阻区、恒流区、夹断区、击穿区	饱和区、放大区、截止区、击穿区
输入电阻	高、$R_{GS} = 10^7 \sim 10^{15}\ \Omega$	低、$r_{be} = 10^2 \sim 10^4\ \Omega$
类型	结型：N 沟道、P 沟道 绝缘栅型：$\begin{cases} 耗尽型：N 沟道、P 沟道 \\ 增强型：N 沟道、P 沟道 \end{cases}$	硅：NPN、PNP 锗：NPN、PNP
特点	不容易受温度等外界条件影响，D 和 S 能互换	易受温度辐射等外界影响，噪声大，e 和 c 不能互换
制造工艺	成本低，集成度高	较复杂

学习单元七

晶闸管及其应用

单元描述

二极管具有单向导电性，可构成整流电路，而晶闸管具有控制极，能构成可控整流电路，并且晶闸管与二极管相比，可以通过更大的电流，能承受更高的电压。本单元主要介绍晶闸管的分类、晶闸管的结构、晶闸管的工作原理与晶闸管典型整流电路。

学习导航

知识点	（1）了解典型晶闸管的结构和分类。 （2）熟悉晶闸管的特性参数。 （3）掌握晶闸管整流电路的典型分析方法
重点	晶闸管整流电路
难点	晶闸管整流电路
能力培养	（1）会使用晶闸管构成整流电路。 （2）晶闸管整流电路的分析计算与测量
思政目标	通过晶闸管与二极管结构功能应用对比，培养学生的观察分析能力
建议学时	2~6 学时

模块一　认识晶闸管

先导案例

典型的二极管内部存在一个 PN 结，外部具有两个电极，可以构成整流电路；相比之下典型的晶闸管内部存在多个 PN 结，外部具有三个电极，可以构成可控整流电路。晶闸管的内部结构是什么样的呢？晶闸管的三个电极又是如何命名的呢？晶闸管具有哪些特性与指标参数？

一、晶闸管的结构

典型的晶闸管结构示意图与符号如图 7.1 所示，晶闸管由 PNPN 四层半导体构成，中间形成三个 PN 结 J_1、J_2、J_3，共有三个电极：从 P_1 层引出阳极 A，从 N_2 层引出阴极 K，从 P_2 层引出控制级 G。

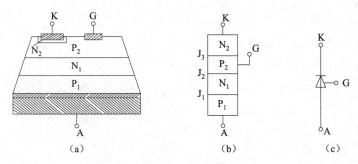

图 7.1　晶闸管结构示意图、符号

（a）结构示意图；（b）电路符号

二、晶闸管的特性

1. 晶闸管的工作原理

晶闸管测试电路如图 7.2 所示，当阳极 A 接电源正极，而阴极 K 接电源负极，则 J_1、J_3 正向偏置，J_2 反向偏置，所以整个器件没有电流流过；当阳极 A 接电源负极，阴极 K 接电源正极，J_1、J_3 反向偏置，J_2 正向偏置，器件仍没有电流通过。接下来利用图 7.2 所示电路，说明晶闸管的工作特点。

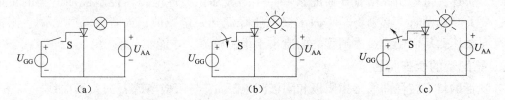

图 7.2　晶闸管工作原理的测试电路图

在图 7.2 中，晶闸管阳极 A、阴极 K、灯泡和电源 U_{AA} 构成的回路称作主电路，控制极 G、阴极 K、开关 S 和电源 U_{GG} 构成的回路称作触发电路。

首先，晶闸管阳极 A 经灯泡接到电源正端，如图 7.2（a）所示，阴极 K 接电源负端，控制极 G 不加电压，此时灯不亮，说明晶闸管没有导通；然后，如图 7.2（b）所示合上开关 S，控制极 G 加上正极性电压，于是灯泡亮，说明晶闸管已导通；最后，如图 7.2（c）所示将开关 S 再打开，切断控制极回路，此时灯仍亮着，说明晶闸管维持导通。

在图 7.2（b）中，当控制极 G 加的是负极性电压，则无论阳极 A 加的是正极性电压还是负极性电压，灯泡都不亮，说明晶闸管不能导通；当控制极 G 加的是正极性电压，而阳极加的是负极性电压，灯泡也不会亮，说明晶闸管也不能导通。

如图 7.3 所示，可以将晶闸管等效成一个由 NPN 型三极管 VT_1 和 PNP 型三极管 VT_2 组成的电路，对其进行分析讨论。

图 7.3（b）所示电路中，当晶闸管加上正向阳极电压 U_{AK} 时，三极管 VT_1 和 VT_2 都承受

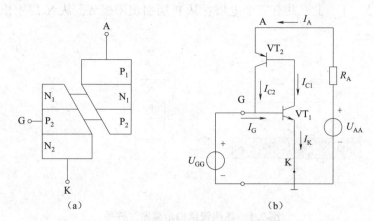

图 7.3　晶闸管导通形成的原理图

正常工作的集射电压，如果再加上正向触发电压 U_{GK}，VT$_2$ 具备放大条件而导通，流入 VT$_2$ 的基极电流 I_G 被放大后产生集电极电流 $\beta_2 I_G$，它又作为输入 VT$_1$ 的基极电流，经 VT$_1$ 放大后产生 VT$_1$ 的集电极电流 $\beta_1\beta_2 I_G$，这个电流又反馈到 VT$_1$ 的基极，再一次得到放大，如此循环，很快 VT$_1$ 和 VT$_2$ 都饱和导通，导通后管压降接近于零，电源电压几乎全部加在回路的负载上，晶闸管的电流就等于负载电流；晶闸管一旦导通，可发现电流 $\beta_1\beta_2 I_G$ 完全取代了开始的触发电流 I_G，即使控制电压 U_{GK} 消失，晶闸管仍能继续保持导通，说明触发电流 I_G 仅仅起到触发的作用，一旦晶闸管导通后，控制极就会失去作用；

综上所述，可得出晶闸管导通的条件——阳极加正极性电压，控制极加适当的正极性电压；要关断晶闸管，必须将其正向阳极电压降低到一定数值，或者在晶闸管阳、阴极间施加反向电压，从而使流过晶闸管的电流小于维持电流，才能实现。

2. 晶闸管的伏安特性

晶闸管的伏安特性曲线是指阳极和阴极间电压 u_{AK} 与阳极电流 i_A 的关系曲线，如图 7.4 所示。

1）正向特性

当晶闸管阳极和阴极间加上正向电压，控制极不加电压时，J$_1$、J$_3$ 结处于正向偏置，J$_2$ 结处于反向偏置，此时晶闸管阳极和阴极间呈现很大的电阻，所以晶闸管只流过很小的正向漏电流 I_{DR}，处于"正向阻断状态"；当正向电压上升到转折电压（又称正向不重复峰值电压）U_{BO} 时，J$_2$ 结被击穿，漏电流突然增加，晶闸管由阻断状态突然转变为导通状态，其导通后降为 U_F。

2）反向特性

当晶闸管加反向电压时 J$_1$、J$_3$ 结处于反向偏置，J$_2$ 结处于正向偏置，晶闸管只流过很小的反向漏电流 I_R，如图 7.5 中的 OD 段，此段特性与一般二极管的反向特性相似，晶闸管此时处于反向阻断状态；当反向电压继续增加到反向转折电压 U_{BR} 时，反向电流急剧增加，使晶闸管反向导通，可能会造成永久性损坏。

必须指出，晶闸管在很大的正向和反向电压作用下可能会被击穿导通，这在实际使用中是不允许的，通常应使晶闸管在正向阻断状态下，将正向触发电压（电流）加到控制极而使其导通。由图 7.5 可见，晶闸管的正向伏安特性在饱和导通前，因 I_G 不同而有所不同，触发电流越大，其对应正向转折电压 U_{BO} 越小。

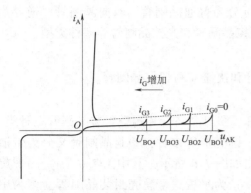

图 7.4　晶闸管的伏安特性

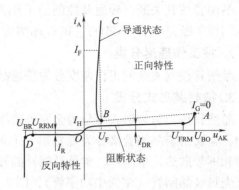

图 7.5　加控制极电流后晶闸管的伏安特性

3. 晶闸管的测试方法

1）引脚检测

普通晶闸管有三个 PN 结，以及三个引脚，分别是阳极 A、阴极 K、控制极 G，可以通过万用表对其进行检测。首先，用万用表（指针式）电阻 $R \times 1$ 或 $R \times 10$ 挡；然后用两表笔测量任意两引脚间正反向电阻直至找出读数为数十欧姆的一对引脚，因为阴极 K、控制极 G 之间是一个 PN 结，它的反向电阻不是很大，所以当电阻读数小时的黑表笔接的极就是 P 即控制极 G，红表笔接的是 N 即阴极 K，第三个极就是阳极 A；其余检测情况电阻值均为无穷大。

2）好坏检测

在检测出晶闸管三个极的基础上，万用表的红表笔仍接阴极 K，同时将黑表笔接已判断出的阳极 A，此时万用表指针应不动，接近无穷大，否则万用表指针发生偏转，说明该晶闸管已击穿损坏。

再用短接线瞬间短接阳极 A 和控制极 G（或用万用表黑表笔同时接阳极 A 和控制极 G），即给控制极 G 加上极性触发信号，此时万用表指针应发生偏转，阻值读数为 10 Ω 左右，表明晶闸管能触发导通；如果此时去掉阳极 A 和控制极 G 间的短接线（即断开黑表笔与控制极 G 间的连接），万用表的指针仍能保持原来的阻值不变，表明晶闸管去掉控制极信号后能保持导通状态；否则阻值变为无穷大，表明晶闸管性能不良或损坏。

如果三个极之间都是导通的，电阻为零，则该晶闸管已击穿损坏。

三、晶闸管的分类

晶闸管又称可控硅，是晶体闸流管的简称（英文简写 SCR），它具有普通二极管的单向导电特性，但其正向导通必须满足控制信号有效触发的先决条件；世界上第一个晶闸管产品是在 1957 年由美国通用电气公司开发制造的，晶闸管作为整流器件，具有效率高、控制特性好、寿命长、体积小、容量大、使用方便等一系列优点，能在高电压、大电流条件下长期稳定工作，且其工作过程可以控制，所以被广泛应用于可控整流、交流调压、无触点电子开关、逆变及变频等电子电路中，晶闸管的派生器件还有快速晶闸管、双向晶闸管、逆导晶闸管、光控晶闸管等。

1. 按工作方式分类

晶闸管按其关断、导通及控制的工作方式可分为普通晶闸管、双向晶闸管、逆导晶闸管、门极关断晶闸管（GTO）、BTG晶闸管、温控晶闸管和光控晶闸管等多种类型。

2. 按工作速度分类

晶闸管按其关断的工作速度分为普通晶闸管和快速（高频）晶闸管。

3. 按封装形式分类

晶闸管按其封装形式可分为金属封装晶闸管、塑封晶闸管和陶瓷封装晶闸管三种类型。其中，金属封装晶闸管又分为螺栓形、平板形、圆壳形等多种；塑封晶闸管又分为带散热片型和不带散热片型两种。常见晶闸管的外形图如图7.6所示，其中图7.6（a）为螺旋式金属壳封装晶闸管（多为中功率管），图7.6（b）为平板式金属壳封装晶闸管（多为中大功率管），图7.6（c）为压模塑封或陶瓷封装晶闸管（一般为小功率管）。

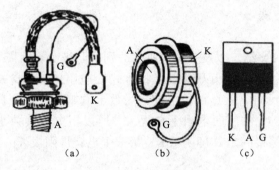

（a）　　　　　　（b）　　　　　　（c）

图7.6　晶闸管外形

4. 按引脚和极性分类

晶闸管按其引脚和极性可分为二极晶闸管、三极晶闸管和四极晶闸管。

5. 按电流容量分类

晶闸管按电流容量可分为大功率晶闸管、中功率晶闸管和小功率晶闸管三种。通常，大功率晶闸管多采用金属壳封装，而中、小功率晶闸管则多采用塑封或陶瓷封装。

四、晶闸管的参数

晶闸管的主要参数标注在图7.5中。

1. 断态（正向）重复峰值电压 U_{FRM}

在额定结温（100 A以上为150 ℃，50 A以下为100 ℃）、控制极断路和晶闸管正向阻断的条件下，允许重复加在阳极和阴极间的最大正向峰值电压。

2. 反向重复峰值电压 U_{RRM}

在额定的结温和控制极断路的情况下，允许重复加在阳极和阴极间的反向峰值电压。

3. 通态平均电流 I_F

在环境温度不大于40 ℃和标准散热条件下，元件能连续通过的工频正弦半波电流的平均值，称为通态平均电流，简称正向电流，而通常所说多少安的晶闸管就是指此电流。

4. 通态平均电压 U_F

在额定通态平均电流时晶闸管 U_{AK} 的平均值（习惯称为导通时管压降），一般为 0.1 ~ 1.2 V，这个电压越小，器件的耗散功率也越小。

5. 维持电流 I_H

在室温和控制极开路时，能维持晶闸管导通状态所需的最小阳极电流，一般为几十至 100 mA。

6. 控制极触发电压 U_G 和触发电流 I_G

在室温下，阳极和阴极间加 6 V 正向电压，能使晶闸管完全导通所需的最小控制电压和电流分别为 U_G 和 I_G，一般 U_G 为 1.5 V 左右，I_G 为几十至几百 mA。

五、晶闸管的型号

中国国家标准规定，普通晶闸管型号的命名格式如图 7.7 所示。

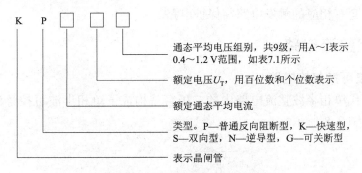

图 7.7　晶闸管的命名格式

表 7.1　晶闸管元件通态平均电压

组别	A	B	C	D	E
通态平均电压	$U_F \leq 0.4$	$0.4 < U_F \leq 0.5$	$0.5 < U_F \leq 0.6$	$0.6 < U_F \leq 0.7$	$0.7 < U_F \leq 0.8$
组别	F	G	H	I	
通态平均电压	$0.8 < U_F \leq 0.9$	$0.9 < U_F \leq 1.0$	$1.0 < U_F \leq 1.1$	$1.1 < U_F \leq 1.2$	

能力训练

一、判断题

1. 典型的二极管内部通常存在一个 PN 结，而典型晶闸管内部一般存在多个 PN 结。

（　　）

2. 晶闸管一旦导通后，其控制极就会失去作用。　　　　　　　　　　　（　　）

3. 要关断晶闸管，只需要在晶闸管阳、阴极间施加反向电压即可。　　　（　　）

二、单选题

1. 晶闸管要导通需要同时满足（　　）个条件。

A. 3　　　　　　　　　B. 2　　　　　　　　　C. 1　　　　　　　　　D. 0

2. 晶闸管按其关断的工作速度分为（　　　）。

A. 普通晶闸管和快速（高频）晶闸管

B. 金属封装晶闸管、塑封晶闸管和陶瓷封装晶闸管

C. 二极晶闸管、三极晶闸管和四极晶闸管

D. 大功率晶闸管、中功率晶闸管和小功率晶闸管

模块二　晶闸管的应用

先导案例

整流电路的功能就是将交流电变成直流电，可控整流电路的功能就是将交流电变成电压大小可调的直流电，晶闸管可以构成可控整流电路，为了保证可控整流电路正常可靠地工作，还需要配套有相应的触发电路与保护电路。

一、可控整流电路

1. 单相半波可控整流电路

用晶闸管替代单相半波整流电路中的二极管就构成了单相半波可控整流电路，电路与相应电压波形如图 7.8 所示。

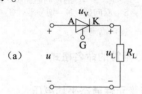

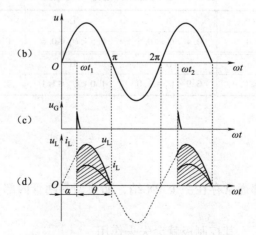

图 7.8　单相半波可控整流电路

（a）电路；（b）输入电压波形；（c）控制极电压波形；（d）输出电压波形

1）工作原理

当输入交流电压 u 在正半周期内，晶闸管承受正向电压，如果在 t_1 时刻给控制极加入

一个适当的正向触发电压脉冲 u_G，晶闸管就会导通，于是负载上就会得到如图 7.8（d）所示的单向脉动电压 u_L，并有相应电流流过；当输入交流电压 u 经过零值时，流过晶闸管的电流小于维持电流，晶闸管便自动关断；当输入交流电压 u 进入负半周期时，晶闸管因承受反向电压而保持关断状态；重复上述过程，负载上就得到直流电压输出。

如果在晶闸管承受输入正向电压期间，改变控制极触发电压 u_G 加入的时刻（称为触发脉冲的移相），则负载上得到的直流电压波形和大小也会随之改变，这样就实现了对输出电压大小的调节。

2）控制角 α 与导通角 θ

晶闸管在处于正向电压条件下，此半个周期内不导通的范围称为控制角，用 "α" 表示；此半个周期内导通的范围称为导通角，用 "θ" 表示，如图 7.8（d）所示，单相半波可控整流的 α 和 θ 变化范围为 $0° \sim 180°$，并且 $\alpha + \theta = 180°$。

3）输出电压和电流

由图 7.8（d）的输出电压波形可求得输出电压的平均值为：

$$U_O = \frac{1}{2\pi}\int_{\alpha}^{\pi} \sqrt{2}\sin \omega t \mathrm{d}\omega t = 0.45U\frac{1 + \cos \alpha}{2} \tag{7.1}$$

当控制角 $\alpha = 0°$ 时，称为半波整流电路。

负载上流过的平均电流为：

$$I_O = U_O / R_L \tag{7.2}$$

4）晶闸管承受的最大正、反向电压

由图 7.8 可知，当控制角 $\alpha \geqslant 90°$ 时，晶闸管在正、负半周中所承受的正向和反向截止电压的最大值，可能达到输入交流电压的峰值，即 $\sqrt{2}U$，如果交流输入电压 $U = 220$ V，则承受的峰值电压为 $\sqrt{2}U = 312$ V，再考虑 $2 \sim 3$ 倍的安全系数，则要选用额定电压为 600 V 以上的晶闸管。

【例 7.1】单相半波可控整流电路直接由交流电网 220 V 供电。要求输出的直流平均电压在 $50 \sim 92$ V 之间可调，试求控制角 α 的可调范围。

解：由 $U_O = 0.45U\dfrac{1 + \cos \alpha}{2}$ 知：

$U_O = 50$ V 时，$\cos \alpha = \dfrac{2 \times 50}{0.45 \times 220} - 1 \approx 0$

$\alpha = 90°$

$U_O = 92$ V 时，$\cos \alpha = \dfrac{2 \times 92}{0.45 \times 220} - 1 \approx 0.85$

$\alpha = 30°$

故 α 的可调范围是 $30° \sim 90°$。

5）电感性负载

相应电路与电压波形如图 7.9 所示，当变压器次级的电压 u_2 为正半周时，晶闸管控制极未加触发脉冲，其处于正向阻断状态，负载电压 $u_o = 0$，晶闸管承受正向电压 $U_T = u_2$；

在 $\alpha = \omega t_1$ 时，控制极加触发脉冲，晶闸管被触发导通，输出电压 u_o 突然由 0 上升至接近于 u_2，但由于电感中的反电动势 e_L 的阻碍作用，负载的电流不能突变，而只能逐渐变大，

在 u_o 达到最大值后又逐渐减小时，i_o 却继续增大，但增大速度变慢，当 i_o 开始下降后，电感中产生的自感电动势方向为上负下正，阻碍电流减小。

在 $\omega t = \pi$ 时，$u_2 = 0$，电感的自感电动势使晶闸管承受正向电压，而继续导通，i_o 继续减小。

在 u_2 的负半周，只要反电动势大于 u_2，晶闸管仍导通，负载两端电压 u_o 仍等于 u_2，而 i_o 一直减小，当 i_o 小于晶闸管维持电流 I_H 时，晶闸管关断，输出电压由负值突然到 0，波形如图 7.9（b）所示。

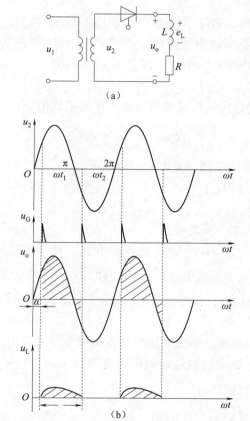

图 7.9   电感性负载条件下的单相半波可控整流

从图 7.9 可见，晶闸管的导通角 θ 将大于 $(\pi - \alpha)$，在 α 一定的条件下，电感 L 越大，晶闸管维持导通时间越长，负电压也越大，输出电压的平均值也就越小，所以半波可控整流电路带电感性负载时，必须采取适当的措施以避免在负载上出现负电压。

为了避免在感性负载上出现负电压，关键是要在 u_2 过零时，使晶闸管关断，常用的解决办法是在负载两端并联一个二极管 VD，如图 7.10 所示，在 u_2 由正经过零变为负时，由于电感中的感应电动势，使二极管 VD 随即导通，一方面 u_2 通过二极管给晶闸管中加上反向电压，促使晶闸管及时关断；另一方面，二极管又为负载上由自感电动势所维持的电流提

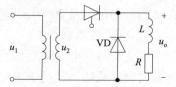

图 7.10   改进的电感性负载
条件下的单相半波可控整流电路

供一条继续流通的路径，通常把这个二极管叫作续流二极管。在续流期间，负载的端电压等于二极管的正向电压，其值近似等于零，从而避免产生负载两端出现负电压。

2. 单相桥式半控整流电路

1）组成及原理

单相桥式半控整流电路是由两个晶闸管和两个二极管组成的，如图 7.11 所示。

在输入交流电压 u_2 的正半周中，设 a 点为正，b 点为负，晶闸管 VT_1 处于正向电压之下，VT_2 处于反向电压之下；在触发脉冲到来时，VT_1 触发导通，电流从 $a \to VT_1 \to R_L \to VD_2 \to b$ 端，若忽略 VT_1、VD_2 的正向压降，负载电压 u_o 与变压器次级电压 u_2 相等，极性为上正下负。

在输入交流电压 u_2 经过零值时，晶闸管 VT_1 因阳极电流小于维持电流而自行关断；在 u_2 为负半周时，VT_1 承受反向电压，VT_2 承受正向电压，可在 u_G 触发下导通，电流路径为 $b \to VT_2 \to R_L \to VD_1 \to a$ 端，负载电压大小和极性与 u_2 在正半周时相同，其输入输出电压波形如图 7.12 所示。

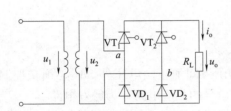

图 7.11 桥式半控整流电路

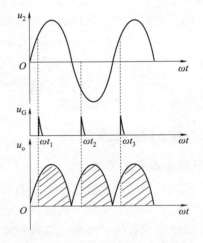

图 7.12 桥式半控整流电路波形

2）输出电压 U_0 的计算

对照图 7.8（d）和图 7.12，可见单相桥式半控整流电路的直流输出电压平均值为单相半波的 2 倍，即：

$$U_0 = 0.9U_2 \frac{1 + \cos\alpha}{2} = 0.45U_2(1 + \cos\alpha) \tag{7.3}$$

电压可调范围是 $0 \sim 0.9U_2$。

输出电流的平均值为：

$$I_0 = \frac{U_0}{R_L} = \frac{0.9U_2}{R_L} \times \frac{1 + \cos\alpha}{2} \tag{7.4}$$

3）晶闸管和二极管上承受的最大正向、反向电压

由图 7.12 可以看出，当控制角 $\alpha \geqslant 90°$ 时，两只晶闸管的正反向电压为 $\sqrt{2}U_0$，二极管 VD_1、VD_2 上承受的最大反向电压也是 $\sqrt{2}U_0$，流过每个晶闸管和二极管电流的平均值等于负

载电流的一半。

$$I_T = \frac{1}{2}I_0 \quad\quad\quad (7.5)$$

【例7.2】负载为纯电阻的单相桥式半控整流电路，输出直流电压 $U_0 = 0 \sim 60$ V，直流电流 $I_0 = 0 \sim 10$ A，试求：

（1）电源变压器次级电压的有效值；

（2）选择晶闸管。

解：（1）设晶闸管导通角 θ 接近于180°时得到最大输出电压。即 $\alpha = 0°$ 时，$U_0 = 60$ V，$U_2 = 60/0.9 \approx 67$（V）。考虑到导通角总是达不到180°及整流器件上的压降因素，交流电压应取理论计算值的110%，即 $U_2 \approx 75$ V。

（2）通过晶闸管的平均电流：

$$I_T = 0.5I_0 = 0.5 \times 10 = 5(A)$$

晶闸管承受的最大反向电压和可能承受的最大正向电压均为：

$$U_m = \sqrt{2}\,U_2 = \sqrt{2} \times 75 = 105(V)$$

因考虑要留有余量，则应选晶闸管的额定正向平均电流为：

$$I_N = (1.5 \sim 2)I_T = (1.5 \sim 2) \times 5 = (7.5 \sim 10)A$$

额定电压为：

$$U_{RRM} = (1.5 \sim 2)U_m = (157.5 \sim 210)V$$

于是可选 KP10 – 2 的晶闸管。

二、晶闸管触发电路

1. 对触发电路的要求

根据晶闸管导通的要求，除了要在阳极和阴极间加正向电压外，还必须在控制极和阴极间加合适的正向触发电压，而提供有效触发信号的相应电路称为触发电路。

为了保证晶闸管能够准确可靠被触发，所以对触发信号存在一系列要求：

（1）触发脉冲信号应有一定的移相范围，对单相可控整流电路电阻性负载与大电感负载（接有续流二极管）的电路，其移相范围均为180°。

（2）触发电压信号必须与晶闸管的阳极电压同步。

（3）触发脉冲信号应有足够的电压幅度（一般为 $4 \sim 10$ V）和功率（一般为 $0.5 \sim 2$ W）。

（4）触发脉冲信号必须有一定的宽度，其脉宽不能低于 6 μs，一般为 $20 \sim 50$ μs。

晶闸管的触发电路有多种类型，常见的有单结晶体管触发电路、阻容移相式触发电路、三极管触发电路、集成电路触发电路等。

2. 单结晶体管触发电路

1）单结晶体管的结构

单结晶体管的外形像普通三极管一样有三个电极，但其内部只有一个 PN 结；此 PN 结在一块 N 型基片的一侧引出一个电极，称为发射极 e，而另一侧的两端各引出一个电极，分别称为第一基极 b_1 与第二基极 b_2，如图 7.13（a）所示，故称其为单结晶体管或双基极晶体管，电路符号如图 7.13（b）所示，图 7.13（c）是其等效电路，VD 表示 PN 结，r_{b2} 表示 b_2 至 PN 结之间的电阻，r_{b1} 是 b_1 至 PN 结之间的电阻。

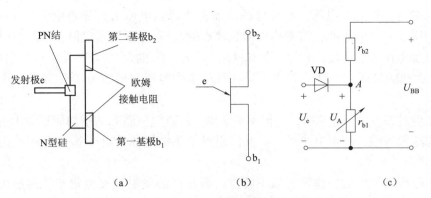

图 7.13　单结晶体管

（a）结构；（b）符号；（c）等效电路

2）单结晶体管的伏安特性

单结晶体管的伏安特性曲线如图 7.14 所示，整条曲线分为三个区域。

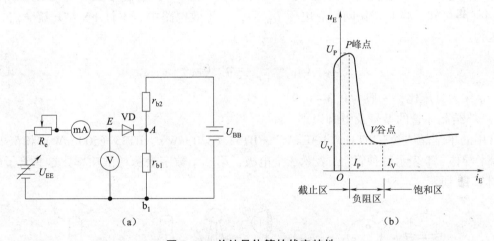

图 7.14　单结晶体管的伏安特性

（a）测试电路；（b）伏安特性曲线

截止区 OP 段：如图 7.14（b）中 P 点左侧部分所示曲线部分，U_{EE} 由零开始增加，当 E 点电位小于 A 点电位时，VD 反偏而截止，只有很小反向电流流过发射极，器件处于截止状态。

负阻区 PV 段：U_{EE} 继续增大，当 E 点达到图 7.14（b）的 P 点时，由于 $U_P = \eta U_{BB} + U_D$ （式中 $\eta = \dfrac{r_{b1}}{r_{b1} + r_{b2}}$），二极管 VD 开始正偏而导通，$i_E$ 电流也开始增加，i_E 的增加使 r_{b1} 阻值减小，于是 U_{BB} 在 A 点的压降 $\dfrac{r_{b1}}{r_{b1} + r_{b2}} U_{BB}$ 也随之减小，使二极管的正向偏压增加，i_E 更大；而 i_E 的增加又促使 r_{b1} 进一步减小，这个正反馈过程使 i_E 迅速增加，A 点电位急剧下降，这个过程称为触发。由于 PN 结的正向压降随 i_E 的增加而变化不大，E 点电位就要随 A 点电位的下降而下降，一直到达最低点 V，在 PV 段，电压下降，电流上升，呈现负阻特性，这一区间称为负阻区。

U_P电位最高，称峰点电压，而相应的电流称为峰点电流 I_P，峰点电流是 VD 刚刚导通时的电流，所以 I_P 是很小的，需要指出的是峰点的电压 U_P 不是固定值，它与单结晶体管分压比 η 及外加电压 U_{BB} 有关，η 大，则 U_P 大；U_{BB} 大，U_P 也大。

V 点是曲线的最低点，称为谷点，V 点所对应的电压与电流分别称为谷点电压和谷点电流。

饱和区：过谷点后，i_E 增加，r_{b1} 值不再下降，E 点电位随 i_E 的增加而逐渐上升。对应于谷点以右的这段区域，E 点电位低，i_E 大，相当于单结晶体管处于饱和导通状态，称为饱和区。

由以上分析可知单结晶体管有以下特点：截止区的发射极电流很小，发射极 e 视为开路；发射极电位 E 点电位到达峰点电压 U_P 值时，单结晶体管导通，i_E 急剧增加，E 点电位下降；单结晶体管具有负阻特性；单结晶体管导通后，当发射极电位低于谷点电压时，单结晶体管立即转为截止状态。

3）单结晶体管的主要参数

除峰值电压 U_P 和谷点电压 U_V 外，单结晶体管还有一个重要参数就是分压比 η；从图 7.14 (a) 可知，当 b_1、b_2 间加有电压 U_{BB} 后，在等效电路中若不计 PN 结压降 U_D，则 A 点电压为：

$$U_A = U_{BB}\frac{r_{b1}}{r_{b1} + r_{b2}} = \eta \cdot U_{BB} \approx U_P \qquad (7.6)$$

式中，η 称为分压比，一般为 $0.3 \sim 0.9$。

4）单结晶体管的型号及引脚识别

常用的单结晶体管有 BT31（100 mW）、BT33（330 mW）、BT35（500 mW）和 5S2 等；B 表示半导体，T 表示特种管，3 表示三个电极，第二个数字表示耗散功率；这些管子的外形如图 7.15 所示。

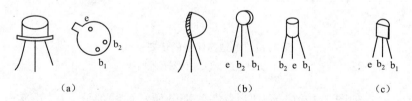

（a）　　　　　　　　　（b）　　　　　　（c）

图 7.15　各种单结晶体管型号和引脚顺序

（a）BT31 型；（b）BT33、BT35 型；（c）5S2 型

根据 PN 结原理，可用万用表来识别 e、b_1 和 b_2。e 对 b_1 的正向电阻比 e 对 b_2 的正向电阻稍大些，这样便可区别出 b_1 和 b_2 两个电极；而 b_1 和 b_2 之间的直流电阻，一般为 $3 \sim 10$ kΩ。

3. 单结晶体管的自激振荡电路

利用单结晶体管的负阻特性可构成自激振荡电路，产生控制脉冲，用以触发晶闸管，如图 7.16 所示。

当接通电源 U_{BB} 后，电容 C 就开始充电，u_C 按指数曲线上升；当 $u_C < U_P$ 时，单结晶体管的发射极电流 $I_E \approx 0$，所以 R_1 两端没有脉冲输出；当 u_C 上升到 $u_C \geq U_P$ 时，I_E 上升，单结

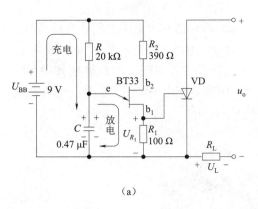
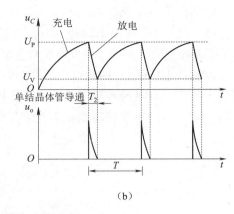

（a）

（b）

图7.16 单结晶体管振荡电路及波形

（a）电路；（b）波形

晶体管导通，于是电容器上电压 u_C 就迅速地通过 R_1 放电，故 R_1 输出一个脉冲去触发晶闸管，放电结果使 u_C 下降，到 $u_C \leqslant u_o$（谷点电压）时，单结晶体管便又截止，$I_E = 0$，R_1 上触发脉冲消失；然后 U_{BB} 又向电容 C 充电，重复上述过程，单结晶体管自激振荡输出的触发脉冲波形如图7.16（b）所示。若充电电阻 R_1 用可变电阻取代，则晶闸管得到的是频率可调的尖脉冲。

4. 单结晶体管的型号及引脚识别

要使每个周期输出电压的平均值相同，就必须使触发电路产生的触发脉冲与电网电压通过一定的方式联系起来，即实现触发电路与主回路的同步。

一个包括触发电路的单相桥式可控整流电路如图7.17所示，此图中的下半部分为主回路，上半部分是单结晶体管触发电路。

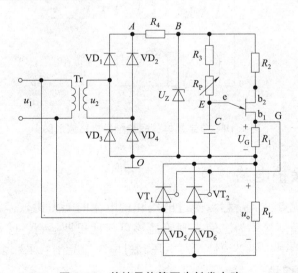

图7.17 单结晶体管同步触发电路

图7.17中，变压器 Tr 称为同步变压器，其初级绕组与主电路接在同一交流电源上，次级电压与主电路交流电源电压频率相同。通过桥式整流，再经稳压管削波而得到梯形波电

163

压，此电压作为单结晶体管的电源电压，即 U_{BB}。当交流电源电压瞬时值过零时，U_{BB} 也为零，电容 C 通过 E、B 和 R_1 迅速放电，使 $u_C = 0$。即电容 C 能在主电路晶闸管开始承受正向电压时从零开始充电，保证了触发电路与主电路严格同步。电路中各点波形如图 7.18 所示。

触发脉冲电压从 R_1 两端取出后同时加到两个晶闸管的控制极，但只能使其中阳极承受正向电压的那一只晶闸管触发导通；在实用中可利用改变充电电阻 R_P 来改变电容的充电时间常数，从而达到改变控制角 α 而使触发脉冲移相的目的。

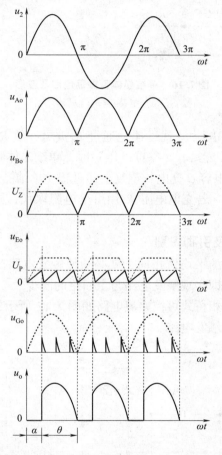

图 7.18　单结晶体管同步触发电路波形图

三、晶闸管保护电路

晶闸管具有很多优点，但是它承受过电压和过电流的能力比较差，很短时间的过电压和过电流就可能损坏晶闸管。为了使晶闸管能够可靠地长期运行，除了合理选择晶闸管器件型号外，在实际应用中，还必须针对过电压和过电流对晶闸管采取多种保护措施。

1. 晶闸管过电流保护

晶闸管的过电流保护方法一般分为两类：一类是器件保护法，即直接在电路中接入保护器件，以吸收或消除电路中的过流或过压；二类是故障控制电路保护法，即通过检测电路取出过电流信号，经过控制电路对主电路进行控制，以抑制和消除过电流。

1）快速熔断器保护

熔断器是最简单有效的保护元件，针对晶闸管热容量小、过流能力差的特点，专门为保护大功率半导体变流元件而制造了快速熔断器，简称快熔。在通常的短路过流时，熔断时间小于 20 ms，能保证在晶闸管损坏之前快速切断短路故障。

快熔的典型接法一般有三种方式：

接入桥臂与晶闸管串联，如图 7.19（a）所示，此时流过快熔的电流就是流过晶闸管的电流，其保护直接可靠，但需要使用较多数量的快熔。

接在交流输出端，如图 7.19（b）所示。

接入直流侧，如图 7.19（c）所示。

后两种接法所用快熔数量较少，但保护效果相对差一些，例如图 7.19（c）的接法，当晶闸管反向击穿导致整流器内部短路时，快熔就不能起到过电流保护作用。

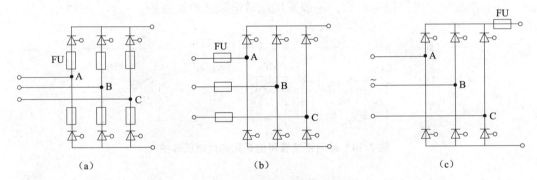

图 7.19　快速熔断器保护电路

选择快熔时要考虑以下几点：快熔的额定电压应大于线路正常工作电压；快熔的额定电流应大于或等于内部熔体的额定电流；熔体的额定电流是有效值，而晶闸管的额定电流 $I_{T(AV)}$ 是正弦半波平均值，其有效值为 $1.57I_{T(AV)}$。

通常熔体额定电流 I_{FV} 的选择应满足条件：

$$I_{Tm} < I_{FV} < 1.57I_{T(AV)} \tag{7.7}$$

在实际选用中，对于小容量装置，也可用普通 RL 系列熔断器代替，此时熔体的额定电流要相应减小，但一般不要小于整流元件额定电流值的 2/3。

2）过电流继电器保护

过电流继电器可设在变流电路的交流侧或直流侧，当发生过电流保障时继电器动作，跳开交流电源开关，从而切断故障电流。因为过电流继电器开关动作时间较长，约为 0.2 s，所以不能直接保护晶闸管元件，主要用来切断交流电源，防止故障的扩大。

3）直流快速开关保护

在容量大、要求高、经常容易短路的场合，还可采用直流快速开关作直流侧过载与短路保护，这种快速开关经特殊设计，它的开关动作时间只有 2 ms，全部断弧时间仅 25～30 ms。

此外，采用相应的电子电路作为过流保护，具有反应速度快，电路设计和安装方法灵活等优点，其过流信号可以从电路各个不同部位取出，抑制过电流可以通过主电路本身的控制能力进行反馈控制，而且过电流保护动作以后，不需要更换元件就可重新投入工作，所以这种过电流保护法能取得较好的实际效果。

晶闸管的各种过电流保护，其作用范围是不相同的，可根据交流电路的运行特点，适当选择多种过电流保护措施，互相协调配合，以取得过电流保护的最佳效果。

2. 晶闸管过电压保护

晶闸管的过电压能力极差，当元件承受的反向电压超过其反向击穿电压时，即使时间很短，也会造成元件反向击穿损坏。在晶闸管电路中，引起过电压主要源于电路中的电感元件，从能量观点分析，过电压的实质是由于电路中电感元件存储的能量瞬时耗散不畅通，而保护器件的主要作用是提供耗散通道，以缓冲能量的耗散速度。晶闸管通常采用的几种过电压保护措施如图 7.20 所示，实际应用时，可根据具体情况，选择一种或者多种保护措施，通常交流侧操作过电压都是瞬时的尖峰电压，常用的过电压保护方法是并接阻容吸收电路，由于直流侧过电压能量较大，一般采用压敏电阻或硒堆保护。

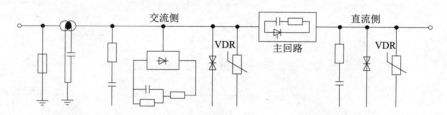

图 7.20　晶闸管装置可能采用的过电压保护

能力训练

一、判断题

1. 可控整流电路的功能就是将交流电变成电压大小可调的直流电。　　　　　（　　）

2. 晶闸管具有很多优点，但是它承受过电压和过电流的能力比较差，很短时间的过电压和过电流就可能损坏晶闸管。　　　　　（　　）

3. 为晶闸管提供有效触发信号的相应电路称为保护电路。　　　　　（　　）

二、单选题

1. 专门为保护晶闸管而制造的快速熔断器的典型接法一般有（　　）种方式。

A. 1　　　　　　　　B. 2　　　　　　　　C. 3　　　　　　　　D. 4

2. 单相桥式半控整流电路是由（　　）组成的。

A. 两个晶闸管和两个二极管

B. 四个晶闸管

C. 四个二极管

D. 三个晶闸管和一个二极管

单元小结

（1）晶闸管（又称可控硅）与二极管的相同点是都具有单向导电性，晶闸管的特殊之处在于其正向导通必须在控制信号触发下才能发生，因此在可控整流、调速、逆变、无触点开关等方面有广泛的用途。

（2）晶闸管可以构成各种整流电路——单相或三相整流电路、半波或全波或桥式整流电路、全控或半控整流电路，而这些电路的正常工作均离不开相应的触发电路与保护电路。

单元检测

一、填空题

1. 晶闸管有_____个极，分别是_____极—用_____表示，_____极—用_____表示，_____极—用_____表示。

2. 晶闸管有_____种保护措施，是_____保护和_____保护。

3. 型号 KP 代表_____晶闸管，型号 KS 代表_____晶闸管。

4. 晶闸管的导通角 θ 与控制角 α 的关系通常是_____。

5. 晶闸管按其封装形式可分为_____、_____、_____三种形式。

6. 单相桥式半控整流电路中使用_____个晶闸管，单相桥式全控整流电路中使用_____个晶闸管。

二、分析计算题

1. 晶闸管导通的条件是什么？怎样才能由导通变为关断？

2. 单向晶闸管导通后，除去控制极电压，为什么还能继续导通？维持单向晶闸管导通的条件是什么？

3. 晶闸管对触发信号有什么要求？

4. 如何用万用表来初步判别晶闸管的电极及好坏？

5. 有一单相半波可控整流电路，负载 R_L 为 10 Ω，交流电源电压为 220 V，控制角 $\alpha = 60°$，求输出电压平均值 U_0 及负载平均电流 I_L。

6. 单相桥式可控整流电路，带 75 Ω 的纯电阻负载，电源电压为 220 V，计算当控制角在 60°~120°范围内调节时，输出电压的调节范围。

拓展阅读

半导体的出现成为 20 世纪现代物理学中一项最重大的突破，标志着电子技术的诞生。由于不同领域的实际需要，促使半导体器件自此分别向两个分支快速发展，一个分支是以集成电路为代表的微电子器件，特点为小功率、集成化，作为信息的检测、传送和处理的工具；而另一分支就是电力电子器件，特点为大功率、快速化。晶闸管发明于 20 世纪 50 年代，因为具有体积小、质量轻、效率高、寿命长的优势，尤其是能以微小的电流控制较大的功率，令半导体电力电子器件成功从弱电控制领域进入了强电控制领域、大功率控制领域。而西安电力电子研究所，则是中国电力电子技术的首创者和领头人，国内行内人士几乎无人不知，它是北京电器院六室于 1967 年迁至西安而成立的，其中还包括了上海电科所一部分科研人员，当时称作西安整流器研究所，专攻大功率电力电子器件，从电流 5 安培整流二极管及晶闸管（可控硅）做起，于 20 世纪 60 年代初研制成功 50 安培 1 800 伏扩散合金法的整流管和可控硅，在当时达到世界领先水平，为我国电力电子器件发展和应用做出了巨大贡献；1974 年，北京市总工会技术交流站北京电力电子交流协会组织北京地区可控硅制造企事业骨干单位——北京椿树整流器厂、北京变压器厂、北京整流器厂、首钢总计控室、北京冶金仪表厂等与清华大学自动化系一起举办"北京可控硅短训班"，把讲课重点放在动态特性和提高可靠性上，总结了优化设计流程、短路发射极结构设计方法、电流放大倍数与结构参数的关系、温度变化与各项参数的关系、电压上升率和电流上升率与结构的关系以及一系列的新工艺等问题，历时三个月，并且集体编写并出版了中国第一本讲述可控硅设计的著作《大功率可控硅元件——原理和设计》，清华大学的顾廉楚教授在整个过程中起了十分关键的作用，在大家共同努力下很快解决了影响可控硅性能的关键技术，使得曾一度落后国外水平的我国可控硅设计、制造技术出现了突飞猛进的局面。

学习单元八

集成运算放大器及其应用

单元描述

场效应管与三极管同属于半导体器件，二者均可组成放大电路；随着科学技术的进步，为了方便应用，将整个放大电路的主要元件均制作在一个硅片上，构成电路单元，这种电路单元具有很高的放大倍数，称为集成运算放大器，简称为集成运放。本单元主要介绍集成运算放大器的组成、集成运算放大器的特性参数、集成运算放大器的典型应用电路、反馈的认识与应用。

学习导航

知识点	(1) 了解集成运算放大器的结构原理。 (2) 熟悉集成运算放大器的功能特点。 (3) 掌握集成运算放大器的典型应用。 (4) 学会对反馈的判断分析
重点	集成运算放大器的典型应用电路
难点	对反馈的判断分析
能力培养	(1) 会判断反馈的极性与类型。 (2) 能分析集成运算放大器典型应用电路
思政目标	通过集成运算放大器的发展应用历程，引导学生树立坚持终身学习的理念
建议学时	12～18 学时

模块一　认识集成运算放大器

先导案例

集成运算放大器是单元电路，具有很高的放大倍数，可以用来放大信号。那么集成运算放大器外部具有哪些引脚？各个引脚承担什么功能？在使用时如何选择具体型号？

一、集成运算放大器的组成

集成运算放大器是由多级基本放大器直接耦合而成的具有很高放大倍数的放大器，其内部一般由输入级、中间级、输出级和偏置电路等四部分组成，如图 8.1 所示。

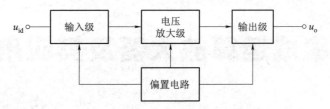

图 8.1　集成运放内部组成方框图

二、集成运算放大器的特性

集成运算放大器是一个多端器件，其电路符号如图 8.2 所示，两个输入端中"＋"为同相输入端，当信号由此端输入时，输出信号和输入信号同相，此端输入电压用 u_+ 表示；"－"为反相输入端，当信号由此端输入时，输出信号和输入信号反相，此端输入电压用 u_- 表示；输出端的"＋"表示输出电压的极性，此端输出电压用 u_o 表示。

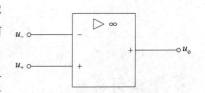

图 8.2　集成运算放大器的电路符号

理想的集成运算放大器具有"二大一小"的特点，即放大倍数大、输入电阻大、输出电阻小，表示为：

开环电压放大倍数 $A_{ud} \to \infty$；

输入电阻 $r_{id} \to \infty$；

输出电阻 $r_{od} \to 0$。

尽管理想集成运放在实际中并不存在，但由于集成运放制造工艺的升级换代，各项性能指标都在不断提高，如现在常用的集成运放其放大倍数已经可以达到 $10^5 \sim 10^7$，输入电阻从几十千欧到几十兆欧，输出电阻很小，仅为几十欧姆，所以在对集成运放的应用电路进行理论分析时，一般可将实际的集成运放看成理想集成运放。

集成运放的传输特性是指输出电压和输入电压之间的关系曲线，如图 8.3 所示。

当集成运放工作在线性区时，输出电压在有限值之间变化，由于 $A_{ud} \to \infty$，分析可得：

$$u_+ \approx u_-$$

即同相端和反相端电压几乎相等，因此可认为两个输入端虚假短路，简称"虚短"。

又由于输入电阻 $r_{id} \to \infty$，分析可得：

$$i_+ = i_- \approx 0$$

即同相端和反相端的电流几乎为零，因此可认为两个输入端虚假断路，简称"虚断"。

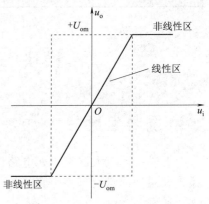

图 8.3　集成运放的传输特性

同相端和反相端任意一端接地，其另一端也相当于接地，称为虚假接地，简称"虚地"。

当集成运放工作在非线性区时，输出电压只有两种状态，即正饱和电压 $+U_{om}$ 和负饱和电压 $-U_{om}$。

当同相端电压大于反相端电压，即 $u_+ > u_-$ 时，$u_o = +U_{om}$；

当反相端电压大于同相端电压，即 $u_+ < u_-$ 时，$u_o = -U_{om}$。

在非线性区，集成运放不存在"虚短"现象，但有 $i_+ = i_- \approx 0$，"虚断"仍然存在。

三、集成运算放大器的分类

集成运算放大器的种类很多，分类方法也不尽相同：

按其用途可分为通用型及专用型两大类；

按其供电电源可分为双电源集成运算放大器和单电源集成运算放大器两类；

按其制作工艺可分为双极型集成运算放大器、单极型集成运算放大器和双极－单极兼容型集成运算放大器三类；

按运放级数可分为单运放、双运放、三运放和四运放四类。

按封装工艺可分为金属圆壳式和塑封双列直插式两种，如图 8.4 所示。

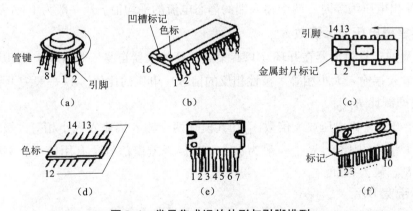

图 8.4 常见集成运放外形与引脚排列

（a）外形 1；（b）外形 2；（c）外形 3；（d）外形 4；（e）外形 5；（f）外形 6

四、集成运算放大器的命名

集成运算放大器的型号一般由五大部分组成，如 CF0741CT 等。

下面以 CF0741CT 为例说明各部分的命名含义。

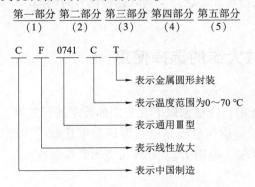

第一部分由字母组成，表示产地代号。"C"代表中国制造。

第二部分由字母组成，表示类型代号。"F"代表线性放大。

第三部分由数字组成，表示系列和品种代号。"0741"代表通用Ⅲ型。

第四部分由字母组成，表示工作温度范围。"C"代表 0~70 ℃。

第五部分由字母组成，表示封装形式。"T"代表金属圆形封装。

五、集成运算放大器的主要参数

1. 输入失调电压 U_{io}

U_{io} 是指在输入电压为零，输出电压不为零（其输出端存在剩余直流电压）时，为了使输出电压为零，加在输入端的补偿电压。U_{io} 一般为 $\pm$ (1~10) mV，U_{io} 越小越好。

2. 输入失调电流 I_{io}

I_{io} 是指输出电压为零时，两个输入端的静态电流的差值，也是两个输入端所加的补偿电流。I_{io} 一般为 1 nA~1 μA，I_{io} 越小越好。

3. 输入偏置电流 I_{id}

I_{id} 是指输出电压为零时，两个输入端的静态电流的平均值。I_{id} 一般为 1 nA~0.1 μA。

4. 开环差模电压放大倍数 A_{uo}

A_{uo} 是指集成运算放大器在开环（只有集成运算放大器自身）情况下，输出电压和输入差模（两个输入端输入大小相等、极性相反的信号）电压的比值。A_{uo} 一般为 10^5~10^7。

5. 共模抑制比 K_{CMR}

K_{CMR} 是指开环差模电压放大倍数 A_{uo} 和共模（两个输入端输入大小相等、极性相同的信号）电压放大倍数的比值。K_{CMR} 一般为 10^4~10^8。因差模信号是有用信号，共模信号是无用信号，故 K_{CMR} 越大越好。

6. 开环带宽 BW

BW 是指 A_{uo} 随频率升高，下降到 0.707 倍时对应的频率范围。

7. 输入电阻 R_{id}

R_{id} 是指集成运算放大器在开环状态下输入差模信号时的输入电阻。R_{id} 一般为 10^5~10^6 Ω，R_{id} 越大越好。

8. 输出电阻 R_o

R_o 是指集成运算放大器在开环状态下输入差模信号时的输出电阻。R_o 一般为 10^2~10^3 Ω，R_o 越小越好。

六、集成运算放大器的选择使用

1. 集成运放的选用

集成运算放大器的选用，应根据以下几方面的要求进行选择。

（1）信号源的性质：根据信号源是电压源还是电流源、内阻大小、输入信号的幅值及频率的变化范围等，选择输入电阻 R_{id}、开环带宽 BW 等参数。

（2）负载的性质：根据负载电阻的大小，选择输出电压和输出电流的幅值等参数，对于容性负载或感性负载，还要考虑它们对频率参数的影响。

（3）精度要求：根据对模拟信号的处理，如放大、运算等，确定精度要求，选择开环差模电压放大倍数 A_{uo}、失调电压 U_{io}、失调电流 I_{io} 等参数。

（4）环境条件：根据环境温度的变化范围，选择运放的失调电压及失调电流的温漂参数；根据所能提供的电源，选择运放的电源电压；根据对功耗有无限制，选择功耗。

根据上述分析就可以通过查阅手册等手段选择某一型号的运放了，从性能价格比方面考虑，应尽量选用通用型运放，只有在通用型运放不满足应用要求时才选用特殊型运放。

2. 使用时注意事项

（1）集成运放的外引脚（管脚）。目前集成运放的常见封装方式有金属壳封装和双列直插式封装，而且以后者居多。双列直插式有 8、10、12、14、16 脚等种类，虽然它们的外引线排列日趋标准化，但各制造厂仍略有区别。因此，使用运放前必须查阅有关手册，辨认管脚，以便正确连线。

（2）参数测量。使用运放之前往往要用简易测试法判断其好坏，例如用万用表中间挡（"×100 Ω" 或 "×1 kΩ" 挡，避免电流或电压过大）对照管脚测试有无短路和断路现象，必要时还可采用专用测试设备量测运放的主要参数。

（3）调零或调整偏置电压。由于失调电压及失调电流的存在，输入为零时输出往往不为零。对于内部无自动稳零措施的运放需外加调零电路，使之在零输入时输出为零。

对于单电源供电的运放，有时还需在输入端加直流偏置电压，设置合适的静态输出电压，以便能放大正、负两个方向的变化信号。

（4）消除自激振荡。为防止电路产生自激振荡，应在运放的电源端加上去耦电容，有些集成运放还需外接频率补偿电容 C，应注意接入合适容量的电容。

3. 集成运放的保护措施

（1）输入端保护。当输入端所加的电压过高时会损坏集成运放，可在输入端加入两个反向并联的二极管，将输入电压限制在二极管的正向压降以内。

（2）输出端保护。为了防止输出电压过大，可在输入端和输出端串联一个双向稳压管，将输出电压限制在稳压管的稳压值 U_Z 的范围内。

（3）电源保护。为了防止正负电源接反，可用二极管进行保护，若电源接错，二极管反向截止，集成运放上无电压。

能力训练

一、判断题

1. 集成运算放大器，简称集成运放，是具有很高放大倍数的集成电路。（　　）

2. 理想的集成运算放大器具有"二大一小"的特点，即放大倍数大、输入电阻大、输出电阻小。（　　）

3. 集成运算放大器中标注 "+" 的输入端为反相输入端。（　　）

二、单选题

1. 集成运放正常工作状态包括（　　）。

A. 线性区　　　　　　B. 非线性区　　　　　　C. 线性区和非线性区　　　　D. 不确定

2. 集成运放内部一般由（　　）部分组成。

A. 1　　　　　　　　B. 2　　　　　　　　C. 3　　　　　　　　D. 4

模块二　集成运算放大器应用电路中的反馈

先导案例

集成运放在应用中具有线性和非线性两个工作状态——如果不外接反馈电路，集成运放将处于非线性工作状态；如果外接相应的正反馈电路，集成运放也将处于非线性工作状态；如果外接相应的负反馈电路，集成运放将处于线性工作状态，因为集成运放在应用中与反馈电路联系紧密，所以要专门讲解反馈的相关知识。

一、反馈的概念

在电路中，将放大电路输出量（电压或电流）的一部分或全部，通过某些元件或网络（称为反馈网络），重新送回到放大电路输入端，来影响原输入量（电压或电流）的过程称为反馈。

带有反馈的放大器称为反馈放大器，其组成示意图如图8.5所示；反馈放大器由 A 基本放大器和 F 反馈网络两部分组成，共同构成一个闭环回路，输入信号 x_i（x 可以是电压，也可以是电流）与反馈信号 x_f 相比较（叠加），得到净输入量 x_{id}，x_{id} 经 A 基本放大器放大获得输出信号 x_o；若放大器中没有反馈网络，称之为开环放大器。

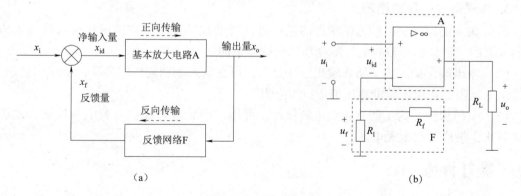

（a）　　　　　　　　　　　　　　　　　　　（b）

图8.5　反馈放大器

（a）反馈放大器组成框图；（b）反馈放大器的一个典型电路

二、反馈极性的判断

反馈按照极性可分为正反馈与负反馈；在反馈放大器中，反馈量 x_f 使放大器净输入量 x_{id} 得到增强（$x_{id} > x_i$）的反馈称为正反馈；反馈量 x_f 使净输入量 x_{id} 减弱（$x_{id} < x_i$）的反馈称为负反馈。

在单个集成运放组成的闭环放大器中，如图 8.6（a）所示，如果反馈网络连接到反相输入端，则这个反馈极性为负，反馈信号 x_f 和输入信号 x_i 相位相反，净输入信号 x_{id} 减弱；如图 8.6（b）所示，如果反馈网络连接到同相输入端，则这个反馈极性为正，此时反馈信号 x_f 和输入信号 x_i 相位相同，净输入信号 x_{id} 增强。

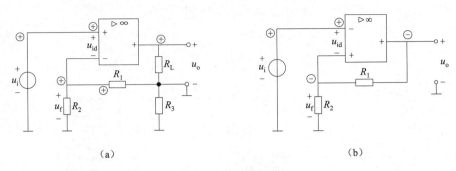

（a）　　　　　　　　　　　　　（b）

图 8.6　反馈的极性

（a）负反馈；（b）正反馈

三、反馈类型的分析

1. 电压反馈与电流反馈

根据反馈量在放大电路输出端的取样方式不同，反馈可分为电压反馈与电流反馈两种类型。如图 8.7（a）所示，反馈信号取自输出电压，这种反馈是电压反馈；如图 8.7（b）所示，反馈信号取自输出电流，这种反馈是电流反馈。电压反馈的作用是稳定输出电压，同时减小输出电阻；电流反馈的作用是稳定输出电流，同时增大输出电阻。

判断电压反馈与电流反馈的常用方法有两种，即负载开路法与负载短路法。

负载开路法：若负载开路（$R_L \to \infty$），仍然有反馈信号（$u_f \neq 0$），则为电压反馈；若负载开路（$R_L \to \infty$），此刻无反馈信号（$u_f = 0$），则为电流反馈。

负载短路法：若负载短路（$R_L \to 0$），此刻无反馈信号（$u_f = 0$），则为电压反馈；若负载短路（$R_L \to 0$），仍然有反馈信号（$u_f \neq 0$），则为电流反馈。

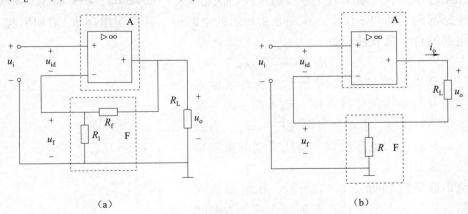

（a）　　　　　　　　　　　　　（b）

图 8.7　电压反馈与电流反馈

（a）电压反馈；（b）电流反馈

2. 串联反馈与并联反馈

根据反馈信号与输入信号在放大电路输入端的叠加方式不同，反馈可分为串联反馈和并联反馈两种类型，如图 8.8（a）所示，反馈信号与输入信号串联，这种反馈是串联反馈；如图 8.8（b）所示，反馈信号与输入信号并联，这种反馈是并联反馈；串联反馈的作用是增大输入电阻，并联反馈的作用是减小输入电阻。

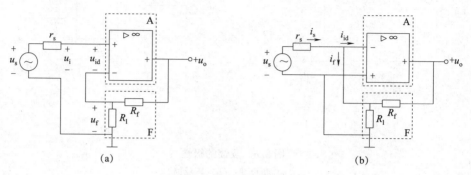

图 8.8　串联反馈与并联反馈

判断串联反馈与并联反馈的常用方法是：若反馈信号与输入信号接在同一输入端，则为并联反馈；若反馈信号与输入信号接在不同输入端，则为串联反馈。

3. 反馈放大器的四种类型

反馈放大器根据输出端的取样方式和输入端的连接方式，可以组成四种不同类型——电压串联负反馈、电压并联负反馈、电流串联负反馈、电流并联负反馈。

电压串联负反馈如图 8.9 所示，在电路输入端，反馈信号与输入信号接在不同输入端，为串联反馈；在电路输出端，若负载开路（$R_L \to \infty$），仍然有反馈信号（$u_f \neq 0$），为电压反馈。电压反馈的重要特性是能稳定输出电压，利用输出电压本身通过反馈网络来对放大电路起到自动调整作用。

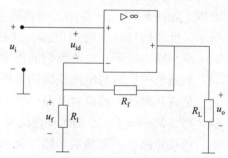

图 8.9　电压串联负反馈电路

在图 8.9 所示的电路中，若负载电阻 R_L 增加引起 u_o 的增加，则电路的自动调节过程如下：

$$R_L \uparrow \to u_o \uparrow \to u_f \uparrow \to u_{id} \downarrow \to u_o \downarrow$$

电压并联负反馈如图 8.10 所示，在电路输入端，反馈信号与输入信号接在同一输入端，为并联反馈；在电路输出端，若负载开路（$R_L \to \infty$），有反馈信号（$u_f \neq 0$），为电压反馈。电压反馈的重要特性是能稳定输出电压。

电流串联负反馈如图 8.11 所示，在电路输入端，反馈信号与输入信号接在不同输入端，为串联反馈；在电路输出端，若负载开路（$R_L \to \infty$），无反

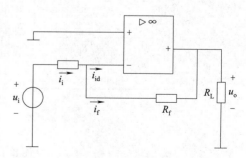

图 8.10　电压并联负反馈电路

馈信号（$u_f = 0$），为电流反馈。电流反馈的重要特性是能稳定输出电流，即利用输出电流本身通过反馈网络来对放大器起到自动调整作用，在图 8.11 所示的电路中，若负载电阻 R_L 减小引起 i_o 的增加，则电路的自动调节过程如下：

$$R_L \downarrow \to i_o \uparrow \to u_f \uparrow \to u_{id} \downarrow \to i_o \downarrow$$

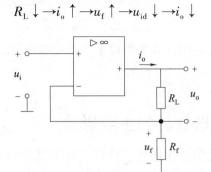

图 8.11　电流串联负反馈电路

电流并联负反馈如图 8.12 所示，在电路输入端，反馈信号与输入信号接在同一输入端，为并联反馈；在电路输出端，若负载开路（$R_L \to \infty$），无反馈信号（$u_f = 0$），为电流反馈。电流反馈的重要特性是能稳定输出电流。

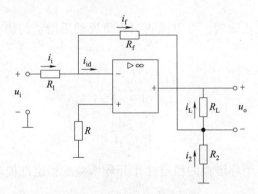

图 8.12　电流并联负反馈电路

4. 负反馈放大器的基本关系式

负反馈放大器的方框图如图 8.13 所示，根据此方框图可得负反馈放大器的基本关系式。

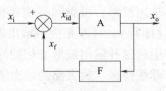

**图 8.13　负反馈放大器的
方框图**

净输入量：$x_{id} = x_i - x_f$

开环放大倍数：$A = \dfrac{x_o}{x_{id}}$

反馈系数：$F = \dfrac{x_f}{x_o}$

闭环放大倍数：$A_f = \dfrac{x_o}{x_i} = \dfrac{x_o}{x_{id} + x_f} = \dfrac{A}{1 + AF}$

闭环放大倍数 A_f 是开环放大倍数 A 的 $\dfrac{1}{1 + AF}$，小于 A，表明放大器加负反馈后，放大倍数下降。$1+AF$ 为反馈深度，反映了反馈的强弱，即 $1+AF$ 越大，反馈越深，A_f 越小。

当负反馈放大器的反馈深度 $1+AF \gg 1$ 时，称为深度负反馈放大器。在深度负反馈的情况下，有

$$A_f = \frac{1}{1+AF} A \approx \frac{A}{AF} = \frac{1}{F}$$

这说明在深度负反馈放大器中，放大倍数主要由反馈系数决定，此时有

$$x_i \approx x_f, \quad x_{id} \approx 0$$

这也是深度负反馈的主要特点。

四、负反馈对放大器性能的主要影响

放大电路在工作时，因受到工作环境、负载变化等诸多因素的影响，其工作状态难以稳定；通常在放大器中引入负反馈，其主要目的就是稳定放大器的工作状态，而根据 A_f 与 A 的关系可知，引入负反馈后，放大器的放大倍数（增益）将会下降，即放大器工作的稳定是通过减小放大倍数获得的。

1. 提高增益的稳定性

增益的稳定性是用增益的相对变化量来衡量的，通过闭环增益的相对变化量 $\left(\dfrac{\mathrm{d}A_f}{A_f}\right)$ 与开环增益的相对变化量 $\left(\dfrac{\mathrm{d}A}{A}\right)$ 相比较，可以说明引入负反馈后增益的稳定性的提高。

通过数学推导可得

$$\frac{\mathrm{d}A_f}{A_f} = \frac{1}{1+AF} \frac{\mathrm{d}A}{A}$$

$$\frac{\mathrm{d}A_f}{A_f} < \frac{\mathrm{d}A}{A}$$

即 $\dfrac{\mathrm{d}A_f}{A_f}$ 是 $\dfrac{\mathrm{d}A}{A}$ 的 $\dfrac{1}{1+AF}$，表明闭环增益的稳定性比开环增益的稳定性提高到 $(1+AF)$ 倍。

2. 减小非线性失真

实验演示电路如图 8.14 所示，信号发生器提供的正弦波电压信号（频率为 1 kHz，峰值电压为 1 V），作为放大电路的输入信号，将开关 S 断开（开环），用示波器观察相应的输出波形，可看到其输出波形出现明显的失真，如图 8.14（b）所示；再将开关 S 闭合（闭环），观察相应的输出波形，可看到失真波形出现明显的改善，如图 8.14（c）所示。引起这种输出波形变化的原因是：在开环放大器中，因为开环增益很大，使放大器工作在非线性区，放大路的输出波形为双向失真波形；当开关闭合后，电路加上了负反馈，电路增益减小，放大器工作在线性区，输出波形接近标准的正弦波，这种对比证明负反馈能减小非线性失真，引入负反馈后，其非线性失真减小到原来的 $\dfrac{1}{1+AF}$。

3. 扩展通频带

在阻容耦合放大器中，输入信号在低频区和高频区时，其放大倍数均会下降，如图 8.15 所示。因为负反馈具有稳定增益的作用，所以在低频区和高频区放大倍数下降的速

度将变慢，相当于通频带变宽；引入负反馈后，通频带扩展为原来的（$1+AF$）倍。

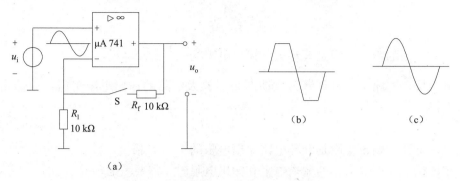

图 8.14 非线性失真演示电路与输出波形

（a）演示电路；（b）、（c）波形

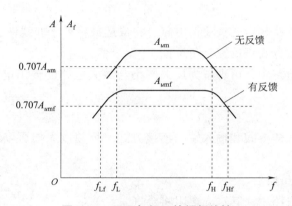

图 8.15 开环与闭环的幅频特性

4. 改变输入电阻和输出电阻

负反馈对输入电阻的影响，取决于反馈网络在输入端的连接方式是串联还是并联，而与输出端取样方式无关。

在串联负反馈电路中，反馈网络与放大电路的输入电阻串联，故输入电阻增大。分析可得：

$$r_{if}=(1+AF)r_i$$

即串联负反馈电路的输入电阻是开环电路输入电阻的（$1+AF$）倍。

在并联负反馈电路中，反馈网络与放大电路的输入电阻并联，故输入电阻减小。分析可得：

$$r_{if}=\frac{1}{1+AF}r_i$$

即并联负反馈电路的输入电阻是开环电路输入电阻的$\frac{1}{1+AF}$。

负反馈对输出电阻的影响，取决于反馈取样方式是电压还是电流，而与反馈网络在输入端的连接方式无关。

在电压负反馈电路中，可理解为反馈网络与放大电路的输出电阻并联，故输出电阻减小。分析可得：

$$r_{of} = \frac{1}{1 + AF} r_o$$

即电压负反馈电路的输出电阻是开环电路输出电阻的 $\frac{1}{1 + AF}$。

在电流负反馈电路中，可理解为反馈网络与放大电路的输出电阻串联，故输出电阻增大。分析可得：

$$r_{of} = (1 + AF) r_o$$

即电压负反馈电路的输出电阻是开环电路输出电阻的 $1 + AF$ 倍。

注：在讨论负反馈放大器的输入电阻和输出电阻时，需要考虑环外电阻。

能力训练

一、判断题

1. 集成运放如果外接相应的负反馈电路，集成运放将处于非线性工作状态。　（　　）

2. 反馈按照极性可分为正反馈与负反馈。　（　　）

3. 在电压负反馈电路中，可理解为反馈网络与放大电路的输出电阻并联，故输出电阻增加。　（　　）

二、单选题

1. 根据输出端的取样方式和输入端的连接方式，反馈放大器可以组成（　　）种不同类型。

A. 1　　　　　　　　B. 2　　　　　　　　C. 3　　　　　　　　D. 4

2. 在串联负反馈电路中，其输入电阻将会（　　）。

A. 增大　　　　　　B. 不变　　　　　　C. 减小　　　　　　D. 不能确定

模块三　集成运算放大器的线性应用

先导案例

集成运放在应用中具有线性和非线性两个工作状态，如果外接相应的负反馈电路，而且其反馈深度 $1 + AF \gg 1$，集成运放将构成深度负反馈放大器，可以实现比例运算、加减法运算、微积分运算等数学运算功能的一系列集成运算电路。

一、比例运算放大器

1. 反相输入比例运算放大器

反相输入比例运算放大器如图 8.16 所示，分析其电路可知：此电路为电压并联负反馈放大器，其中的集成运算放大器工作在线性状态。为了保证集成运算放大器处在平衡对称的工作状态，同相输入端加平衡电阻 R_2，使得反相端与同相端外接电阻相等，即 $R_2 =$

$R_1 /\!/ R_f$。

根据"虚短"有 $u_+ \approx u_-$，根据"虚断"有 $i_+ = i_- \approx 0$，可得 $u_A = u_+ \approx u_- = 0$，$A$ 点为"虚地"点，$i_1 = i_f$，则有：

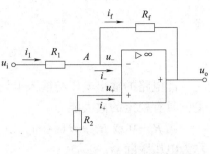

$$i_1 = \frac{u_i}{R_1}, \quad i_f = \frac{0 - u_o}{R_f} = -\frac{u_o}{R_f}$$

所以

$$\frac{u_i}{R_1} = -\frac{u_o}{R_f}$$

即

图 8.16　反相输入比例运算放大器

$$A_{uf} = -\frac{R_f}{R_1}$$

或

$$u_o = -\frac{R_f}{R_1} u_i$$

此电路的输出电压与输入电压成比例关系，且相位相反，此电路的放大倍数与负载无关，具有稳定的放大能力。

当 $R_1 = R_f = R$ 时，$u_o = -u_i$，输入电压与输出电压大小相等，相位相反，此电路被称为反相器。

由于反相输入比例运算放大器是深度电压并联负反馈，所以，对应输入电阻为

$$r_{if} = R_1 + \frac{r_i}{1 + AF} \approx R_1$$

对应输出电阻为：

$$r_{of} = \frac{r_o}{1 + AF} \approx 0$$

2. 同相输入比例运算放大器

同相输入比例运算放大器如图 8.17 所示，分析其电路可知其为电压串联负反馈放大器，其中的集成运算放大器工作在线性状态。为了保证集成运算放大器处在平衡对称的工作状态，同相输入端加平衡电阻 R_2，使得反相端与同相端外接电阻相等，即 $R_2 = R_1 /\!/ R_f$。

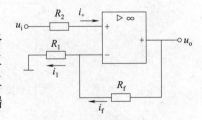

根据"虚短"有 $u_+ \approx u_-$，根据"虚断"有 $i_+ = i_- \approx 0$，可得 $u_i = u_+ \approx u_-$，$i_1 = i_f$，则有：

图 8.17　同相输入比例
运算放大器

$$i_1 = \frac{0 - u_-}{R_1} = -\frac{u_i}{R_1}, \quad i_f = \frac{0 - u_o}{R_f + R_1} = -\frac{u_o}{R_f + R_1}$$

所以

$$-\frac{u_i}{R_1} = -\frac{u_o}{R_f + R_1}$$

即

$$A_{uf} = \frac{u_o}{u_i} = 1 + \frac{R_f}{R_1}$$

或

$$u_o = \left(1 + \frac{R_f}{R_1}\right)u_i$$

此电路的输出电压与输入电压成比例关系，且相位相同，此电路的放大倍数和负载无关，具有稳定的放大能力。

当 $R_f = 0$ 或 $R_1 \rightarrow \infty$ 时，$u_o = u_i$，即输出电压与输入电压大小相等，相位相同，此电路被称为电压跟随器。

由于同相输入比例运算放大器是深度电压串联负反馈，所以，此电路的输入电阻为

$$r_{if} = (1 + AF)r_i$$

此电路的输出电阻为：

$$r_{of} = \frac{r_o}{1 + AF} \approx 0$$

二、加法运算放大器

1. 反相加法运算放大器

反相加法运算放大器相应电路如图 8.18（a）所示，在反相比例运算放大器中增加若干个输入端，可构成反相加法运算放大器。R_4 为平衡电阻，$R_4 = R_1 /\!/ R_2 /\!/ R_3 /\!/ R_f$。

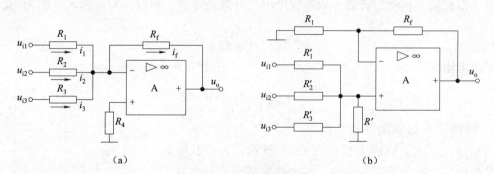

图 8.18　加法运算放大器

（a）反相加法运算放大器；（b）同相加法运算放大器

根据"虚断"的概念可得：

$$i_f = i_i$$
$$i_i = i_1 + i_2 + i_3$$

再根据"虚地"的概念可得：

$$i_1 = \frac{u_{i1}}{R_1}, \quad i_2 = \frac{u_{i2}}{R_2}, \quad i_3 = \frac{u_{i3}}{R_3}$$

则有

$$u_o = -R_1 i_f = -R_f\left(\frac{u_{i1}}{R_1} + \frac{u_{i2}}{R_2} + \frac{u_{i3}}{R_3}\right)$$

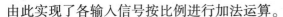

由此实现了各输入信号按比例进行加法运算。

当取 $R_1 = R_2 = R_3 = R_f$ 时，则 $u_o = -(u_{i1} + u_{i2} + u_{i3})$，实现了各输入信号反相相加。

2. 同相加法运算放大器

同相加法运算放大器相应电路如图8.18（b）所示，在同相比例运算放大器中增加若干个输入端，构成同相加法运算放大器。

根据"虚断"时 $i_+ \approx 0$，可得：

$$\frac{u_{i1} - u_+}{R_1'} + \frac{u_{i2} - u_+}{R_2'} + \frac{u_{i3} - u_+}{R_3'} = \frac{u_+}{R'}$$

整理上式可得：

$$u_+ = \frac{R_+}{R_1'}u_{i1} + \frac{R_+}{R_2'}u_{i2} + \frac{R_+}{R_3'}u_{i3}$$

其中：

$$R_+ = R_1' /\!/ R_2' /\!/ R_3' /\!/ R'$$

再根据"虚短"时 $u_+ = u_-$，可得：

$$u_o = \left(1 + \frac{R_f}{R_1}\right)u_- = \left(1 + \frac{R_f}{R_1}\right)u_+$$

$$= \left(1 + \frac{R_f}{R_1}\right)\left(\frac{R_+}{R_1'}u_{i1} + \frac{R_+}{R_2'}u_{i2} + \frac{R_+}{R_3'}u_{i3}\right)$$

由此实现了各输入信号按比例进行加法运算。

【例8.1】 电路如图8.19所示，其中 $R_{f1} = 20\ \text{k}\Omega$，$R_{f2} = 100\ \text{k}\Omega$，试分析计算此电路中其他电阻的大小，以实现运算关系 $u_o = 0.2u_{i1} - 10u_{i2} + 1.3u_{i3}$。

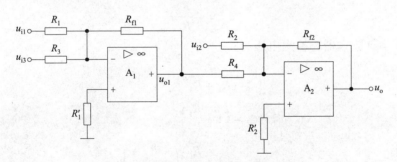

图8.19 集成运放典型运算电路

解： 由图8.19可知 A_1、A_2 构成反相加法运算放大器。则有：

$$u_o = -\left(\frac{R_{f2}}{R_4}u_{o1} + \frac{R_{f2}}{R_2}u_{i2}\right) = -(u_{o1} + 10u_{i2})$$

$$u_{o1} = -\left(\frac{R_{f1}}{R_1}u_{i1} + \frac{R_{f1}}{R_3}u_{i3}\right) = -(0.2u_{i1} + 1.3u_{i3})$$

比较得：

$$\frac{R_{f1}}{R_1} = 0.2, \quad \frac{R_{f1}}{R_3} = 1.3, \quad \frac{R_{f2}}{R_4} = 1, \quad \frac{R_{f2}}{R_2} = 10$$

选 $R_{f1} = 20\ \text{k}\Omega$，得：

$$R_1 = 100 \text{ k}\Omega, \ R_3 = 15.4 \text{ k}\Omega$$

选 $R_{f2} = 100 \text{ k}\Omega$，得：

$$R_4 = 100 \text{ k}\Omega, \ R_2 = 10 \text{ k}\Omega$$
$$R_1' = R_1 /\!/ R_3 /\!/ R_{f1} = 8 \ (\text{k}\Omega)$$
$$R_2' = R_2 /\!/ R_4 /\!/ R_{f2} = 8.3 \ (\text{k}\Omega)$$

三、减法运算放大器

能实现减法运算的放大器如图8.20（a）所示，当 $u_{i1} = 0$ 时，该减法运算放大器为反相比例运算放大器，如图8.20（b）所示；当 $u_{i2} = 0$ 时，该减法运算放大器为同相比例运算放大器，如图8.20（c）所示；减法运算放大器可以看作是反相比例运算放大器和同相比例运算放大器二者的叠加电路。

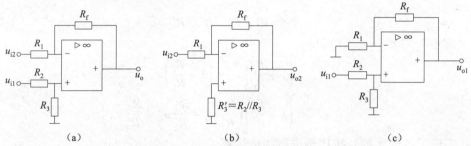

图8.20　减法运算放大器

反相比例运算放大器，输出电压为：

$$u_{o2} = -\frac{R_f}{R_1} u_{i2}$$

同相比例运算放大器，输出电压为：

$$u_+ = \frac{R_3}{R_2 + R_3} u_{i1}$$

$$u_{o2} = \left(1 + \frac{R_f}{R_1}\right) u_+$$

$$u_{o2} = \left(1 + \frac{R_f}{R_1}\right)\left(\frac{R_3}{R_2 + R_3}\right) u_{i1}$$

则减法运算放大器的输出电压为：

$$u_o = u_{o1} + u_{o2} = -\frac{R_f}{R_1} u_{i2} + \left(1 + \frac{R_f}{R_1}\right) u_{i1}$$

$$= \left(1 + \frac{R_f}{R_1}\right)\left(\frac{R_3}{R_2 + R_3}\right) u_{i1} - \frac{R_f}{R_1} u_{i2}$$

当取 $R_1 = R_2 = R_3 = R_f$，则 $u_o = u_{i1} - u_{i2}$，实现了对应电路的输入信号相减。

四、微积分运算放大器

1. 积分运算放大器

反相积分运算放大器电路如图8.21（a）所示，根据"虚短"有 $u_+ \approx u_-$，根据"虚

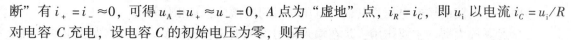

断"有 $i_+ = i_- \approx 0$，可得 $u_A = u_+ \approx u_- = 0$，$A$ 点为"虚地"点，$i_R = i_C$，即 u_i 以电流 $i_C = u_i/R$ 对电容 C 充电，设电容 C 的初始电压为零，则有

$$u_o = -\frac{1}{C}\int i_C \mathrm{d}t = -\frac{1}{C}\int \frac{u_i}{R}\mathrm{d}t = -\frac{1}{RC}\int u_C \mathrm{d}t$$

表明：此电路的输出电压为其输入电压对时间的积分，且相位相反。

当 u_i 为常量时，有

$$u_o = -\frac{u_i}{RC}t$$

显然，此电路的输出电压与时间呈线性关系，其输出电压的高低反映了时间的长短。

积分运算放大器的主要作用是实现波形转换。如图 8.21（b）所示，可将矩形波转换成三角波。

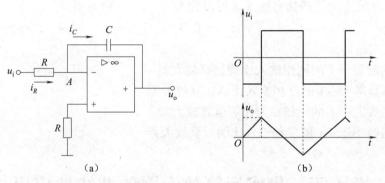

图 8.21　积分运算放大器及波形转换

（a）积分运算放大器；（b）波形转换图

2. 微分运算放大器

将积分运算放大器中的 R 和 C 互换，就可得到微分运算放大器，如图 8.22（a）所示。根据"虚短"时 $u_+ \approx u_-$，"虚断"时 $i_+ = i_- \approx 0$，可得 $u_A = u_+ \approx u_- = 0$，$A$ 点为"虚地"点，$i_R = i_C$。设电容 C 的初始电压为零，则有

$$i_C = i_R = C\frac{\mathrm{d}u_i}{\mathrm{d}t}$$

$$u_o = -i_R R = -RC\frac{\mathrm{d}u_i}{\mathrm{d}t}$$

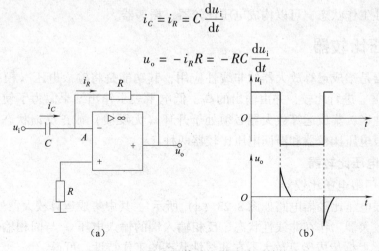

图 8.22　微分运算放大器及波形转换

（a）微分运算放大器；（b）波形转换图

表明：此电路的输出电压为其输入电压对时间的微分，且相位相反。

微分运算放大器的主要作用，是在输入信号突变时，输出尖脉冲电压，如图 8.22（b）所示。

能力训练

一、判断题

1. 积分运算放大器可将矩形波转换成三角波。 （ ）
2. 集成运算电路中的集成运算放大器一定工作在线性状态。 （ ）
3. 对于比例运算放大器，其放大倍数和负载无关，具有稳定的放大能力。 （ ）

二、单选题

1. 比例运算放大器按照信号输入端可以分为（ ）种类型。

A. 1   B. 2   C. 3   D. 4

2. 电压跟随器通常是（ ）。

A. 放大倍数等于 1 的同相输入比例运算放大器

B. 放大倍数等于 -1 的反相输入比例运算放大器

C. 放大倍数大于 1 的同相输入比例运算放大器

D. 放大倍数小于 -1 的反相输入比例运算放大器

模块四　集成运算放大器的非线性应用

先导案例

集成运放在应用中具有线性和非线性两个工作状态——如果不外接反馈电路，集成运放将处于非线性工作状态，可以构成电压比较器；如果外接相应的正反馈电路，集成运放也将处于非线性工作状态，可以构成电压比较器、振荡器。

一、电压比较器

电压比较器是集成运算放大器的非线性应用，其功能是将输入电压（模拟量）与标准电压（参考电压）进行比较，并由输出的高、低电平表示输出结果。为了使集成运算放大器工作在非线性区，集成运算放大器必须处于开环（无反馈）或正反馈状态，典型的电压比较器有单门限电压比较器和滞回电压比较器两种。

1. 单门限电压比较器

1）反相单门限电压比较器

反相单门限电压比较器电路如图 8.23（a）所示，其中集成运算放大器处于开环状态，所以集成运算放大器工作在非线性状态。反相输入端的输入电压 u_i 与同相输入端的参考电压 U_{REF} 相比较，根据集成运算放大器在非线性状态的工作特性，可得：

$$u_i > U_{REF}，即 \ u_+ < u_- \ 时 \ u_o = -U_{om}（低电平）$$

$$u_i < U_{REF}，即 u_+ > u_- 时 u_o = +U_{om}（高电平）$$

其传输特性如图8.23（b）所示。

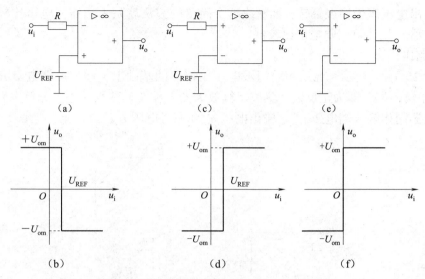

图8.23　单门限电压比较器电路与传输特性

2）滞回单门限电压比较器

其对应电路如图8.23（c）所示，同相输入端的输入电压 u_i 与反相输入端的参考电压 U_{REF} 相比较，则有

$$u_i > U_{REF}，即 u_+ > u_- 时 u_o = +U_{om}（高电平）$$
$$u_i < U_{REF}，即 u_+ < u_- 时 u_o = -U_{om}（低电平）$$

其传输特性如图8.23（d）所示。

3）过零电压比较器

对应电路如图8.23（e）所示，其参考电压 $U_{REF} = 0$ V。当输入电压为零时，输出电压发生突变，传输特性如图8.23（f）所示。

过零电压比较器可将输入的正弦波转换成矩形波，如图8.24所示。

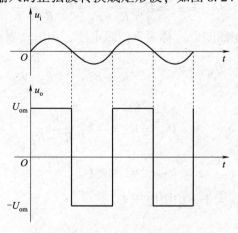

图8.24　过零电压比较器波形转换

2. 滞回电压比较器

单门限电压比较器在工作时，由于只有一个翻转电压，如果门限电压附近有干扰信号，就会导致输出电压产生错误翻转，而解决这个问题的方法就是采用滞回电压比较器（双门限电压比较器）代替单门限电压比较器。

1）电路组成

如图 8.25（a）所示，在反相单门限电压比较器的基础上，增加反馈电阻 R_f，反馈电阻 R_f 接同相输入端，即为正反馈，集成运算放大器工作在非线性状态；分析电路可知，集成运算放大器同相输入端电压 u_+ 是输出电压 u_o 和参考电压 U_{REF} 的叠加。

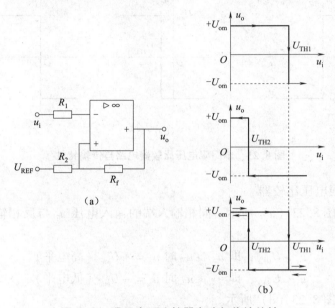

图 8.25　滞回电压比较器电路与传输特性

（a）滞回电压比较器电路；（b）传输特性

当 $u_o = +U_{om}$ 时，同相端电压 u_+ 称为上门限电压，用 U_{TH1} 表示，则有

$$U_{TH1} = u_+ = U_{REF}\frac{R_f}{R_f + R_2} + U_{om}\frac{R_2}{R_2 + R_f}$$

当 $u_o = -U_{om}$ 时，同相端电压 u_+ 称为下门限电压，用 U_{TH2} 表示，则有

$$U_{TH2} = u_+ = U_{REF}\frac{R_f}{R_f + R_2} - U_{om}\frac{R_2}{R_2 + R_f}$$

若 $U_{REF} = 0$，则有

$$U_{TH1} = u_+ = +U_{om}\frac{R_2}{R_2 + R_f}$$

$$U_{TH2} = u_+ = -U_{om}\frac{R_2}{R_2 + R_f}$$

可见：上门限电压 U_{TH1} 大于下门限电压 U_{TH2}。

2）传输特性

滞回电压比较器的传输特性如图 8.25（b）所示。当输入电压 u_i 从零开始增加时，电

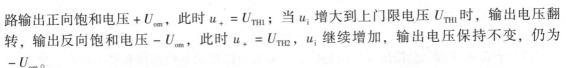

路输出正向饱和电压 $+U_{om}$，此时 $u_+ = U_{TH1}$；当 u_i 增大到上门限电压 U_{TH1} 时，输出电压翻转，输出反向饱和电压 $-U_{om}$，此时 $u_+ = U_{TH2}$，u_i 继续增加，输出电压保持不变，仍为 $-U_{om}$。

当输入电压 u_i 从峰值开始下降时，降到上门限电压 U_{TH1} 时，输出电压不翻转，只有降到下门限电压 U_{TH2} 时，输出电压翻转，输出正向饱和电压 $+U_{om}$。

可以看出，滞回比较器的传输特性具有滞回特性。

3）回差电压 ΔU_{TH}

上门限电压 U_{TH1} 与下门限电压 U_{TH2} 之差称为回差电压，用 ΔU_{TH} 表示，则有

$$\Delta U_{TH} = U_{TH1} - U_{TH2} = 2U_{om}\frac{R_2}{R_2 + R_f}$$

回差电压的存在，极大地提高了电路的抗干扰能力；只要干扰信号的峰值小于半个回差电压，比较器就不会因为干扰而误翻转；回差电压越大，抗干扰能力越强。

二、正弦波振荡器

不需要外加激励信号，电路就能产生输出信号的电路称为信号发生器或波形振荡器，而能产生正弦波输出信号的电路称为正弦波振荡器。

1. 正弦波振荡器基础

1）自激振荡的条件

正弦波振荡器能产生并输出正弦波信号，是基于自激振荡原理；自激振荡原理的方框图如图 8.26 所示，正弦波振荡器是由集成运算放大器 A 和正反馈网络 F 组成的正反馈闭环电路，根据方框图可得：

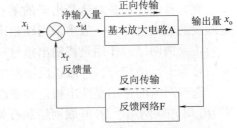

图 8.26　自激振荡原理的方框图

净输入量

$$x_{id} = x_i + x_f$$

放大倍数

$$A = \frac{x_o}{x_{id}}$$

反馈系数

$$F = \frac{x_f}{x_o}$$

综合可得

$$x_o = Ax_{id} = A(x_i + x_f) = Ax_i + AFx_o$$

整理可得

$$x_o = \frac{A}{1 - AF}x_i$$

由于自激振荡是一种没有输入信号（$x_i = 0$），但有一定大小的输出电压 x_o 的电路，因此必须有：

$$1 - AF = 0$$

即

$$AF = 1$$

由此可知，产生自激振荡的基本条件是

$$u_i = u_f$$

表明：

①自激振荡的幅度条件：u_f 与 u_i 大小相等；

②自激振荡的相位条件：u_f 与 u_i 相位相同。

2）自激振荡的形成

对于自激振荡器，其振荡产生的起始信号来自电路中的各种起伏和外来扰动，例如电路接通电源瞬间的电冲击、电子器件的噪声电压等都可以作为振荡产生的起始信号，这些电信号中包含丰富的频率成分，经选频网络选出某频率的信号输送至放大器放大，经正反馈网络后再放大，……，反复循环，以至于输出信号幅度急剧增大；当输出信号达到一定幅度后，电路中稳幅电路部分使输出振幅度不再增加，维持在一个相对稳定的振幅，最后建立和形成稳定的波形输出。在振荡建立的初期，反馈信号是大于输出信号的；随着反馈信号不断被放大，使振幅持续增大；当振荡建立后，反馈信号就等于输出信号，使建立起来的振荡维持下去。

3）正弦波振荡器的组成

从以上分析可知，在正弦波振荡器中，为了输出确定频率的正弦波信号，电路中要有选频网络；为了使输出电压幅度保持稳定，电路中要有稳幅电路，所以正弦波振荡器由放大器、正反馈网络、选频网络、稳幅电路等四部分组成；在实际正弦波振荡器中，一般是将选频网络与正反馈网络合为一个网络。

放大器的作用是对选择出来的某一频率的信号进行放大，保证电路起振，使电路有一定幅度的输出电压，一般多采用同相比例放大器。

正反馈网络的作用是将输出信号反馈到输入端，实现输入信号反复放大，使电路的输入信号等于反馈信号，一般正反馈网络由 R、L 和 C 按需要组成。

选频网络的作用是选出指定频率的信号，使电路产生单一频率的正弦波振荡，常用的有 RC 串并联网络、LC 并联网络和石英晶体谐振器等。

2. RC 正弦波振荡器

RC 正弦波振荡器具有多种类型，常用的 RC 串并联振荡器，又称为文氏电桥振荡器，相应电路如图 8.27 所示，集成运算放大器 A 与电阻 R_f、R_1 构成的负反馈网络组成同相比例放大器，RC 串并网络为选频网络，同时构成正反馈网络，二极管 VD$_1$、VD$_2$、R_2 构成稳幅电路。

分析及实验证明，RC 串并联网络具有选频特性，并且当输入信号的频率与 RC 串并联网络的固有频率相等时，即：

$$f = f_0 = \frac{1}{2\pi RC}$$

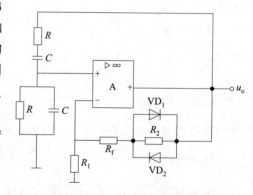

图 8.27 RC 文氏电桥振荡器

此时，正反馈信号 u_f 与输入信号 u_i 相位相同，满足自激振荡的相位条件。又由于 RC 串并联网络，在 $f = f_0$ 时正反馈信号 u_f 有最大值，并有

$$u_f = \frac{u_o}{3}$$

即正反馈系数

$$F = \frac{1}{3}$$

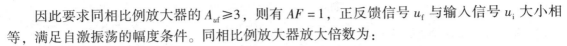

因此要求同相比例放大器的 $A_{uf} \geqslant 3$，则有 $AF = 1$，正反馈信号 u_f 与输入信号 u_i 大小相等，满足自激振荡的幅度条件。同相比例放大器放大倍数为：

$$A_{uf} = 1 + \frac{R_f}{R_1}$$

可知，只要 $R_f \geqslant 2R_1$，电路就能实现自激振荡。

稳幅电路中，二极管 VD_1、VD_2 反向并联后再与 R_2 并联，再串接在负反馈网络中，无论在输出振荡信号的正半周还是负半周，VD_1、VD_2 必有一个处于导通状态。当输出振荡信号的幅度增大时，二极管的正向电阻减小，电路的放大倍数减小，输出振荡信号的幅度随之下降，实现了自动稳幅。至此，电路输出稳定的振荡信号。

文氏电桥振荡器，具有性能稳定、结构简单的优点，但只能产生低频（1 MHz 以下）振荡信号。

3. LC 正弦波振荡器

LC 正弦波振荡器，是以 LC 并联回路为选频网络，用来产生的高频（1 MHz 以上）信号的正弦波振荡器，按照反馈电路可分为变压器反馈式 LC 正弦波振荡器、电感反馈式 LC 正弦波振荡器、电容反馈式 LC 正弦波振荡器。

1）变压器反馈式 LC 正弦波振荡器

电路如图 8.28 所示，集成运算放大器 A 与电阻 R_f、R_1 构成的负反馈网络组成反相比例放大器，同时 R_f 具有稳幅作用，L_1 与 C_2 构成的并联网络为选频网络，L_2 是反馈线圈，分析电路图可知，反馈信号是变压器线圈 L_1 和 L_2 的相互耦合，由反馈线圈 L_2 送入输入端，构成正反馈网络。

分析及实验证明，LC 并联网络具有选频特性，并且当输入信号的频率与 LC 并联网络的固有频率相等时，即：

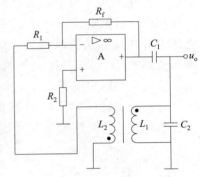

图 8.28　变压器反馈式 LC 正弦波振荡器

$$f = f_0 = \frac{1}{2\pi\sqrt{L_1 C_2}}$$

此时，由图中 L_1 和 L_2 的同名端可知，从 L_2 两端取出的反馈信号为正反馈信号，正反馈信号 u_f 与输入信号 u_i 相位相同，满足自激振荡的相位条件。

又因为同相比例运算放大器的放大倍数为：

$$A_{uf} = 1 + \frac{R_f}{R_1}$$

所以只要适当选取 R_f 和 R_1，就能保证 $AF = 1$，正反馈信号 u_f 与输入信号 u_i 大小相等，满足自激振荡的幅度条件。

变压器反馈式 LC 正弦波振荡器具有容易起振、便于实现阻抗匹配、调频方便的优点，但输出波形不理想。

2）电感反馈式 LC 正弦波振荡器

电感反馈式 LC 正弦波振荡器电路如图 8.29 所示，集成运算放大器 A 与电阻 R_f、R_1 构成的负反馈网络组成反相比例放大器，同时 R_f 具有稳幅作用，等效电感 L 与 C_2 的并联网络为选频网络，LC 并联网络中电感线圈的三个点 a、b、c 分别与集成运算放大器 A 的两个输入端和输出端相连，又称之为电感三点式。

分析及实验证明，LC 并联网络具有选频特性，并且，当输入信号的频率与 LC 并联网络的固有频率相等时，即：

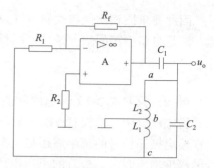

$$f = f_0 = \frac{1}{2\pi\sqrt{LC_2}}$$

式中，$L = L_1 + L_2 + 2M$，M 为 L_1 与 L_2 的互感系数。此时，图中 a、c 两点的相位相反，从 L_1 两端取出的反馈信号为正反馈信号，正反馈信号 u_f 与输入信号 u_i 相位相同，满足自激振荡的相位条件。

图 8.29　电感反馈式 LC 正弦波振荡器

自激振荡的幅度条件，其分析同变压器反馈式 LC 正弦波振荡器。

电感反馈式 LC 正弦波振荡器具有容易起振、输出信号幅度大、调频方便的优点，但输出波形不理想。

3）电容反馈式 LC 正弦波振荡器

电容反馈式 LC 正弦波振荡器电路如图 8.30 所示，集成运算放大器 A 与电阻 R_f、R_1 构成的负反馈网络组成反相比例放大器，同时 R_f 具有稳幅作用，L 与等效 C 构成的并联网络为选频网络，LC 并联网络中 C_2 与 C_3 串联支路的三个点 a、b、c 分别与集成运算放大器 A 的两个输入端和输出端相连，又称之为电容三点式。

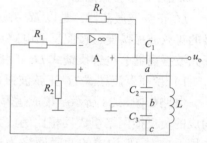

图 8.30　电容反馈式 LC 正弦波振荡器

分析及实验证明，LC 并联网络具有选频特性，并且，当输入信号的频率与 LC 并联网络的固有频率相等时，即：

$$f = f_0 = \frac{1}{2\pi\sqrt{LC}}$$

式中，$C = C_2 C_3 / (C_2 + C_3)$。此时，图中 a、c 两点的相位相反，从 C_2 两端取出的反馈信号为正反馈信号，正反馈信号 u_f 与输入信号 u_i 相位相同，满足自激振荡的相位条件。

自激振荡的幅度条件，其分析同变压器反馈式 LC 正弦波振荡器。

电容反馈式 LC 正弦波振荡器具有容易起振、输出信号频率高、输出波形较好的优点，但调频不方便。

4. 石英晶体正弦波振荡器

1）石英晶体谐振器

将二氧化硅晶体按一定的方向切割成很薄的晶片，再在晶片的两个表面涂覆银层并作为两极引出引脚，加以封装，即成为石英晶体谐振器，简称石英晶体。石英晶体的结构、电路符号和晶体产品外形如图 8.31 所示，其中图 8.31（a）所示的是石英晶体结构，图 8.31（b）是电路符号，图 8.31（c）是几种产品的外形。

石英晶体谐振器是利用具有压电效应的石英晶体片制成的，晶振的工作原理基于晶片的压电效应（晶片两面加上不同极性的电压时，晶片产生几何形变，此现象即为压电效应），当晶片两面加上交变电压时，晶片将随着交变信号的变化而产生机械振动，同时机械振动又产生交变电压，当交变电压的频率与晶片的固有频率（只与晶片几何尺寸相关）相等时，机械振动最强，电信号幅度最大，此现象称为压电谐振。石英晶体谐振器的压电谐

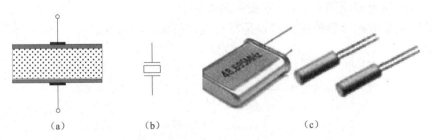

图 8.31 石英晶体的结构、电路符号和外形

(a) 结构；(b) 电路符号；(c) 外形

振特性，与 LC 并联网络的谐振现象十分类似，因此可将石英晶体谐振器等效为 LC 并联网络，作为正弦波振荡器的选频网络。石英晶体谐振器的等效电路如图 8.32 所示。

式中　C_0——静态等效电容，为几 pF ~ 几十 pF；

　　　C——弹性惯性的等效电容，为 10^{-2} ~ 10^{-4} pF；

　　　L——机械振动惯性等效电感，为几十 mH ~ 几百 H；

　　　R——振动时摩擦等效电阻，其值很小，为几十欧姆以下，常可忽略。

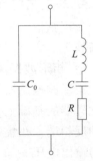

**图 8.32 石英晶体
谐振器的等效电路**

由图 8.32 可知，石英晶体谐振器的等效电路是两个 LC 支路，即 L、C、R 组成的串联支路和 C_0 与 L、C、R 串联支路组成的并联支路。

石英晶体谐振器的电抗 – 频率特性如图 8.33 所示，石英晶体谐振器具有两个谐振频率（固有频率），即 L、C、R 串联支路发生串联谐振的串联谐振频率 f_s 和 C_0 与 L、C、R 串联支路组成的并联支路发生并联谐振的并联谐振频率 f_p。

$$f_s = \frac{1}{2\pi\sqrt{LC}}$$

$$f_p = \frac{1}{2\pi\sqrt{L\dfrac{CC_0}{C+C_0}}}$$

当 $f = f_s$ 时产生串联谐振，$X = 0$，呈纯电阻性，相当于一个小电阻；

当 $f = f_p$ 时产生并联谐振，呈纯电阻性，相当于一个大电阻。

当 $f < f_s$ 时，$X < 0$，呈容性阻抗；

当 $f > f_p$ 时，$X < 0$，呈容性阻抗；

当 $f_s < f < f_p$ 时，$X > 0$，呈感性阻抗。

2）石英晶体正弦波振荡器

石英晶体正弦波振荡器电路如图 8.34 所示，当石英晶体工作频率在 f_s 和 f_p 之间时，石英晶体相当于一个电感元件，将其和 C_1、C_2 串联支路并联，构成类似电容三点式振荡电

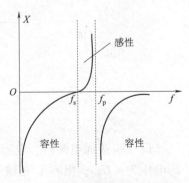

**图 8.33 石英晶体谐振器的
电抗 – 频率特性**

路。其工作原理与电容反馈式 *LC* 正弦波振荡器相似。

石英晶体正弦波振荡器的突出特点是具有极高的频率稳定性。

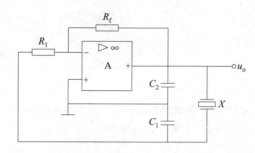

图 8.34　石英晶体正弦波振荡器

5. 非正弦信号发生器

非正弦信号发生器是指可以产生非正弦周期性变化波形的电路，如矩形波、三角波、锯齿波等。

1）矩形波振荡器

矩形波振荡器如图 8.35（a）所示，是一种能产生矩形波的基本电路，它是在滞回电压比较器的基础上，增加一条 *RC* 充、放电负反馈支路，把输出电压经 R_f、*C* 反馈到集成运放的反相端，在集成运放的输出端引入限流电阻 R_3 和双向稳压管 D_Z 组成的双向限幅电路，使得输出电压 $u_o = \pm U_Z$。滞回电压比较器的门限电压为：

$$\pm U_{TH} = \pm \frac{R_2}{R_1 + R_2} U_Z$$

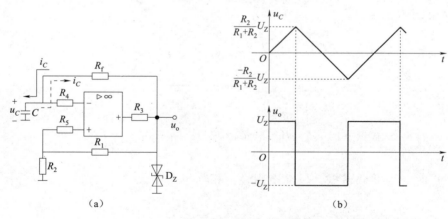

图 8.35　矩形波振荡器与波形转换

（a）矩形波振荡器；（b）波形转换图

设在刚接通电源时，电容 *C* 上的电压为零，$u_- < u_+$，输出为正饱和电压 $+U_Z$，同相端的电压为 $+U_{TH}$；电容 *C* 在输出电压 $+U_Z$ 的作用下开始充电，电容电压 u_C 开始升高；当充电电压 u_C 升至 $+U_{TH}$，即 $u_- > u_+$ 时电路发生翻转，输出电压由 $+U_Z$ 值翻至 $-U_Z$，同相端电压变为 $-U_{TH}$，电容 *C* 开始放电，u_C 开始下降；当电容电压 u_C 降至 $-U_{TH}$，即 $u_- < u_+$ 时输出电压又从 $-U_Z$ 翻转到 $+U_Z$，如此循环不已，产生振荡，输出如图 8.35（b）所示的矩

形波。

电路输出的矩形波电压的周期取决于充、放电的 RC 时间常数。可以证明，当 $R_1 = R_2$ 时，其周期为 $T \approx 2.2 R_f C$，则振荡频率为：

$$f = \frac{1}{2.2 R_f C}$$

改变 R_f、C 值就可以调节矩形波的频率。

2）三角波振荡器

电路如图 8.36（a）所示，集成运放 A_2 构成反相积分运算放大器，集成运放 A_1 构成滞回电压比较器，其反相端接地（$u_- = 0$），同相端的输入信号是 A_1 和 A_2 的反馈信号的叠加，则有

$$u_+ = u_{o1} \frac{R_2}{R_1 + R_2} + u_o \frac{R_1}{R_1 + R_2}$$

由于 $u_- = 0$，所以 $u_+ > 0$ 时，$u_{o1} = +U_Z$；$u_+ < 0$ 时，$u_{o1} = -U_Z$。则有

$$u_+ = u_o \frac{R_1}{R_1 + R_2} \pm \frac{R_2}{R_1 + R_2} U_Z$$

令 $u_+ = u_- = 0$，滞回电压比较器的门限电压为：

$$\pm U_{TH} = \pm \frac{R_2}{R_1} U_Z$$

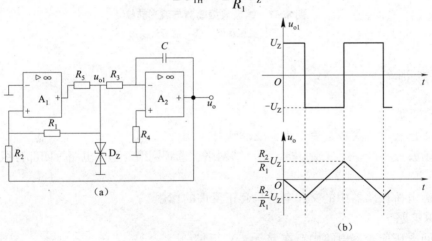

图 8.36　三角波振荡器与波形转换

（a）三角波振荡器；（b）波形转换图

在电源刚接通时，假设电容器初始电压为零，集成运放 A_1 输出电压 $u_{o1} = +U_Z$，积分器输入为 $+U_Z$，电容 C 开始充电，输出电压 u_o 开始下降，u_+ 也随之下降；当 u_o 下降到 $-U_{TH}$ 时，$u_+ = 0$，集成运放 A_1 发生翻转，集成运放 A_1 的输出电压 $u_{o1} = -U_Z$；当 $u_{o1} = -U_Z$ 时，积分器输入负电压，输出电压 u_o 开始上升，u_+ 值也随之上升；当 u_o 上升到 $+U_{TH}$ 时，$u_+ = 0$，集成运放 A_1 发生翻转，集成运放 A_1 的输出电压 $u_{o1} = -U_Z$，如此循环不已，产生振荡，集成运放 A_2 输出如图 8.36（b）所示的三角波。可以证明其频率为：

$$f = \frac{R_1}{4 R_2 R_3 C}$$

改变 R_1、R_2、R_3 值就可以调节三角波的频率。

3）锯齿波振荡器

电路如图 8.37（a）所示，在三角波振荡器基础上，集成运放 A_2 的反相输入电阻 R_3 上并联由二极管 VD 和电阻 R_5 组成的支路，这样积分器的正向积分和反向积分的速度明显不同，当 $u_{o1} = -U_Z$ 时，VD 反偏截止，正向积分的时间常数为 R_3C；当 $u_{o1} = +U_Z$ 时，VD 正偏导通，负向积分常数为 $(R_3 /\!/ R_5)C$，若取 $R_5 \ll R_3$，则负向积分时间小于正向积分时间，形成如图 8.37（b）所示的锯齿波。

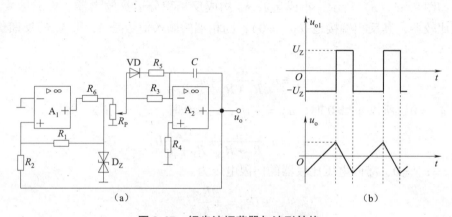

图 8.37　锯齿波振荡器与波形转换

（a）锯齿波振荡器；（b）波形转换图

能力训练

一、判断题

1. 电压比较器是集成运算放大器的非线性应用。　　　　　　　　　　　　　（　　）

2. 正弦波振荡器一般由放大器、正反馈网络、选频网络、稳幅电路等四部分组成。

　　　　　　　　　　　　　　　　　　　　　　　　　　　　　　　　　　（　　）

3. 文氏电桥振荡器中的文氏电桥只起正反馈的作用。　　　　　　　　　　　（　　）

二、单选题

1. 滞回电压比较器电路中存在（　　）反馈。

A. 正　　　　　　　　　B. 负　　　　　　　　　C. 没有　　　　　　　　　D. 不确定有无

2. 在信号发生器或波形振荡器中，通常（　　）。

A. 有输入信号，也有输出信号　　　　　　B. 没有输入信号，只有输出信号

C. 没有输入信号，没有输出信号　　　　　D. 只有输入信号，没有输出信号

单元小结

（1）集成运算放大器是高增益的直接耦合多级放大器，一般由输入级、中间级、输出级、偏置电路等部分组成，其主要特点是开环增益很高、输入电阻很大、输出电阻很小。集成运放有线性和非线性两个工作状态，外接不同性质的反馈网络可使集成运放工作在不同的工作区域，构成不同性质的电路。

（2）集成运算放大器在使用前，要查阅有关手册、辨认引脚、测量参数、调零或调整偏置电压等准备工作；使用时，要采取预防措施，防止集成运算放大器出现过压、过流、短路和电源极性接反等现象。

（3）反馈的实质是输出量参与控制，反馈使净输入量减弱的为负反馈，使净输入量增强的为正反馈；反馈的类型为：电压串联负反馈、电流串联负反馈、电压并联负反馈、电流并联负反馈。

（4）负反馈在实际电路中应用广泛，可以改善放大器的性能：提高增益的稳定性、减小非线性失真、扩展通频带，并且会改变相应电路的输入电阻和输出电阻。负反馈放大器性能的改善是以降低放大器增益为代价的，且反馈越深，越为有益。

（5）集成运放在线性应用时，集成运放通常工作于深度负反馈状态，两输入端存在着"虚短"和"虚断"；集成运放和反馈网络可组成比例、加法、减法、微积分运算放大器，主要通过应用"虚短"和"虚断"概念，分析运算放大器的工作原理，计算运算放大器的放大倍数。

（6）集成运放在非线性应用时，可组成电压比较器，电压比较器有单门限电压比较器和滞回电压比较器两种，单门限电压比较器有一个门限电压，抗干扰能力差，而滞回电压比较器有上、下两门限电压，具有一定的抗干扰能力。

（7）集成运放在非线性应用时，可组成正弦波振荡器，正弦波振荡器能产生输出正弦波信号，是基于自激振荡原理。要产生自激振荡，必须同时满足相位平衡条件和振幅平衡条件。正弦波振荡器主要由放大电路、选频网络、正反馈网络、稳幅电路等部分组成。

（8）正弦波振荡器根据选频网络不同，可分为 RC 振荡器、LC 振荡器和石英晶体振荡器。RC 振荡器用于产生低频信号；LC 振荡器可分为变压器反馈式、电容反馈式和电感反馈式，用于产生高频信号；石英晶体振荡器频率稳定性很高。

（9）非正弦波振荡器是可以产生非正弦周期性变化波形的电路，非正弦波信号发生器中的集成运放一般工作在非线性区。非正弦波振荡器一般可产生矩形波、三角波、锯齿波，通常由滞回电压比较器、积分运算放大器等组成。

单元检测

一、填空题

1. 为了稳定静态工作点，应引入_____负反馈，为了改善电路技术指标，应引入_____负反馈。

2. 已知开环放大倍数 $A = 100$，反馈系数 F 为 0.1，则闭环电压放大倍数 A_f = _____。

3. 在放大电路中，为稳定输出电压，提高输入电阻，应引入_____负反馈；为稳定输出电流，降低输入电阻，应引入_____负反馈。

4. 在集成运放构成的运算电路中，集成运放均工作在_____状态，其存在两个特点，即_____和_____。

5. 在集成运放构成的电压比较器电路中，集成运放一般工作在_____状态，在电路结构中，运放常处于_____反馈或_____反馈状态。

6. 滞回电压比较器的主要特点是电路具有_____特性，因而_____性较好。

7. 正弦波振荡电路除了有放大电路和反馈网络，还应有_____和_____。

8. RC 正弦波振荡电路的选频网络由_____和_____元件组成。

9. 集成运放构成的同相比例运算放大器实际是一个负反馈电路，其反馈类型一般是_____。

10. RC 桥式正弦波振荡器的振荡频率 $f_0 = $ _____。

二、分析计算题

1. 分析图 8.38 中的各放大电路中是否引入了反馈？如果引入了反馈，判断其是正反馈还是负反馈？假设所有电容对交流信号均可视为短路。

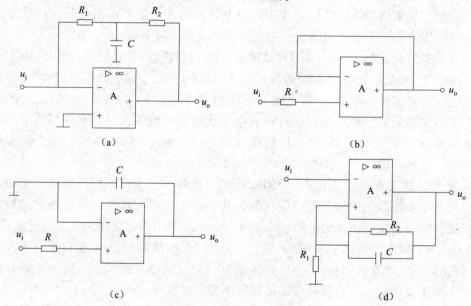

图 8.38　分析计算题 1 用图

2. 试分析判断如图 8.39 所示各电路中存在反馈的极性及类型。

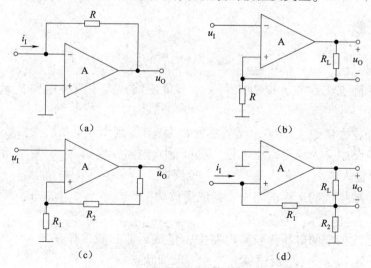

图 8.39　分析计算题 2 用图

3. 试分别求出图 8.40 所示各电路的相应电压传输特性。

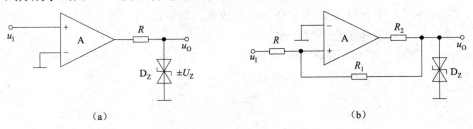

（a）　　　　　　　　　　　　　　　（b）

图 8.40　分析计算题 3 用图

4. 集成运放应用电路如图 8.41 所示，已知集成运放的最大输出电压幅值为 ± 12 V，u_I 的数值在 u_{O1} 的峰峰值之间。若 $u_1 = 2.5$ V，画出 u_{O1}、u_{O2} 和 u_{O3} 的波形。

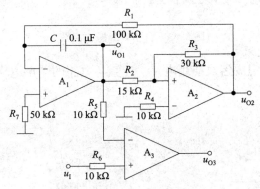

图 8.41　分析计算题 4 用图

5. 已知图 8.42（a）所示方框图各点的波形如图 8.42（b）所示，试分析判断各部分电路的具体名称。

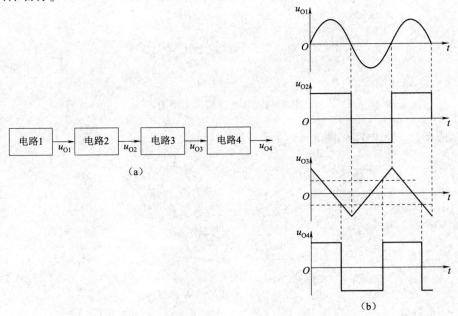

图 8.42　分析计算题 5 用图

6. 集成运放应用电路如图 8.43 所示，试回答：

（1）为使电路产生正弦波振荡，在集成运放输入端标出对应的符号"＋"和"－"。

（2）说明电路是哪种正弦波振荡电路。

（3）若 R_1 短路，则电路将产生什么现象？

（4）若 R_f 断路，则电路将产生什么现象？

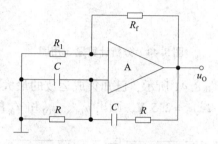

图 8.43　分析计算题 6 用图

7. 分析图 8.44 所示集成运放应用电路，计算各电路的输出电压与其输入电压之间的运算关系式。

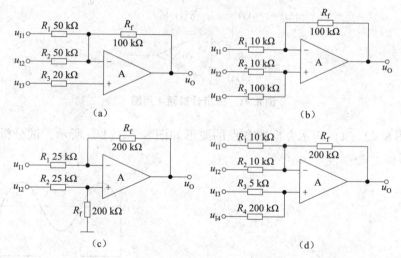

图 8.44　分析计算题 7 用图

8. 集成运放应用电路如图 8.45 所示，已知 $u_1 = 0.1$ V、$u_2 = 0.6$ V。

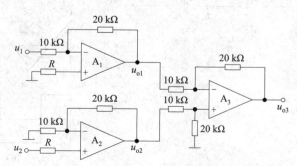

图 8.45　分析计算题 8 用图

（1）说明 A_1、A_2、A_3 各构成何种运算电路？

（2）计算电路中的 u_{o1}、u_{o2}、u_{o3}。

9. 在图 8.46（a）所示的滞回电压比较器中，比较器最大输出电压为 $\pm U_Z = \pm 6$ V，参考电压 $U_R = 9$ V，电路中各电阻的阻值为：$R_2 = 20$ kΩ，$R_F = 30$ kΩ，$R_1 = 12$ kΩ。

（1）试估计两个门限电压 U_{TH1} 和 U_{TH2} 以及门限宽度 ΔU_{TH}；

（2）画出滞回电压比较器相应的传输特性；

（3）当输入波形如图 8.46（b）所示时，画出滞回电压比较器相应的输出波形。

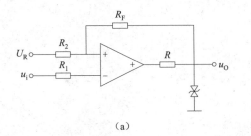
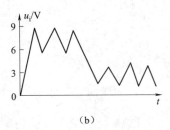

（a）　　　　　　　　　　　　　　　　　（b）

图 8.46　分析计算题 9 用图

🌀 拓展阅读

芯片是当前很多发达国家所争相发展的技术，但是对于很多国家而言，芯片的研究和制造并不是那么简单，需要多方面的科学技术，再加上先进的光刻机设备才能够完成。因此芯片研究和制造，仅仅掌握在几个尖端国家的手里。比如荷兰、美国以及法国，都拥有独立自主制作芯片的能力。但是相对于我国而言，我们完全是在用一个人的力量来对抗整个西方。

美国政府为了应对华为公司的崛起，因此对华为公司展开了多轮制裁。截至目前，美国等西方欧美国家已经停止向华为公司提供大量的射频芯片。直接导致华为公司自主研发的 5G 芯片，运用在手机上的时候，无法支持 5G 技术，只能够继续采用 4G。因为它的 5G 无线网络（被英国、澳大利亚和加拿大排除在外）、云服务受到限制，而且没有谷歌服务，这使它在欧洲市场失去了吸引力。总而言之，华为要想销售自己的产品，就必须自己打造整个产业链，而这被许多行业专家认为是不可能的。华为陷入了中美贸易战，中国商务部为中国公司的合法利益提供了全力支持。

在没有谷歌服务的情况下，华为已经开发了华为移动服务（HMS）和 Dailymotion，后者为 YouTube 提供了另一种选择。华为的主要市场是中国和欧洲，尽管欧洲对美国主导的 5G 服务禁令存在分歧，但华为在国内仍然很受欢迎。

华为的主要业务不是智能手机，而是电信设备。然而，对半导体的限制影响了华为的所有业务。台积电目前有四个生产基地，六七个代工厂每年生产 1 300 万片晶圆。2019 年，台积电 14% 的销售额来自华为的海思半导体。

此外，中国集成电路产业投资基金已经投资了 1 000 多亿美元，制定了到 2030 年实现国内半导体产业满足国内需求的国家集成电路规划。在芯片禁令出台之前，中国大陆的芯片行业还招聘了台湾十分之一的芯片工程师，即 4 万名工程师中的 3 000 名。现在的问题是中国能以多快的速度从这次打击中恢复过来。在这种情况下，芯片的生产是一个大数据的挑战，而在中国处于领先地位的人工智能的应用，可以加快生产流程，降低成本。

正如一句老话所说，"需要是发明之母"，多年前，人们认为中国科技不可能成为美国主导地位的有力竞争者。当一个人被推到一个角落而不能停下来，那他只有适应。华为可以专注于其他不依赖高科技芯片的业务，例如个人计算机和智能显示器。它还可以朝着定制芯片组的方向努力，这将为其赋予其他明星特色，以保持其竞争优势。

学习单元九

集成门电路及组合逻辑电路

单元描述

数字电路主要研究输出和输入信号之间的对应逻辑关系。本单元介绍了数字电路的概念、逻辑代数的分析方法和基本单元集成门电路，介绍了常用的组合逻辑电路编码器、译码器、数据选择器等，学习了组合逻辑电路设计、逻辑功能分析以及集成芯片的应用、扩展和测试方法。

学习导航

知识点	(1) 了解数字电路的意义及 TTL 门电路与 CMOS 门电路的特点；了解基本逻辑关系及运算。 (2) 熟悉编码器、译码器、数据选择器的逻辑功能和应用；熟悉集成芯片的应用及扩展。 (3) 掌握组合逻辑电路的分析、设计方法，掌握常用的方法
重点	数字电路的意义；组合逻辑电路的分析、设计方法
难点	集成芯片的应用及扩展和测试方法；利用数据选择器、译码器实现逻辑函数功能
能力培养	(1) 能够掌握组合逻辑电路的分析和设计方法。 (2) 能够掌握集成芯片的应用和扩展
思政目标	根据数字电路的特点，引导学生在处理复杂问题时找出矛盾的主要方面，才能提高解决复杂问题的效率
建议学时	14～18 学时

模块一　数字电路基本知识

数码和数制

先导案例

随着社会的进步和科学技术的发展，以及集成电路技术的不断完善，数字系统和数字设备在智能家电、通信、自动控制、汽车电子等许多领域得到了广泛的应用。

一、模拟信号和数字信号

1. 模拟信号和数字信号

模拟信号是传感器等电子设备将自然界的各种信号，如气温、压力的变化，转化得到的电信号，是幅度和相位都连续变化的电信号，如图 9.1 所示的波形图。

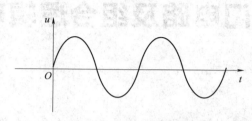

图 9.1　模拟信号波形图

2. 数字信号

将模拟信号通过"采样""量化"的方法可以转化为数字信号，让模拟信号的不同幅度分别对应不同的二进制值，如图 9.2 所示的波形图。

数字信号是不连续的，反映在电路上只有高电位和低电位两种状态，因此数字电路采用二进制数来传输和处理数字信号。数字信号是人为抽象出来的，在幅度取值上不连续的信号，其特点是时间离散、幅值离散，具有抗干扰能力强、保密性好、无噪声积累的优点。

图 9.2　数字信号波形图

在数字电路中，通常用开关的接通与断开来实现电路的高、低电位两种状态。将高电位称为高电平，用"1"来表示；低电位称为低电平，用"0"来表示；数字电路的开关状态是由二极管、三极管的导通和截止来实现的。数字电路主要研究的是输出信号的状态（0 或 1）与输入信号的状态（0 或 1）之间的对应关系，即所谓的逻辑关系，这就是数字电路的逻辑功能。逻辑门是数字逻辑电路的基本单元，可以组成实现各种逻辑关系和功能的数字集成电路。

二、逻辑关系

在数字电路中，输入信号是"条件"，输出信号是"结果"，在输入、输出之间存在一定的逻辑关系。最基本的逻辑运算关系有三种，分别是与逻辑关系、或逻辑关系、非逻辑关系。

1. 与逻辑

只有要决定事物结果的所有条件全部满足时，结果才会产生，这种逻辑运算关系称为与逻辑。

与逻辑模型电路图如图 9.3 所示，A、B 为两个串联开关，Y 为灯，只有当两个开关全都接通（闭合）时，灯才会亮，否则灯灭。

如果用数字"1"来表示灯亮和开关闭合，用数字"0"

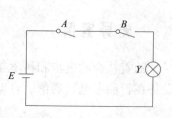

图 9.3　与逻辑模型电路图

表示灯灭和开关断开，将可能出现的与逻辑关系输入逻辑变量各种取值组合列出，推导出相应的输出逻辑状态，就得到了如表9.1所示的与逻辑真值表。真值表是从模型电路中抽象出来用数字电子技术二值量表示的逻辑关系表，表中的取值"0""1"表示条件和结果的逻辑状态，不是对应的数值大小，已经没有实质概念，只是两变量的逻辑关系表，故称为真值表。表中输入变量 AB 有 4 个组合项，输出也有对应的 4 个状态。

表9.1　与逻辑真值表

A	B	Y
0	0	0
0	1	0
1	0	0
1	1	1

与逻辑也称"逻辑乘"，其逻辑表达式为：

$$Y = A \cdot B \tag{9.1}$$

或

$$Y = A\,B \quad (\text{"·"号可省略}) \tag{9.2}$$

与逻辑的运算规律为：有 0 得 0，全 1 得 1。

与逻辑的逻辑符号如图9.4所示。

图9.4　与逻辑符号

2. 或逻辑

当产生事物结果的多个条件中，只要有一个或一个以上条件满足，结果就能发生，这种逻辑运算关系称为或逻辑。或逻辑模型电路如图9.5所示，图中，A、B 为两个并联开关，Y 为灯。

若用"1"来表示灯亮和开关闭合接通，用"0"表示灯灭和开关断开，则可得到或逻辑的真值表，如表9.2所示。

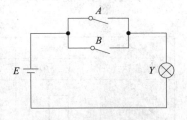

图9.5　或逻辑模型电路图

表9.2　或逻辑真值表

A	B	Y
0	0	0
0	1	1
1	0	1
1	1	1

或运算也称"逻辑加"，或运算的逻辑表达式为：

$$Y = A + B \tag{9.3}$$

或逻辑运算的规律为：有 1 得 1，全 0 得 0。

或逻辑的逻辑符号，如图9.6所示。

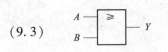

图9.6　或逻辑符号

3. 非逻辑

决定事情的结果总是和条件呈相反状态，这种逻辑关系称为非逻辑。非逻辑的模型电路如图9.7所示，A 为开关，Y 为灯，从图中可知，如果开关 A 闭合，灯就灭，开关 A 断开，灯就亮。

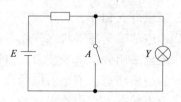

图9.7 非逻辑模型电路图

非逻辑的逻辑符号如图9.8所示。

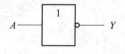

图9.8 非逻辑符号

其逻辑表达式为：

$$Y = \overline{A} \tag{9.4}$$

非逻辑的真值表表9.3所示。

表9.3 非逻辑的真值表

A	Y
0	1
1	0

4. 常见的几种复合逻辑关系

与、或、非运算是逻辑代数中最基本的三种运算，任何复杂的逻辑关系都可以通过与、或、非组合而成。几种常见的复合逻辑关系如表9.4所示。

复合逻辑关系

表9.4 常见的几种逻辑关系

逻辑名称	与非		或非		与或非			异或		同或（异或非）	
逻辑表达式	$Y = \overline{AB}$		$Y = \overline{A+B}$		$Y = \overline{AB+CD}$			$Y = A \oplus B$		$Y = A \odot B$	
逻辑符号											
真值表	$A \quad B$	Y	$A \quad B$	Y	$A \quad B \quad C \quad D$	Y		$A \quad B$	Y	$A \quad B$	Y
	0　0	1	0　0	1	0　0　0　0	1		0　0	0	0　0	1
	0　1	1	0　1	0	0　0　0　1	1		0　1	1	0　1	0
	1　0	1	1　0	0	………			1　0	1	1　0	0
	1　1	0	1　1	0	1　1　1　1	0		1　1	0	1　1	1
逻辑运算规律	有0得1；全1得0		有1得0；全0得1		与项为1时结果为0；其余输出全为1			不同时为1；相同时为0		不同时为0；相同时为1	

三、布尔代数

1. 逻辑代数的基本定律

与普通代数一样，逻辑代数也有相应的定律和规则，表 9.5 列出了逻辑代数的基本定律，这些定律可直接利用真值表证明，如果等式两边的真值表相同，则等式成立。

逻辑代数的运算

表 9.5　逻辑代数的基本定律

定律名称	逻辑与	逻辑或
1. 0 – 1 律	$A \cdot 1 = A$ $A \cdot 0 = 0$	$A + 0 = A$ $A + 1 = 1$
2. 交换律	$A \cdot B = B \cdot A$	$A + B = B + A$
3. 结合律	$A \cdot (B \cdot C) = (A \cdot B) \cdot C$	$A + (B + C) = (A + B) + C$
4. 分配律	$A \cdot (B + C) = A \cdot B + A \cdot C$	$A + (B \cdot C) = (A + B) \cdot (A + C)$
5. 互补律	$A \cdot \bar{A} = 0$	$A + \bar{A} = 1$
6. 重叠律	$A \cdot A = A$	$A + A = A$
7. 还原律	$\bar{\bar{A}} = A$	
8. 反演律（摩根定律）	$\overline{AB} = \bar{A} + \bar{B}$	$\overline{A + B} = \bar{A} \cdot \bar{B}$
9. 吸收律	$A \cdot (A + B) = A$ $(A + B)(A + \bar{B}) = A$ $A(\bar{A} + B) = AB$	$A + AB = A$ $AB + A\bar{B} = A$ $A + \bar{A}B = A + B$
10. 隐含律	$(\bar{A} + B)(A + C)(B + C) = (\bar{A} + B)(A + C)$ $(\bar{A} + B)(A + C)(B + C + D) = (\bar{A} + B)(A + C)$	$AB + \bar{A}C + BC = AB + \bar{A}C$ $AB + \bar{A}C + BCD = AB + \bar{A}C$

【例 9.1】 证明反演律 $\overline{A + B} = \bar{A} \cdot \bar{B}$。

证明：列出 $\overline{A + B}$ 及 $\bar{A} \cdot \bar{B}$ 的真值表如表 9.6 所示。

表 9.6　例 9.1 的真值表

A	B	$\overline{A + B}$	$\bar{A} \cdot \bar{B}$
0	0	1	1
0	1	0	0
1	0	0	0
1	1	0	0

从真值表中可知，其结果相同，则证明两个函数相等。

2. 逻辑函数的代数化简法

根据逻辑定律和规则，一个逻辑函数可以有多种表达式。例如：

逻辑代数的化简

$$Y = AB + \bar{A}C \qquad \text{与 – 或表达式}$$

$$= \overline{\overline{AB} \cdot \overline{\bar{A}C}} \qquad \text{与非 – 与非表达式（摩根定律）}$$

$$= \overline{A\bar{B} + \bar{A}\,\bar{C}} \qquad \text{与 – 或 – 非表达式（利用反演规则并展开）}$$

$$= (\bar{A} + B)(A + C) \qquad \text{或 – 与表达式（将与或非式用摩根定律）}$$

$$= \overline{\overline{(\bar{A} + B)} + \overline{(A + C)}} \qquad \text{或非 – 或非表达式（将或与用摩根定律）}$$

在列出的五种表达方式中，因为与或表达式比较常见且容易同其他形式的表达式相互转换，所以化简时一般要求化为最简与或表达式，即表达式中乘积项最少，且每个乘积项的变量个数最少。按这样化简后的表达式构成逻辑电路，可节省器件，降低成本，提高工作的可靠性。

直接运用布尔代数的基本定律和规则可以化简逻辑函数，常用的方法有并项法、吸收法、消去法和配项法。

1）并项法

利用 $A + \bar{A} = 1$ 的公式，将两项合并为一项，并消去一个变量。

$$Y_1 = \bar{A}\bar{B}C + \bar{A}BC = \bar{A}C(\bar{B} + B) = \bar{A}C$$

$$Y_2 = A\bar{B}\bar{C} + AB + A\bar{C} = A(\bar{B}\bar{C} + B + \bar{C}) = A(\bar{B}\bar{C} + \overline{\bar{B}\bar{C}}) = A$$

2）吸收法

利用 $A + AB = A$ 的公式消去多余的乘积项。

$$Y = \bar{A}B + \bar{A}BC(D + E) = \bar{A}B[1 + C(D + E)] = \bar{A}B$$

3）消去法

利用 $A + \bar{A}B = A + B$，消去多余的因子。

$$Y = AB + \bar{A}C + \bar{B}C$$
$$= AB + (\bar{A} + \bar{B})C = AB + \overline{AB}C = AB + C$$

4）配项法

利用 $A = A(B + \bar{B})$，增加必要的乘积项，然后再用公式进行化简。

$$Y = A\bar{C} + B\bar{C} + \bar{A}C + \bar{B}C$$
$$= A\bar{C}(B + \bar{B}) + B\bar{C} + \bar{A}C + \bar{B}C(A + \bar{A})$$
$$= AB\bar{C} + A\bar{B}\bar{C} + B\bar{C} + \bar{A}C + A\bar{B}C + \bar{A}\bar{B}C$$
$$= B\bar{C}(1 + A) + \bar{A}C(1 + \bar{B}) + A\bar{B}(C + \bar{C})$$
$$= B\bar{C} + \bar{A}C + A\bar{B}$$

实际解题时，往往需要综合运用上述几种方法进行化简，才能得到最简结果。

【例9.2】化简函数。

（1）$Y_1 = \overline{A\bar{C}B} + \overline{A\bar{C}} + B + BC$

（2）$Y_2 = AD + A\bar{D} + AB + \bar{A}C + BD + ACEF + \bar{B}EF + DEFG$

解：（1）$Y_1 = \overline{A\bar{C}B} + \overline{A\bar{C}} + B + BC$
$$= \overline{A\bar{C}}B + \overline{A\bar{C}}\bar{B} + BC \quad （摩根定律）$$
$$= \overline{A\bar{C}} + BC \quad （合并法）$$
$$= \bar{A} + C + BC \quad （吸收法）$$
$$= \bar{A} + C$$

（2）$Y_2 = AD + A\bar{D} + AB + \bar{A}C + BD + ACEF + \bar{B}EF + DEFG$
$$= A + AB + \bar{A}C + BD + ACEF + \bar{B}EF + DEFG \quad （合并法）$$
$$= A + \bar{A}C + BD + \bar{B}EF + DEFG \quad （吸收法）$$
$$= A + C + BD + \bar{B}EF + DEFG \quad （消去法）$$
$$= A + C + BD + \bar{B}EF \quad （隐含律）$$

四、卡诺图

1. 逻辑函数的最小项

在 n 个输入变量的逻辑函数中，如果一个乘积项包含 n 个变量，而且每个变量以原变量或反变量的形式出现且仅出现一次，那么该乘积项称为函数的一个最小项。对 n 个输入变量的逻辑函数来说，共有 2^n 个最小项。

2. 最小项的性质

（1）对于任意一个最小项，只有变量的一组取值使得它的值为 1，而取其他值时，这个最小项的值都是 0。

（2）若两个最小项之间只有一个变量不同，其余各变量均相同，则称这两个最小项满足逻辑相邻。

（3）对于一个 n 输入变量的函数，每个最小项有 n 个最小项与之相邻。

3. 最小项的编号

为了表达方便，最小项通常用 m_i 表示，下标 i 即最小项编号，用十进制数表示。编号的方法是：先将最小项的原变量用 1 表示、反变量用 0 表示，构成二进制数；将此二进制转换成相应的十进制数就是该最小项的编号。按此原则，三个变量的最小项编号如表 9.7 所示。

表 9.7　三变量的最小项编号

最小项	变量取值			最小项编号
	A	B	C	
$\bar{A}\bar{B}\bar{C}$	0	0	0	m_0
$\bar{A}\bar{B}C$	0	0	1	m_1
$\bar{A}B\bar{C}$	0	1	0	m_2
$\bar{A}BC$	0	1	1	m_3
$A\bar{B}\bar{C}$	1	0	0	m_4
$A\bar{B}C$	1	0	1	m_5
$AB\bar{C}$	1	1	0	m_6
ABC	1	1	1	m_7

4. 最小项的卡诺图

卡诺图是按相邻性原则排列的最小项的方格图。卡诺图的结构特点是按几何相邻反映逻辑相邻进行的。n 个变量的逻辑函数，由 2^n 个最小项组成。卡诺图的变量标注均采用循环码形式。这样上下、左右之间的最小项都是逻辑相邻项。特别是，卡诺图水平方向同一行左、右两端的方格也是相邻项，同样垂直方向同一列上、下顶端两个方格也是相邻项，卡诺图中对称于水平和垂直中心线的四个外顶格也是相邻项。

二变量卡诺图：它有 $2^2 = 4$ 个最小项，因此有 4 个方格，卡诺图上面和左面的 0 表示反变量，1 表示原变量，左上方标注变量，斜线下面为 A，上面为 B，每个小方格对应着一种变量的取值组合，如图 9.9（a）所示。

三变量卡诺图：有 $2^3=8$ 个最小项，如图 9.9（b）所示。

四变量卡诺图：有 $2^4=16$ 个最小项，如图 9.9（c）所示。

A \ B	0	1
0	$\bar A\bar B$ m_0	$\bar AB$ m_1
1	$A\bar B$ m_2	AB m_3

（a）

A \ BC	00	01	11	10
0	$\bar A\bar B\bar C$ m_0	$\bar A\bar BC$ m_1	$\bar ABC$ m_3	$\bar AB\bar C$ m_2
1	$A\bar B\bar C$ m_4	$A\bar BC$ m_5	ABC m_7	$AB\bar C$ m_8

（b）

AB \ CD	00	01	11	10
00	m_0	m_1	m_3	m_2
01	m_4	m_5	m_7	m_6
11	m_{12}	m_{13}	m_{15}	m_{14}
10	m_8	m_9	m_{11}	m_{10}

（c）

图 9.9　变量卡诺图

（a）二变量卡诺图；（b）三变量卡诺图；（c）四变量卡诺图

5. 最小项表达式

任何一个逻辑函数都可以表示成若干个最小项之和的形式，这样的逻辑表达式称为最小项表达式（又称标准式）。下面举例说明将逻辑表达式展开为最小项表达式的方法。

【例 9.3】 将逻辑函数 $Y(A,B,C)=AB+\bar BC$ 展开成最小项之和的形式。

解：

$$\begin{aligned}Y(A,B,C)&=AB+\bar BC\\&=AB(C+\bar C)+\bar BC(A+\bar A)\\&=ABC+AB\bar C+A\bar BC+\bar A\bar BC\end{aligned}$$

为了书写方便，通常用最小项编号来代表最小项，可以写为：

$$Y(A,B,C)=m_7+m_6+m_5+m_1=\sum m(1,5,6,7)$$

一个确定的逻辑函数，它的最小项表达式是唯一的。

【例 9.4】 将逻辑函数 $Y(A,B)=A+B$ 展开成最小项之和的形式。

解： $$\begin{aligned}Y(A,B)&=A+B=AB+A\bar B+\bar AB\\&=m_1+m_2+m_3\\&=\sum m(1,2,3)\end{aligned}$$

【例 9.5】 写出三变量函数 $Y(A,B,C)=\overline{AB+\bar A\bar B+C}+\bar AB$ 的最小项表达式。

解： 利用摩根定律将函数变换为与或表达式，然后展开成最小项之和的形式。

$$\begin{aligned}Y(A,B,C)&=\overline{AB+\bar A\bar B+C}+\bar AB\\&=\overline{AB+\bar A\bar B}\,\bar C+\bar AB\\&=(A\bar B+\bar AB)\bar C+\bar AB(C+\bar C)\\&=A\bar B\bar C+\bar AB\bar C+\bar ABC\\&=m_2+m_3+m_4\\&=\sum m(2,3,4)\end{aligned}$$

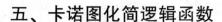

五、卡诺图化简逻辑函数

1. 逻辑函数的卡诺图

（1）根据逻辑函数的最小项表达式求函数卡诺图。只要将表达式 Y 中包含的最小项对应的方格内填1，没有包含的项填0（或不填）就得到函数卡诺图。

（2）根据真值表画卡诺图。

【例9.6】 已知三变量 Y 的真值表如表9.8所示，试画出卡诺图。

表9.8　例9.6的真值表

A	B	C	Y
0	0	0	0
0	0	1	1
0	1	0	1
0	1	1	0
1	0	0	1
1	0	1	1
1	1	0	0
1	1	1	0

解：根据真值表直接画出卡诺图如图9.10所示。

A \ BC	00	01	11	10
0		1		1
1	1	1		

图9.10　例9.6的卡诺图

（3）根据表达式直接得出函数的卡诺图。

【例9.7】 将 $Y=BC+C\overline{D}+\overline{B}CD+\overline{A}\,\overline{C}D$ 用卡诺图表示。

解：BC：$B=1$，$C=1$ 对应的方格（无论 A、D 取何值）为 m_6、m_7、m_{14}、m_{15}，在对应方格填1；

$C\overline{D}$：在 $C=1$，$D=0$ 对应的方格中填1，即 m_2、m_6、m_{10}、m_{14}；

$\overline{B}CD$：在 $B=0$，$C=D=1$ 的方格中填1，即 m_3、m_{11}；

$\overline{A}\,\overline{C}D$：在 $A=C=0$，$D=1$ 的方格中填1，即 m_1、m_5。所得卡诺图如图9.11所示。

AB \ CD	00	01	11	10
00		1	1	1
01		1	1	1
11			1	1
10			1	1

图9.11　例9.7的卡诺图

2. 逻辑函数卡诺图化简法

（1）化简依据。利用公式 $AB+A\bar{B}=A$ 将两个最小项合并，消去表现形式不同的变量。

（2）合并最小项的规律。只有满足 2^m 个最小项的相邻项才能合并，如 2、4、8、16 个相邻项可合并。而且相邻关系应是封闭的，如 m_0、m_1、m_2、m_3 四个最小项，m_0 与 m_1、m_1 与 m_3、m_3 与 m_2 均相邻，且 m_2 与 m_0 还相邻，这样的 2^m 个相邻的最小项可合并。

（3）化简方法。消去不同变量，保留相同变量。

①两个相邻项可合并为一项，消去一个表现形式不同的变量，保留相同变量。

②四个相邻项可合并为一项，消去两个表现形式不同的变量，保留相同变量。

③八个相邻项可合并为一项，消去三个表现形式不同的变量，保留相同变量。

依次类推，2^m 个相邻项合并可消去 m 个不同变量，保留相同变量。

（4）读出化简结果的方法。一个卡诺圈得到一个与项，将各个卡诺圈所得的乘积项相或，得到简化后的逻辑表达式。

【例9.8】 化简 $Y(A,B,C,D)=\sum m(0,1,2,3,4,5,8,10,11)$。

解：（1）画出函数的卡诺图，如图9.12所示。

（2）按合并最小项的规律可画出三个卡诺圈，如图9.12所示。

（3）写出化简后的逻辑表达式：

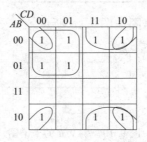

图9.12　例9.8的卡诺图

$$Y(A,B,C,D)=\bar{A}\bar{C}+\bar{B}\bar{D}+\bar{B}C$$

【例9.9】 化简 $Y(A,B,C,D)=\sum m(3,4,5,7,9,13,14,15)$。

解：画出函数的卡诺图，化简过程如图9.13所示。

合并最小项得到的逻辑表达式为：

$$Y=\bar{A}B\bar{C}+\bar{A}CD+A\bar{C}D+ABC$$

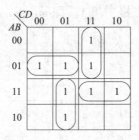

图9.13　例9.9的卡诺图

212

画卡诺圈时应注意：

①卡诺圈应按 2^n（n 是自然数）方格来圈，卡诺圈越大越好，卡诺圈数越少越好。

②卡诺图中的 "1" 可以重复使用。

③每个圈至少有一个从来没被圈过的 "1"，否则为多余圈。例如：在图 9.12 中，m_0、m_1、m_2、m_3 虽然可画成一个圈，但它的每一个最小项均被别的卡诺圈圈过，因此是多余圈。在图 9.13 中，m_5、m_7、m_{13}、m_{15} 也是多余圈。

能力训练

一、判断题

1. 卡诺图中的 "1" 可以重复使用。（　　）

2. 利用 $A + \overline{A} = 1$ 的公式，可以将两项消去。（　　）

3. 卡诺圈应按 2^n（n 是自然数）方格来圈。（　　）

二、单选题

1. 与逻辑的运算规律是（　　）。

A. 有 0 得 1，全 1 得 1　　　　　　　　B. 有 0 得 0，全 0 得 1

C. 有 0 得 0，全 1 得 0　　　　　　　　D. 有 0 得 0，全 1 得 1

2. 或逻辑的运算规律是（　　）。

A. 有 0 得 1，全 0 得 0　　　　　　　　B. 有 0 得 0，全 0 得 1

C. 有 0 得 0，全 1 得 0　　　　　　　　D. 有 1 得 1，全 0 得 0

模块二　逻辑门电路

先导案例

逻辑门又称数字逻辑电路基本单元，是执行 "与" "或" "非" 等逻辑运算的电路，任何复杂的逻辑电路都可由逻辑门组合而成，是集成电路的基本组件。逻辑门电路，根据制造材料分为 TTL 和 CMOS 两类集成逻辑门。

一、TTL 逻辑门电路

1. TTL 逻辑门的型号

将若干个双极型三极管，经集成工艺制作在同一芯片上，加上封装，引出引脚，构成 TTL 逻辑门，广泛应用于中、小规模集成电路，表 9.9 列出几个常用的 TTL 与非门电路。

表 9.9　常用 TTL 与非门电路型号

型号	逻辑功能
74LS00	四 – 2 输入与非门
74LS10	三 – 3 输入与非门
74LS20	双 – 4 输入与非门
74LS30	8 输入与非门

其中 74LS00、74LS20 引脚排列示意图如图 9.14 所示。

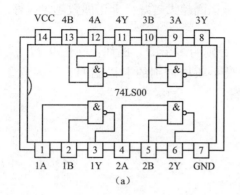
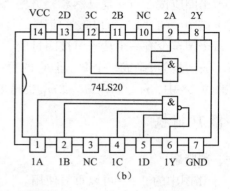

图 9.14 引脚排列示意图

(a) 74LS00；(b) 74LS20

从图 9.14（a）可知，74LS00 由 4 个 2 输入与非门构成，它有 14 个引脚，其中 GND、VCC 引脚为接地端和电源端，引脚 1A、1B，2A、2B，3A、3B 和 4A、4B 分别为与非门的输入端，引脚 1Y、2Y、3Y 和 4Y 分别为它们的输出端。

74LS20 由两个 4 输入与非门构成。

2. TTL 集成门器件的型号

TTL 集成门器件的型号由五部分组成，其符号和意义如表 9.10 所示。

表 9.10　TTL 集成门器件型号的组成及其意义

第 1 部分		第 2 部分		第 3 部分		第 4 部分		第 5 部分	
器件厂商		工作温度符号范围		器件系列		器件品种		封装形式	
符号	意义	符号	意义	符号	意义	符号	意义	符号	意义
CT	中国制造的 TTL 类	54	−55 ～ +125 ℃	H	标准			W	陶瓷扁平
				H	高速			B	塑封扁平
				S	肖特基			F	全密封扁平
SN	美国 TEXAS 公司	74	0 ～ +70 ℃	LS	低功耗肖特基	阿拉伯数字	器件功能	D	陶瓷双列直插
				AS	先进肖特基			P	塑料双列直插
				ALS	先进低功耗肖特基			J	黑陶瓷双列直插
				FAS	快捷肖特基				

例如：

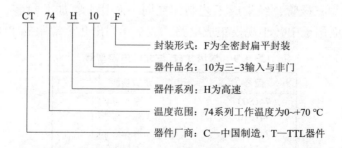

3. TTL 集成门的参数

（1）电源电压 U_{CC}：TTL 集成与非门正常工作的电源电压为 $+5$ V。

（2）输入高电平 U_{IH} 和输入低电平 U_{IL}：一般 $U_{IH} = 3.6$ V，$U_{IL} = 0$ V。

（3）输出高电平 U_{OH} 和输出低电平 U_{OL}：一般产品规定 $U_{OH} \geqslant 2.4$ V，$U_{OL} < 0.4$ V。

（4）扇出系数 N。扇出系数是以同一型号的与非门作为负载时，一个与非门能够驱动同类与非门的最大数目。通常 $N \geqslant 8$。

4. TTL 集成门的使用注意事项

（1）电源电压（U_{CC}）应满足在标准值 $5 \times (1 + 10\%)$ V 的范围内。

（2）TTL 电路的输出端所接负载，不能超过规定的扇出系数。

5. TTL 门多余输入端的处理方法

1）与非门

与非门多余输入端的三种处理方法如图 9.15 所示。

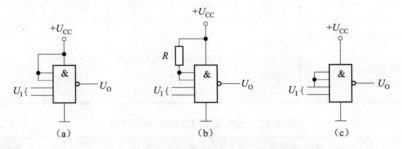

图 9.15　与非门多余输入端的处理方法

（a）接电源；（b）通过 R 接电源；（c）与有用输入端并联

2）或非门

或非门多余输入端的三种处理方法如图 9.16 所示。

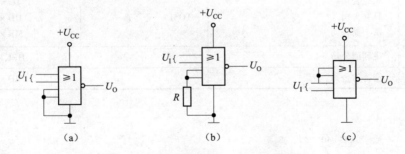

图 9.16　或非门多余输入端的处理方法

（a）接地；（b）通过 R 接地；（c）与有用输入端并联

二、CMOS 逻辑门

1. CMOS 逻辑门的特点

CMOS 集成逻辑门是采用 MOS 管作为开关元件的数字集成电路。它具有工艺简单、集成度高、抗干扰能力强、功耗低等优点，因此得到快速发展。

CMOS 门是由 PMOS 和 NMOS 互补而成的。PMOS 电路工作速度低且采用负电压，不便与 TTL 电路相连；NMOS 电路工作速度比 PMOS 电路要高、集成度高，便于和 TTL 电路相连，但带电容负载能力较弱；CMOS 电路静态功耗低、抗干扰能力强、工作稳定性好、开关速度高，是性能较好且应用较广泛的一种电路。

2. CMOS 门电路的功能

CMOS 门电路有与门、或门、非门（又称反相器）等各种逻辑功能。

3. CMOS 门电路的型号

CMOS 逻辑门器件常用的有 4000 系列，型号组成及意义如表 9.11 所示，国外对应产品的代号如表 9.12 所示。

表 9.11　CMOS 器件型号的组成及其意义

第 1 部分		第 2 部分		第 3 部分		第 4 部分	
产品制造单位		器件系列		器件品种		工作温度范围	
符号	意义	符号	意义	符号	意义	符号	意义
CC	中国制造的（CMOS 类型）	40				C	0 ~ 70 ℃
CD	美国无线电公司产品	45	系列符号	阿拉伯数字	器件功能	E	− 40 ~ 85 ℃
TC	日本东芝公司产品	145				R	− 55 ~ 85 ℃
						M	− 55 ~ 125 ℃

表 9.12　国外公司 CMOS 产品代号

国别	公司名称	简称	型号前缀
美国	美国无线电公司	RCA	CD × ×
	摩托罗拉公司	MOTA	MC × ×
	国家半导体公司	NSC	CD × ×
	德克萨斯仪器公司	TI	TP × ×
日本	东芝公司		TC × ×
	日立公司	TOSJ	HD × ×
	富士通公司		MB × ×
荷兰	飞利浦公司		HFE × ×
加拿大	密特尔公司		MD × ×

例如：

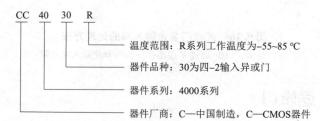

4. CMOS 集成电路使用注意事项

CMOS 集成电路与 TTL 集成电路的使用注意事项基本相同。但因 CMOS 集成电路容易产生栅极击穿问题，所以要特别注意以下几点。

（1）避免静电损失。

存放 CMOS 集成电路不能用塑料袋，要用金属将引脚短接起来，或用金属盒屏蔽。工作台应当用金属材料覆盖，并应良好接地。焊接时，电烙铁壳应接地。

（2）多余输入端的处理方法。

CMOS 集成电路的输入阻抗高，易受外界干扰的影响，所以 CMOS 集成电路多余输入端不允许悬空。多余输入端应根据逻辑要求或接电源 U_{CC}（与非门、与门），或接地（或非门、或门），或与其他输入端连接。

能力训练

一、判断题

1. CMOS 集成电路多余输入端可以悬空。 （　　）

2. CMOS 门是由 PMOS 和 NMOS 互补而成的。 （　　）

3. 存放 CMOS 集成电路要用金属将引脚短接起来。 （　　）

二、单选题

1. TTL 集成与非门正常工作的电源电压为多少？（　　）

A. 5 V　　　　　　B. 3.6 V　　　　　　C. 0.3 V　　　　　　D. 3 V

2. 或非门多余输入端的处理方法哪种是错误的？（　　）

A. 通过 R 接地　　　B. 接电源　　　C. 与有用输入端并联　　D. 接地

模块三　组合逻辑电路的分析和设计

先导案例

将各种集成逻辑门电路根据不同的方式组合起来，可以实现许多功能，这就是组合逻辑电路，常见的有代码之间的相互转换和显示需要用到的编码器和译码器，从多路数据中选择一路数据需要用到的数据选择器等。组合逻辑电路在任一时刻的输出状态只与同一时刻各输入状态的组合有关，而与前一时刻的输出状态无关。

一、组合电路分析

组合电路分析的目的是确定已知电路的逻辑功能，并检查原电路是否合理，详细的分析步骤为：

组合逻辑
电路的分析

（1）根据已知的逻辑图从输入到输出逐级写出逻辑函数表达式。

（2）利用公式法化简逻辑函数表达式。

（3）列出真值表，确定其逻辑功能。

【例 9.10】分析如图 9.17 所示逻辑电路的功能。

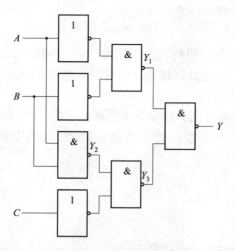

图 9.17 例 9.10 的逻辑图

解：

（1）写出逻辑表达式：

$$Y_1 = \overline{\overline{A} \cdot \overline{B}}$$

$$Y_2 = \overline{A \cdot B}$$

$$Y_3 = \overline{\overline{AB} \cdot \overline{C}}$$

$$Y = \overline{\overline{\overline{A} \cdot \overline{B}} \cdot \overline{\overline{AB} \cdot \overline{C}}}$$

（2）化简：

$$Y = \overline{\overline{\overline{A} \cdot \overline{B}} \cdot \overline{\overline{AB} \cdot \overline{C}}} = \overline{A}\,\overline{B} + \overline{AB}\,\overline{C} = \overline{A}\,\overline{B} + \overline{A}\,\overline{C} + \overline{B}\,\overline{C}$$

（3）列真值表：如表 9.13 所示。

表 9.13 例 9.10 的真值表

A	B	C	Y
0	0	0	1
0	0	1	1
0	1	0	1
0	1	1	0
1	0	0	1
1	0	1	0
1	1	0	0
1	1	1	0

由表 9.13 可知，当输入 A、B、C 中 1 的个数小于 2 时，输出 Y 为 1，否则为 0。

二、组合电路设计

组合电路设计的目的是根据功能要求设计出最优电路，其步骤为：

组合逻辑
电路的设计

（1）根据设计要求，确定输入、输出变量的个数及其含义。

（2）根据逻辑功能要求列出相应的真值表。

（3）根据真值表进行化简得到逻辑函数表达式。

（4）根据要求及表达式画出逻辑图。

（5）根据逻辑图选择实现功能的元器件。

【例 9.11】 有三个班的学生上自习，大教室能容纳两个班的学生，小教室能容纳一个班的学生。设计两个教室是否开灯的逻辑控制电路，要求如下：

（1）一个班的学生上自习，开小教室的灯。

（2）两个班的学生上自习，开大教室的灯。

（3）三个班的学生上自习，两教室均开灯。

解：（1）确定输入、输出变量的个数。根据电路要求，设输入变量 A、B、C 分别表示三个班的学生是否上自习，1 表示上自习，0 表示不上自习；输出变量 Y、G 分别表示大教室、小教室的灯是否亮，1 表示亮，0 表示灭。

（2）列真值表。如表 9.14 所示。

表 9.14　例 9.11 的真值表

A	B	C	Y	G
0	0	0	0	0
0	0	1	0	1
0	1	0	0	1
0	1	1	1	0
1	0	0	0	1
1	0	1	1	0
1	1	0	1	0
1	1	1	1	1

（3）化简。利用卡诺图化简，如图 9.18 所示，可得：

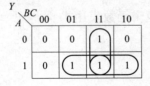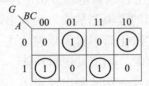

图 9.18　例 9.11 的卡诺图

$$Y = BC + AC + AB$$
$$G = \overline{A}\,\overline{B}C + \overline{A}B\,\overline{C} + A\overline{B}\,\overline{C} + ABC$$
$$= \overline{A}(B \oplus C) + A(B \odot C)$$
$$= A \oplus B \oplus C$$

（4）画出逻辑图。逻辑电路图如图 9.19 所示。

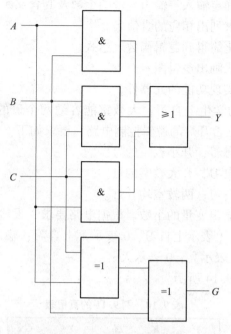

图 9.19 例 9.11 逻辑图

能力训练

一、判断题

1. 组合逻辑电路在任一时刻的输出状态只与同一时刻各输入状态的组合有关，而与前一时刻的输出状态无关。（　　）

2. 组合电路的分析不需要列真值表。（　　）

3. 组合电路设计的目的是根据功能要求设计出最优电路。（　　）

二、单选题

1. 哪个不是组合逻辑电路分析的步骤？（　　）

A. 根据已知的逻辑图从输入到输出逐级写出逻辑函数表达式

B. 利用公式法化简逻辑函数表达式

C. 列出真值表，确定其逻辑功能

D. 根据要求及表达式画出逻辑图

2. 哪个是组合逻辑电路设计的步骤？（　　）

A. 根据设计要求，确定输入、输出变量的个数及其含义

B. 利用公式法化简逻辑函数表达式

C. 列出真值表，确定其逻辑功能

D. 根据已知的逻辑图从输入到输出逐级写出逻辑函数表达式

模块四　逻辑门的应用

先导案例

组合逻辑电路是数字系统中数字电路的一个主要组成部分之一，功能繁多，使用非常广泛，例如，在计算机系统中使用的编码器、译码器、数据选择和分配器、代码转换与校验电路、加法器、数值比较器等；在控制系统中使用的报警电路、门控电路等。

一、编码器

1. 编码器的定义

在计算机系统中，常常要用到输入键盘，只有把每个键盘编成二进制代码，才能被主机识别。编码就是将特定含义的输入信号（文字、数字、符号）按一定的规律编成二进制代码的过程。实现编码操作的数字电路称为编码器。按照输出代码种类的不同，可分为二进制编码器和非二进制编码器。编码器按照编码方式不同，可分为普通编码器和优先编码器。

当几个输入信号同时出现时，只对其中优先权最高的一个输入进行编码。而在同一时刻只能给其中一个部件发出允许操作信号。因此，必须根据轻重缓急，规定好这些控制对象允许操作的先后次序，即优先级别。识别这类请示信号的优先级别并进行编码的逻辑部件称为优先编码器。

2. 优先编码器 74LS148

74LS148 是 8 线 – 3 线优先编码器，如图 9.20 所示，图中 $\overline{I_0} \sim \overline{I_7}$ 为输入信号端，$\overline{S}$ 是使能输入端，$\overline{Y_0} \sim \overline{Y_2}$ 为三个输出端，$\overline{Y_S}$ 和 $\overline{Y_{EX}}$ 是用于功能扩展的输出端。其功能如表 9.15 所示。

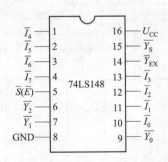

图 9.20　74LS148 优先编码器

表 9.15　优先编码器 74LS148 功能表

输入使能	输入								输出			扩展输出	输出使能
$\overline{S}$	$\overline{I_7}$	$\overline{I_6}$	$\overline{I_5}$	$\overline{I_4}$	$\overline{I_3}$	$\overline{I_2}$	$\overline{I_1}$	$\overline{I_0}$	$\overline{Y_2}$	$\overline{Y_1}$	$\overline{Y_0}$	$\overline{Y_{EX}}$	$\overline{Y_S}$
1	X	X	X	X	X	X	X	X	1	1	1	1	1
0	1	1	1	1	1	1	1	1	1	1	1	1	0
0	0	X	X	X	X	X	X	X	0	0	0	0	1
0	1	0	X	X	X	X	X	X	0	0	1	0	1
0	1	1	0	X	X	X	X	X	0	1	0	0	1
0	1	1	1	0	X	X	X	X	0	1	1	0	1
0	1	1	1	1	0	X	X	X	1	0	0	0	1
0	1	1	1	1	1	0	X	X	1	0	1	0	1
0	1	1	1	1	1	1	0	X	1	1	0	0	1
0	1	1	1	1	1	1	1	0	1	1	1	0	1

在表 9.15 中，输入 $\overline{I_7} \sim \overline{I_0}$ 为低电平有效，$\overline{I_7}$ 为最高优先级，$\overline{I_0}$ 为最低优先级，X 表示无论输入状态是 0 还是 1 都不起作用。只要 $\overline{I_7} = 0$，不管其他输入是 0 还是 1，只对 $\overline{I_7}$ 进行编码，输出为反码 $\overline{Y_2}\,\overline{Y_1}\,\overline{Y_0} = 000$。当 $\overline{I_7} = 1$ 时表示不编码，$\overline{I_6}$ 可以编码，其他输入依次类推。

$\overline{S}$ 为使能输入端，只有当 $\overline{S} = 0$ 时编码器工作，$\overline{S} = 1$ 时编码器不工作。

$\overline{Y_S}$ 为使能输出端，当 $\overline{S} = 0$ 允许工作时，如果 $\overline{I_0} \sim \overline{I_7}$ 端有信号输入，则 $\overline{Y_S} = 1$，若 $\overline{I_0} \sim \overline{I_7}$ 端无信号输入，那么 $\overline{Y_S} = 0$。

$\overline{Y_{EX}}$ 为扩展输出端，当 $\overline{S} = 0$ 时，只要有编码信号，$\overline{Y_{EX}}$ 就是低电平。

利用 74LS148 扩展输出端可以实现多级连接进行功能扩展，即用两块 74LS148 可以扩展成为一个 16 线 – 4 线（16/4 线）优先编码器，如图 9.21 所示。

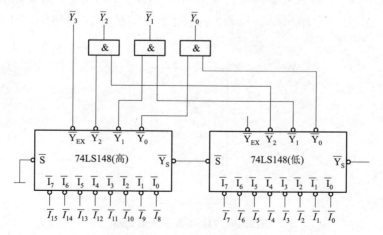

图 9.21　16/4 线优先编码器

从图 9.21 中可以看出，高位片 $\overline{S_1} = 0$ 时允许 $\overline{I_8} \sim \overline{I_{15}}$ 编码，$\overline{Y_{S1}} = 1$，$\overline{S_2} = 1$，则高位片编码，低位片禁止编码。但若 $\overline{I_8} \sim \overline{I_{15}}$ 都是高电平，即均无编码请求时，则 $\overline{Y_{S1}} = 0$，允许低位片

对输入 $\overline{I_0} \sim \overline{I_7}$ 进行编码。显然，高位片的编码级别优先于低位片，利用使能输入、输出端可以扩展编码器的功能。

二、变量译码器

1. 译码器的功能

译码是编码的逆过程，即将输入的每一组二进制代码翻译成一个特定的 **译码器** 输出信息。实现译码功能的数字电路称为译码器。

集成芯片 74LS138 是常用的 3 线 − 8 线译码器，即输入三位二进制数码，输出 8 个状态信息。74LS138 的符号图、引脚图如图 9.22 所示，其逻辑功能表如表 9.16 所示。

表 9.16　74LS138 译码器功能表

输入					输出							
E_1	$\overline{E_{2A}} + \overline{E_{2B}}$	A_2	A_1	A_0	$\overline{Y_7}$	$\overline{Y_6}$	$\overline{Y_5}$	$\overline{Y_4}$	$\overline{Y_3}$	$\overline{Y_2}$	$\overline{Y_1}$	$\overline{Y_0}$
×	1	×	×	×	1	1	1	1	1	1	1	1
0	×	×	×	×	1	1	1	1	1	1	1	1
1	0	0	0	0	1	1	1	1	1	1	1	0
1	0	0	0	1	1	1	1	1	1	1	0	1
1	0	0	1	0	1	1	1	1	1	0	1	1
1	0	0	1	1	1	1	1	1	0	1	1	1
1	0	1	0	0	1	1	1	0	1	1	1	1
1	0	1	0	1	1	1	0	1	1	1	1	1
1	0	1	1	0	1	0	1	1	1	1	1	1
1	0	1	1	1	0	1	1	1	1	1	1	1

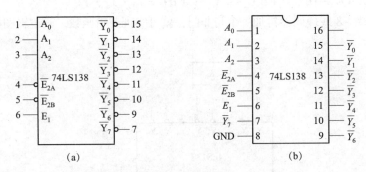

图 9.22　74LS138 符号图和引脚图

（a）符号图；（b）引脚图

由功能表 9.16 可知，它能译出三个输入端变量的全部状态。该译码器设置了三个使能输入端，当 E_1 为 1 且 $\overline{E_{2A}}$ 和 $\overline{E_{2B}}$ 均为 0 时，译码器处于工作状态，否则译码器不工作。

2. 译码器的级联

利用 74LS138 使能端可以实现多级连接进行功能扩展，即用两块 74LS138 可以扩展成为一个 4 线 − 16 线（4/16 线）变量译码器，如图 9.23 所示。

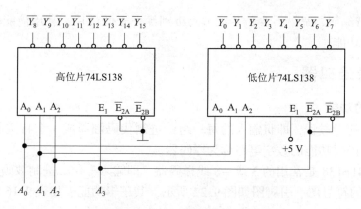

图9.23 4/16线变量译码器

利用译码器的使能端作为高位输入端 A_3，如图9.23所示，当 $A_3 = 0$ 时低位片 74LS138 工作，输出 A_2、A_1、A_0 进行译码还原出 $\overline{Y}_0 \sim \overline{Y}_7$，则高位禁止工作；当 $A_3 = 1$ 时，高位片 74LS138 工作还原出 $\overline{Y}_8 \sim \overline{Y}_{15}$，而低位片禁止工作。

3. 用变量译码器实现逻辑函数

根据变量译码器的功能，它的每个输出端都表示一项最小项，而任何函数都可以写成最小项表达式，利用这个特点，可以用来实现逻辑函数。

【例9.12】 用一个3线 –8线译码器实现逻辑函数 $Y = \overline{A}\,\overline{B}\,\overline{C} + A\overline{B}\,\overline{C} + \overline{A}\,B\,\overline{C}$。

解： 当 E_1 接 $+5$ V，$\overline{E}_{2A}$ 和 $\overline{E}_{2B}$ 接地时，得到各输入端的表达式为：

$$\overline{Y}_0 = \overline{\overline{A}_2\,\overline{A}_1\,\overline{A}_0} \qquad \overline{Y}_1 = \overline{\overline{A}_2\,\overline{A}_1 A_0} \qquad \overline{Y}_2 = \overline{\overline{A}_2 A_1\,\overline{A}_0} \qquad \overline{Y}_3 = \overline{\overline{A}_2 A_1 A_0}$$

$$\overline{Y}_4 = \overline{A_2\,\overline{A}_1\,\overline{A}_0} \qquad \overline{Y}_5 = \overline{A_2\,\overline{A}_1 A_0} \qquad \overline{Y}_6 = \overline{A_2 A_1\,\overline{A}_0} \qquad \overline{Y}_7 = \overline{A_2 A_1 A_0}$$

若将输入变量 A、B、C 分别代替 A_2、A_1、A_0，则函数可得到：

$$Y = \overline{A}\,\overline{B}\,\overline{C} + A\overline{B}\,\overline{C} + \overline{A}\,B\,\overline{C} = \overline{\overline{\overline{A}\,\overline{B}\,\overline{C}} \cdot \overline{A\,\overline{B}\,\overline{C}} \cdot \overline{\overline{A}\,B\,\overline{C}}} = \overline{\overline{Y}_0 \cdot \overline{Y}_4 \cdot \overline{Y}_2}$$

可见，用3线 –8线译码器再加一个与非门，就可实现逻辑函数。其逻辑图如图9.24所示。

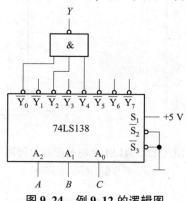

图9.24 例9.12的逻辑图

三、显示译码器

1. 数码管

半导体七段数码管是数字电路中使用最多的显示器，它有共阳极和共阴极两种接法。

共阳极接法如图 9.25（c）所示，即各发光二极管阳极相接，对应极接低电平时亮。图 9.25（b）所示为发光二极管的共阴极接法，共阴极接法是各发光二极管的阴极相接，对应极接高电平时亮。因此，利用不同发光段组合能显示出 0 ~ 9 十个数字，如图 9.26 所示，为了使数码管能将数码所代表的数字显示出来，必须将数码经译码器译出，然后经驱动器点亮对应的段，才能按要求显示出相应的数字。

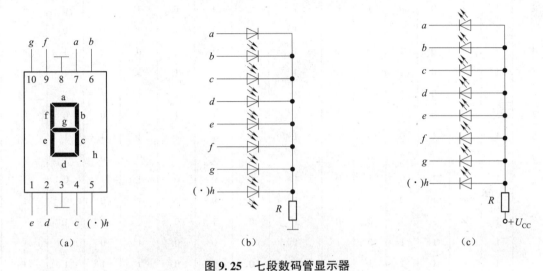

图 9.25 七段数码管显示器

（a）引脚排列图；（b）共阴极接线图；（c）共阳极接线图

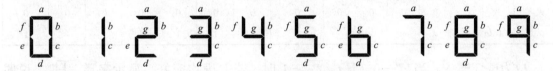

图 9.26 七段数字显示器发光段组合图

2. 显示译码器的功能

如图 9.27 所示为集成显示译码器 74LS48 的引脚排列图。

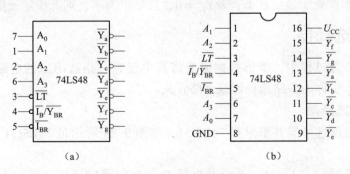

图 9.27 74LS48 引脚排列图

表 9.17 所示为 74LS48 的逻辑功能表，它有 3 个辅助控制端 $\overline{LT}$、$\overline{I_{BR}}$、$\overline{I_B}/\overline{Y_{BR}}$。

表 9.17 74LS48 显示译码器的功能表

数字	输入							输出						
十进制	$\overline{LT}$	$\overline{I}_{BR}$	A_3	A_2	A_1	A_0	$\overline{I}_B/\overline{Y}_{BR}$	$\overline{Y}_a$	$\overline{Y}_b$	$\overline{Y}_c$	$\overline{Y}_d$	$\overline{Y}_e$	$\overline{Y}_f$	$\overline{Y}_g$
0	1	1	0	0	0	0	1	1	1	1	1	1	1	0
1	1	×	0	0	0	1	1	0	1	1	0	0	0	0
2	1	×	0	0	1	0	1	1	1	0	1	1	0	1
3	1	×	0	0	1	1	1	1	1	1	1	0	0	1
4	1	×	0	1	0	0	1	0	1	1	0	0	1	1
5	1	×	0	1	0	1	1	1	0	1	1	0	1	1
6	1	×	0	1	1	0	1	0	0	1	1	1	1	1
7	1	×	0	1	1	1	1	1	1	1	0	0	0	0
8	1	×	1	0	0	0	1	1	1	1	1	1	1	1
9	1	×	1	0	0	1	1	1	1	1	0	0	1	1
	1	×	1	0	1	0	1	0	0	0	1	1	0	1
	1	×	1	0	1	1	1	0	0	1	1	0	0	1
	1	×	1	1	0	0	1	0	1	0	0	0	1	1
	1	×	1	1	0	1	1	1	0	0	1	0	1	1
	1	×	1	1	1	0	1	0	0	0	1	1	1	1
	1	×	1	1	1	1	1	0	0	0	0	0	0	0
灭灯	×	×	×	×	×	×	0	0	0	0	0	0	0	0
灭零	1	0	0	0	0	0	0	0	0	0	0	0	0	0
试灯	0	×	×	×	×	×	1	1	1	1	1	1	1	1

$\overline{LT}$ 为试灯输入，当 $\overline{LT}=0$，且 $\overline{I}_B/\overline{Y}_{BR}=1$ 时，若七段均完好，显示字形"8"，说明 74LS48 显示器完好；当 $\overline{LT}=1$ 时，译码器方可进行译码显示。$\overline{I}_{BR}$ 用来动态灭零，当 $\overline{LT}=1$，且 $\overline{I}_{BR}=0$ 时，输入 $A_3A_2A_1A_0=0000$ 时，则 $\overline{I}_B/\overline{Y}_{BR}=0$ 使数字符的各段熄灭；$\overline{I}_B/\overline{Y}_{BR}$ 为灭灯输入/灭灯输出，当 $\overline{I}_B=0$ 时不管输入如何，数码管不显示数字；$\overline{Y}_{BR}$ 为控制低位灭零信号，当 $\overline{Y}_{BR}=1$ 时，说明本位处于显示状态；若 $\overline{Y}_{BR}=0$，且低位为零，则低位零被熄灭。

四、数据选择器

在多路数据传送过程中，能够根据需要将其中任意一路选出来的电路，叫作数据选择器，也称为多路选择器或多路开关。

数据选择器

1. 八路数据选择器

典型的集成数据选择器其型号是 74LS151。如图 9.28 所示是 74LS151 的符号图及引脚排列图。

它有 3 个地址端 A_2、A_1、A_0，8 个数据端 $D_0 \sim D_7$，可选其一进行传送，两个互补输出端 W 和 $\overline{W}$。其功能表如表 9.18 所示。

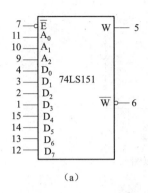　　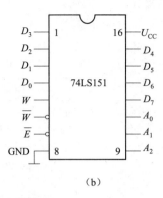

（a）　　　　　　　　　　　　　　　（b）

图 9.28　74LS151 数据选择器

（a）符号图；（b）引脚排列图

表 9.18　74LS151 的功能表

$\overline{E}$	A_2	A_1	A_0	W	$\overline{W}$
1	×	×	×	0	1
0	0	0	0	D_0	$\overline{D_0}$
0	0	0	1	D_1	$\overline{D_1}$
0	0	1	0	D_2	$\overline{D_2}$
0	0	1	1	D_3	$\overline{D_3}$
0	1	0	0	D_4	$\overline{D_4}$
0	1	0	1	D_5	$\overline{D_5}$
0	1	1	0	D_6	$\overline{D_6}$
0	1	1	1	D_7	$\overline{D_7}$

2. 用数据选择器实现逻辑函数

利用数据选择器，当使能端有效时，将地址输入、数据输入代替逻辑函数中的变量可以实现逻辑函数。

【例 9.13】 试用八选一数据选择器 74LS151 实现逻辑函数 $Y = AB\overline{C} + \overline{A}BC + \overline{A}\,\overline{B}$。

解： 把逻辑函数变换成最小项表达式：

$Y = AB\overline{C} + \overline{A}BC + \overline{A}\,\overline{B}$

$\quad = AB\overline{C} + \overline{A}BC + \overline{A}\,\overline{B}C + \overline{A}\,\overline{B}\,\overline{C}$

$\quad = m_0 + m_1 + m_3 + m_6$

八选一数据选择器的输出逻辑函数表达式为：

$Y = \overline{A_2}\,\overline{A_1}\,\overline{A_0}D_0 + \overline{A_2}\,\overline{A_1}A_0D_1 + \overline{A_2}A_1\overline{A_0}D_2 + \overline{A_2}A_1A_0D_3 + A_2\,\overline{A_1}\,\overline{A_0}D_4 + A_2\,\overline{A_1}A_0D_5 + A_2A_1\,\overline{A_0}D_6 +$

$\quad A_2A_1A_0D_7$

$\quad = m_0D_0 + m_1D_1 + m_2D_2 + m_3D_3 + m_4D_4 + m_5D_5 + m_6D_6 + m_7D_7$

若将式中 A_2、A_1、A_0 用 A、B、C 来代替，则 $D_0 = D_1 = D_3 = D_6 = 1$，$D_2 = D_4 = D_5 = D_7 = 0$，画出该逻辑函数的逻辑图，如图 9.29 所示。

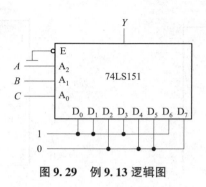

图9.29　例9.13逻辑图

能 力 训 练

一、判断题

1. 译码是将输入的每一组二进制代码翻译成一个特定的输出信息。（　　）
2. 数据选择器是任意选出其中一路输入信号，将其作为输出信号的电路。（　　）
3. 当几路输入信号同时出现时，优先编码器只对其中优先权最高的输入信号进行编码。
　（　　）

二、单选题

1. 共阳极数码管的各发光二极管阳极接在一起并接高电平，对应的阴极引脚接什么电平时点亮对应的发光管？（　　）

A. 电流源　　　　　　B. 电压源　　　　　　C. 低电平　　　　　　D. 高电平

2. 利用数据选择器，当哪个端有效时，将地址输入、数据输入代替逻辑函数中的变量就可以实现逻辑函数？（　　）

A. 使能端　　　　　　B. 输入端　　　　　　C. 电源端　　　　　　D. 接地端

单元小结

（1）数字信号反映在电路上只有高电位和低电位两种状态，因此数字电路采用二进制数来传输和处理数字信号。在数字电路中，通常用开关的接通与断开来实现电路的高、低电位两种状态。将高电位称为高电平，用"1"表示；低电位称为低电平，用"0"表示；数字电路主要研究的是输出信号的状态与输入信号的状态之间的逻辑关系，反映的是电路的逻辑功能，所以数字电路又称为逻辑电路。对数字电路中的逻辑功能采用逻辑代数来分析，利用真值表、逻辑函数表达式、逻辑符号（逻辑图）、卡诺图来表示电路的逻辑功能。

（2）组合逻辑电路的特点是在任何时刻其输出仅取决于该时刻的输入，而与电路前一时刻（原来）的状态无关；它是由若干逻辑门组成的，电路中无记忆元件。

（3）组合逻辑电路的分析方法：根据已知逻辑图逐级写出逻辑函数表达式→用公式定律化简和变换逻辑函数表达式→根据表达式列出真值表→确定功能。

（4）组合逻辑电路的设计方法：根据功能要求确定设计电路的输入、输出变量的个数及含义→根据功能列出真值表→利用卡诺图化简并写出逻辑函数表达式→根据表达式或设计要求画出逻辑图→根据逻辑图选择实现功能的器件并测试功能是否符合设计要求。

（5）本学习单元介绍了 TTL 和 CMOS 集成逻辑门的特点及其使用注意事项。

（6）本学习单元介绍了常用的一些组合逻辑电路，如编码器、译码器、数据选择器，介绍了它们的逻辑功能、集成芯片及集成电路的扩展和应用。

 单元检测

一、填空题

1. 逻辑代数有三种基本运算，分别是_____运算、_____运算和_____运算。

2. 组合电路的分析方法分_____步，分别是_____
_____。

3. 组合电路的设计方法分_____步，分别是_____
_____。

4. LED 七段显示数码管根据内部二极管公共端的连接方法，分为两类，分别是_____
_____和_____。

5. 编码器的功能是_____

6. 数字信号反映在电路上只有高电位和低电位两种状态，因此在数字电路中采用_____
____进制数来传输和处理数字信号。

7. 当产生事物结果的多个条件中，只要有一个或一个以上条件满足，结果就能发生，这种逻辑运算关系称为_____逻辑。

8. 对于任意一个最小项，只有变量的一组取值使得它的值为_____，而取其他值时，这个最小项的值都是_____。

9. 对于一个 n 输入变量的函数，每个最小项有_____个最小项与之相邻。

10. 集成芯片 74LS138 是常用的_____线 - _____线译码器，即输入三位二进制数码，输出八个状态信息。

二、分析计算题

1. 化简下列各题：

（1）$Y = A\overline{B}C + AC + \overline{A}BC + \overline{B}\,C\overline{D}$；

（2）$Y(A,B,C,D) = \sum m(0,1,2,3,4,5,8,10,11)$；

（3）$Y = BC + C\overline{D} + \overline{B}CD + \overline{A}\,CD$。

2. 分析 9.30 所示各组合逻辑电路的逻辑功能，写出逻辑函数表达式。

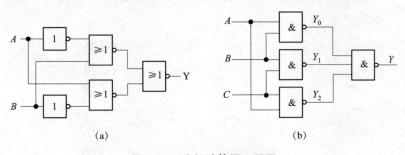

（a）　　　　　　　　　　　　　　　　（b）

图 9.30　分析计算题 2 用图

3. 设计一个全加器，既包括加数与被加数，又包括低位进位的加法运算，结果有本位的和及向高位的进位。

4. 用74LS138和与非门实现下列逻辑函数：

$$Y = \overline{A}\,\overline{B}\,\overline{C} + AB\,\overline{C} + \overline{A}\,B\,C$$

拓展阅读

在20世纪初，通信系统传输的是模拟信号，战争中的电话经常被对方窃听，而且容易受到外界和通信内部的各种干扰，噪声极大。科学家利用电路构成的门限电压（称为阈值）去衡量输入的信号电压，只有达到某一电压幅度，电路才会有输出值，从而生成一系列整齐的脉冲信号，称为数字信号。当较小杂音电压到达时，由于它低于阈值而被过滤掉，不会引起电路动作。因此再生的信号与原信号完全相同。如果干扰信号大于原信号而产生误码，于是又在电路中设置了检验错误和纠正错误的方法，从而使数字信号传输具有抗干扰能力强、保密性好的优点。

编码器将各种复杂的代码编制成只有"0""1"两个代码的二进制码，送入计算机处理，去繁就简，大大提高了运算速度。数据选择器根据地址信号，用一根数据线传输8路数据，节省了传输线。

将常用的逻辑功能电路集成起来，不再关注最底层电路的设计，集中处理最核心的功能，也是数字电路设计的主导思想，极大地提高了运行速度，更易于设计。

伴随着电子技术的快速发展，数字信号处理系统大显身手，广泛应用于现代通信、音视频处理、图像处理、医学信号分析等领域。

学习单元十

触发器及时序逻辑电路

单元描述

在数字电路系统中，按照逻辑功能的不同可分为两类电路，除了组合逻辑电路，还有另一种电路，称为时序逻辑电路。时序逻辑电路是在组合逻辑电路中加进具有记忆功能的电路，电路的输出不仅与当时的输入信号有关，还与原来的状态有关。常见的时序逻辑电路有计数器和寄存器。

数字电子技术中触发器是很重要的基本逻辑单元。触发器（Flip Flop，简写为FF或F）是具有记忆功能的单元电路，专门用来接收、存储、输出"0""1"代码。它有双稳态、单稳态、无稳态触发器（又称多谐振荡器）。本单元将学习各种双稳态触发器及其应用。

学习导航

知识点	（1）了解时序逻辑电路的概念、组成与特点。 （2）熟悉和掌握各种触发器的电路结构及逻辑功能。 （3）熟悉时序逻辑电路的分析方法。 （4）掌握计数器、寄存器的构成和逻辑功能。 （5）掌握集成计数器实现任意进制计数器的方法
重点	各种触发器的功能；边沿触发的概念
难点	计数器原理；寄存数码原理、移位寄存器原理；集成计数器实现任意进制计数器的方法
能力培养	（1）能够读懂常用的集成触发器芯片的功能表，会使用常用的集成触发器芯片。 （2）会分析触发器构成的应用电路工作原理。 （3）能够进行计数器实验的设计与验证
思政目标	夯实理论基础，有效地将理论知识运用于实际生活，掌握数字电路设计的逻辑性。引导学生了解事物的发展规律，培养科学思维，提高创新意识，建立严谨的科学态度和一丝不苟的钻研精神
建议学时	10～14学时

模块一　触发器的识别

先导案例

在实际的数字系统中往往包含大量的存储单元，并且经常要求它们在同一时刻同步动作。那么这些存储单元是怎么进行数据存储的呢？输入和输出信号状态之间是什么关系？又是如何同步实现动作呢？

一、触发器的种类

1. 按功能分类

双稳态触发器由门电路构成，是一种最简单的触发器，是构成各种触发器的基础。双稳态触发器有"0""1"两个稳定的工作状态。在外加触发信号的作用下，可以从一个稳定状态转换至另一个稳定状态，而在没有外加信号作用时，触发器维持原来的稳定状态不变，所以其具有记忆作用，又称存储器。

RS 触发器

双稳态触发器按功能分为 RS 触发器、JK 触发器、D 触发器、T 触发器、T′触发器，如图 10.1 所示。

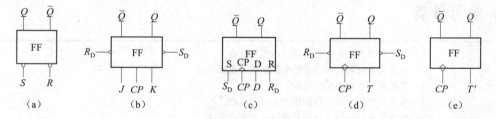

图 10.1　双稳态触发器电路符号

（a）基本 RS 触发器；（b）JK 触发器；（c）D 触发器；（d）T 触发器；（e）T′触发器

2. 按结构分类

双稳态触发器按结构分为基本型、同步型、主从型、维阻型、边沿型。

3. 按触发工作方式分类

双稳态触发器按触发工作方式分为低电平、高电平、上升沿、下降沿触发，如图 10.1 所示。触发器在 $CP=1$（或 $CP=0$）期间内，如果输入信号变化均可使触发器的输出随之变化，称之为电平触发。触发器在 CP 上升沿或下降沿瞬时触发，称之为边沿触发。

二、触发器的功能

1. 基本 RS 触发器

1）电路结构和逻辑符号

以与非门构成的基本 RS 触发器为例进行分析。如图 10.2（a）、（b）所示，基本 RS 触发器由两个与非门的输入端和输出端交叉耦合而成。触发器有两个输入端（又称触发信号端）：复位端 R 和置位端 S；两个互补输出端：Q 和 $\bar{Q}$。

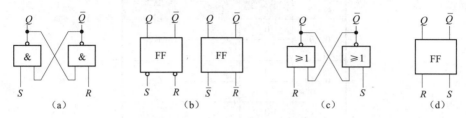

图 10.2　基本 RS 触发器

（a）与非门；（b）符号；（c）或非门；（d）符号

当复位端 R 有效时，输出端 Q 变为 0，故也称 R 为置 "0" 端；当置位端 S 有效时，输出端 Q 变为 1，也称 S 为置 "1" 端；两个互补输出端 Q 和 $\bar{Q}$ 的有效状态总是相反的，当 $Q=1$ 时，$\bar{Q}=0$；$Q=0$ 时，$\bar{Q}=1$。

2）逻辑功能分析

信号输出端 $Q=0$，$\bar{Q}=1$ 的状态称为 "0" 状态；$Q=1$，$\bar{Q}=0$ 的状态称为 "1" 状态。信号输入端 R、S 低电平有效。

Q^n 称为触发器的原状态（也称 "现态"），即触发器接收输入信号之前的稳定状态；Q^{n+1} 称为触发器的新状态（也称 "次态"），即触发器接收输入信号之后所处的新的稳定状态。

（1）$R=0$、$S=1$ 时，由于 $R=0$，无论原来 Q 为 0 还是 1，都有 $\bar{Q}=1$。再由 $S=1$、$\bar{Q}=1$ 可得 $Q=0$。即无论触发器原来处于什么状态都将变成 "0" 状态，即将触发器置 "0" 或复位。R 端称为置 "0" 端或者复位端。

（2）$R=1$、$S=0$ 时，由于 $S=0$，无论原来 $\bar{Q}$ 为 0 还是 1，都有 $Q=1$。再由 $R=1$、$Q=1$ 可得 $\bar{Q}=0$。即无论触发器原来处于什么状态都将变成 "1" 状态，即将触发器置 "1" 或置位。S 端称为置 "1" 端或者置位端。

（3）$R=1$、$S=1$ 时，根据与非门的逻辑功能，触发器保持原有状态不变，即原来的状态被触发器存储起来，体现了触发器的记忆功能。

（4）$R=0$、$S=0$ 时，无论触发器的原状态是什么，其输出 $Q=\bar{Q}=1$，不符合触发器的逻辑关系，输出状态不能确定，禁止使用。

3）逻辑功能表示

触发器的功能可用状态表（真值表）、状态转换图（状态图）、特征方程式及逻辑符号图、波形图（时序图）等方式进行描述。

（1）状态表：将逻辑功能分析结果列成表格，则可得到基本 RS 触发器的状态表，如表 10.1 所示。

表 10.1 中 Q^{n+1} 输出的 "X" 为不定状态，是逻辑函数中的约束项。其有两种情况，一种是输入 $R=S=0$ 时，$Q=\bar{Q}=1$，违犯了输出端互补关系；另一种情况是当 RS 由 00 同时变为 11 时，则 Q $(\bar{Q})$ $=1$ (0)，或 Q $(\bar{Q})$ $=0$ (1)，状态不能确定。

表 10.1 基本 RS 触发器的状态表

输入		输出	逻辑功能
R S	Q^n	Q^{n+1}	
0 0	0	X	不定
	1	X	
0 1	0	0	置0
	1	0	
1 0	0	1	置1
	1	1	
1 1	0	0	保持不变
	1	1	

（2）逻辑符号如图 10.2（b）所示，方框下面的两个小圆圈表示输入低电平有效。当 R、S 均为低电平时，输出状态不定。

（3）特征方程式：特征方程指的是描述触发器次态 Q^{n+1} 与 R、S 及现态 Q^n 之间关系的逻辑函数表达式。根据表 10.1 画出卡诺图如图 10.3 所示，化简得到特征方程式，如式（10.1）所示。

$$\begin{cases} Q^{n+1} = \bar{S} + RQ^n \\ \bar{R} \cdot \bar{S} = 0 \ （约束条件） \end{cases} \tag{10.1}$$

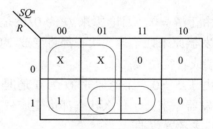

图 10.3 基本 RS 触发器的卡诺图

从特征方程式可知，Q^{n+1} 不仅与输入触发信号 R、S 的组合状态有关，而且与前一时刻输出状态 Q^n 有关，故触发器具有记忆作用。

（4）状态转换图：状态转换图是以图形的方式来描述触发器状态转换规律的，如图 10.4 所示。图中圆圈表示状态的个数，箭头表示状态转换的方向，箭头线上标注的触发信号取值表示状态转换的条件。

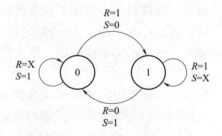

图 10.4 基本 RS 触发器的状态图

（5）波形图（简称时序图）：波形图是反映输入信号及触发器状态 Q 对应关系的工作波形图。如图 10.5 所示为已知 R、S 波形的情况下，触发器 Q 与 $\bar{Q}$ 端的输出波形。

画波形图时，对应一个时间，前者为 Q^n，后者则为 Q^{n+1}，故波形图上只标注 Q 与 $\bar{Q}$。因其有不定状态，则 Q 与 $\bar{Q}$ 要同时画出，画图时应根据功能表来确定各个时间段 Q 与 $\bar{Q}$ 的状态。

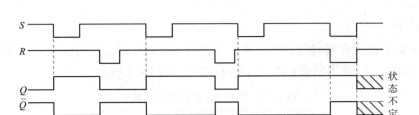

图 10.5　基本 RS 触发器的波形图

4）基本 RS 触发器的特点

（1）具有两个稳定状态，分别为"1"和"0"，为双稳态触发器。如果没有外加触发信号作用，它将保持原有状态不变，触发器具有记忆作用。在外加触发信号作用下，触发器输出状态才可能发生变化，输出状态直接受输入信号的控制，也称其为直接复位–置位触发器。

（2）当 R、S 端输入均为低电平时，输出状态不定，即 $R = S = 0$，$Q = \overline{Q} = 1$，违犯了互补关系。当 RS 从 00 同时变为 11 时，则 Q（$\overline{Q}$）= 1（0），Q（$\overline{Q}$）= 0（1）状态不能确定。

（3）与非门构成的基本 RS 触发器的功能可简化为表 10.2。

表 10.2　基本 RS 触发器的功能表

R $\quad$ S	Q^{n+1}	功能
0 $\quad$ 0	X	不定
0 $\quad$ 1	0	置"0"
1 $\quad$ 0	1	置"1"
1 $\quad$ 1	Q^n	不变

2. 同步 RS 触发器

在数字系统中，常常要求某些触发器按一定节拍同步动作，以取得系统的协调，为此需要在输入端设置一个控制端，该控制端引入的信号称为同步信号，也称为时钟脉冲信号，用 CP 表示。由此产生了由时钟信号 CP 控制的触发器（又称钟控触发器、时钟触发器）。此触发器的输出在 CP 信号有效时才根据输入信号改变状态，故称同步触发器。

1）电路结构和逻辑符号

如图 10.6 所示，同步 RS 触发器是由基本 RS 触发器和两个控制与非门构成的。R 为置"0"端，S 为置"1"端，CP 为时钟脉冲输入端。

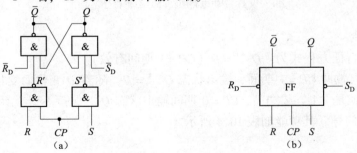

图 10.6　同步 RS 触发器

（a）逻辑电路图；（b）逻辑符号

2）逻辑功能

同步 RS 触发器是在时钟脉冲 CP 及触发信号 R、S 为高电平时有效，触发器状态才能改变，CP 为低电平时输出状态保持不变。其功能如表 10.3 所示。

表 10.3　同步 RS 触发器的功能表

CP	R　S	Q^{n+1}	功能
1	0　0	Q^n	保持
1	0　1	1	置1
1	1　0	0	置0
1	1　1	X	不定
0	X　X	Q^n	保持

从表 10.3 中可知，虽然对触发器增加了时间控制，但其输出的不定状态仍存在，直接影响触发器的工作质量。

3. D 触发器

同步 RS 触发器利用时钟脉冲控制，实现了输出按一定时间节拍进行状态转换。但是输入信号的取值仍受到限制，R、S 不能同时为 "1"，否则产生不定状态，即输入存在约束。针对这一问题出现了同步 D 触发器。

D 触发器

1）电路结构和逻辑符号

如图 10.7 所示，若将同步 RS 触发器的 R 端与 S 端与非门的输出相连，S 端作为 D 触发器的输入端就构成同步 D 触发器。

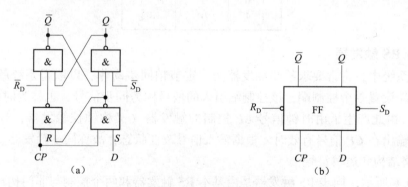

图 10.7　D 触发器

（a）逻辑电路图；（b）逻辑符号

2）逻辑功能

D 触发器的特征方程式为：$Q^{n+1} = D$（$CP = 1$ 期间有效）。

在 CP 脉冲有效即 $CP = 1$ 期间，输出状态 $Q^{n+1} = D$，随着 D 变化而变化，D 是 "1" 或 "0"，输出 Q^{n+1} 就是 "1" 或 "0"；$CP = 0$ 期间输出状态 Q^{n+1} 保持不变。所以触发器仍然始终输出两个互补信号。其功能如表 10.4 所示。

表 10.4　D 触发器的功能表

CP	D	Q^{n+1}	功能
1	0	0	置0
1	1	1	置1
0	X	Q^n	保持

但在实际应用时，同步 D 触发器会产生空翻现象。即在 CP 脉冲有效期间内，D 触发器的输出状态 Q^{n+1} 会随输入 D 信号的变化而变化多次，如图 10.8 所示。

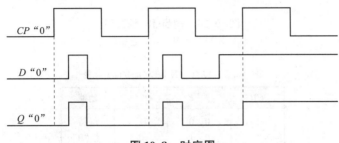

图 10.8　时序图

为了克服同步 D 触发器在 CP 脉冲有效时出现空翻现象，实现有序有效控制数字电路工作，可以在同步 D 触发器的输入端再增加一级与非门构成维持阻塞 D 触发器，简称维阻 D 触发器，其特征方程式不变，只是触发器状态转换的有效时刻变了。如图 10.9 所示是维阻 D 触发器 74LS74 的引脚图、符号图以及时序图。

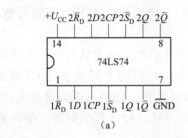
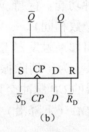
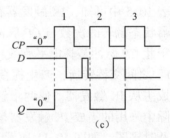

图 10.9　维阻 D 触发器
（a）引脚图；（b）符号图；（c）时序图

从图 10.9（b）中 CP 引脚的标注可知维阻 D 触发器是上升沿有效，从图 10.9（c）中可知，维阻 D 触发器的状态是在 CP 脉冲的上升沿进行状态转换。

4. JK 触发器

1）电路结构和逻辑符号

对于同步 RS 触发器输出的不定状态，可以将 RS 触发器的互补输出引入其输入端，就构成了同步 JK 触发器，如图 10.10 所示。

JK 触发器

2）逻辑功能

同步 JK 触发器的功能如表 10.5 所示。

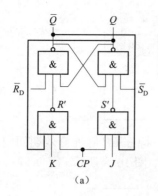

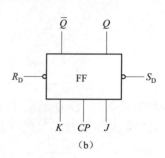

图 10.10　同步 JK 触发器

（a）逻辑电路图；（b）逻辑符号

表 10.5　同步 JK 触发器的功能表

CP	J	K	Q^{n+1}	功能
1	0	0	Q^n	保持
1	0	1	0	置"0"
1	1	0	1	置"1"
1	1	1	$\overline{Q^n}$	翻转
0	X	X	Q^n	保持

　　由表 10.5 可画出 JK 触发器 Q^{n+1} 的卡诺图，利用卡诺图化简可得特征方程式为：

$$Q^{n+1} = J\,\overline{Q^n} + \overline{K}Q^n \tag{10.2}$$

　　从表 10.5 中可知，JK 触发器有四种功能：保持、置"0"、置"1"、翻转（又称计数，即触发器状态翻转的次数与 CP 脉冲的个数相同）。

　　由于此 CP 脉冲是高电平有效，其间如果触发器工作在翻转状态，输出状态有可能会在"1""0"之间交替转换，产生振荡现象。为了消除振荡现象，可将两个同步 JK 触发器串联，构成主从 JK 触发器。使两个触发器的 CP 脉冲交替有效地工作，即可克服振荡现象。

　　实际中采用的集成 JK 触发器是负边沿（下降沿）触发器 74LS112，其引脚图、逻辑符号图以及时序图，如图 10.11 所示。

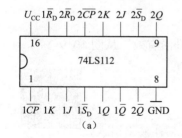

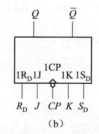

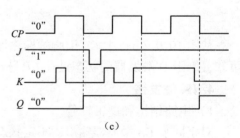

图 10.11　边沿 JK 触发器

（a）引脚图；（b）符号图；（c）时序图

　　【例 10.1】 下降沿触发的 JK 触发器输入波形如图 10.12 所示，设触发器初态为"0"，画出相应输出波形。

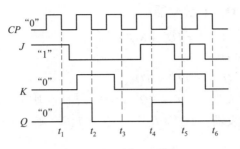

图 10.12　例 10.1 图

解:(1)在 t_1 时刻,也就是第一个下降沿到来时,CP 从"1"变为"0",此时因 $J=1$,$K=0$,于是 Q 由"0"变为"1"。

(2)在 t_2 时刻,CP 又从"1"变为"0",此时 $J=0$,$K=1$,Q 由"1"变为"0"。

(3)在 t_3 时刻,也就是第三个下降沿到来时,此时因 $J=0$,$K=0$,触发器保持原状态不变,即 Q 仍为"0"。

(4)在 t_4 时刻,此时 $J=1$,$K=0$,Q 由"0"又变为"1"。

(5)在 t_5 时刻,$J=0$,$K=1$,Q 又变为"0"。

(6)在 t_6 时刻,$J=0$,$K=0$,Q 保持为"0"不变。

5. T 触发器和 T′触发器

如果将 JK 触发器的输入端相连,即 $J=K=T$ 时,就构成了 T 触发器。其功能如表 10.6 所示。

当 $T=0$ 时,相当于 JK 触发器 $J=K=0$ 的情况,时钟脉冲到来时触发器状态保持不变;当 $T=1$ 时,相当于 JK 触发器 $J=K=1$ 的情况,每来一个时钟脉冲触发器状态翻转一次。即 T 触发器有两种功能:保持、计数。

表 10.6　T 触发器的功能表

CP	T	Q^{n+1}	功能
1	0	Q^n	保持
1	1	$\overline{Q^n}$	翻转
0	X	Q^n	保持

如果 T 触发器输入为"1"($T=1$)就是 T′触发器。每来一个时钟脉冲 T′触发器状态翻转一次,实现计数功能。

对于同一种功能的触发器,其特征方程式、功能表、状态图都相同,只是逻辑符号图、时序图有区别(主要是因 CP 脉冲的有效时刻不同而不同)。

三、触发器的相互转换

在本节介绍的各种逻辑功能触发器中,JK 触发器和 D 触发器是数字逻辑电路中使用最广泛的两种触发器。在实际应用时,若需用其他功能的触发器,可以用这两种触发器经适当的改接外部引线或附加一些逻辑门电路后转换得到。

触发器的
互相转换

1. JK 触发器转换为 D、T 触发器

JK 触发器的特征方程：$Q^{n+1} = J\overline{Q^n} + \overline{K}Q^n$；

D 触发器的特征方程：$Q^{n+1} = D$；

T 触发器的特征方程：$Q^{n+1} = T\overline{Q^n} + \overline{T}Q^n$；

JK 触发器转换为 D 触发器：$J\overline{Q^n} + \overline{K}Q^n = D\overline{Q^n} + DQ^n$，则 $D = J$，$D = \overline{K}$；

JK 触发器转换为 T 触发器：$J\overline{Q^n} + \overline{K}Q^n = T\overline{Q^n} + \overline{T}Q^n$，则 $T = J = K$。

电路如图 10.13 所示。

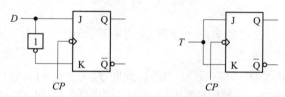

图 10.13　JK 转换为 D、T 触发器

（a）D 触发器；（b）T 触发器

2. D 触发器转换为 JK、T 触发器

D 触发器转换为 JK 触发器：$D = J\overline{Q^n} + \overline{K}Q^n = \overline{\overline{J\overline{Q^n}} \cdot \overline{\overline{K}Q^n}}$

电路如图 10.14 所示。将图中 J、K 相连即构成 T 触发器，$T = 1$ 时便为 T′触发器。

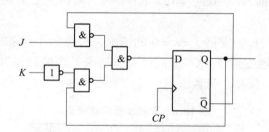

图 10.14　D 触发器转换为 JK 触发器

能力训练

一、判断题

1. 触发器具有记忆功能。　　　　　　　　　　　　　　　　　　　　（　　）

2. JK 触发器两个输入都为"1"时为禁用状态。　　　　　　　　　　（　　）

3. 同步 D 触发器的 Q 端和 D 端的状态在任何时刻都是相同的。　（　　）

二、单选题

1. 边沿控制触发的触发器的触发方式为（　　）。

A. 上升沿触发　　　　　　　　　　　　B. 下降沿触发

C. 可以是上升沿触发也可以是下降沿触发　　D. 可以是高电平触发也可以是低电平触发

2. JK 触发器处于翻转时输入信号的条件是（　　）。

A. $J = 0$，$K = 0$　　　B. $J = 0$，$K = 1$　　　C. $J = 1$，$K = 0$　　　D. $J = 1$，$K = 1$

模块二　时序逻辑电路的分析

先导案例

在数字电路中，触发器、计数器、寄存器等逻辑器件都是典型的时序逻辑电路。那么这种时序逻辑电路是如何构成的？输出信号的状态与哪些因素有关呢？

一、时序逻辑电路的基本概念

1. 时序逻辑电路的结构

时序逻辑电路，简称时序电路，是数字系统中非常重要的一类逻辑电路。它是由组合电路和存储电路（触发器或反馈支路）构成的，如图10.15所示。

时序逻辑电路
的分析方法

在图10.15中：

$A_0 \sim A_i$表示时序逻辑电路外输入信号；

$Z_0 \sim Z_k$表示时序逻辑电路外输出信号；

$W_0 \sim W_m$表示存储电路输入信号；

$Q_0 \sim Q_n$表示存储电路输出信号。

时序逻辑电路的特点：任意时刻的输出不仅与电路此刻的输入信号有关，还与前一时刻的输出状态有关。$A_0 \sim A_i$和$Q_0 \sim Q_n$共同决定时序逻辑电路的输出状态$Z_0 \sim Z_k$。

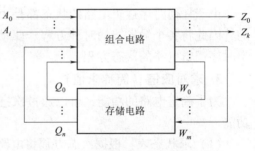

图10.15　时序逻辑电路结构框图

2. 时序逻辑电路的种类

按触发脉冲输入方式的不同，时序逻辑电路分为：

（1）同步时序逻辑电路。同步时序逻辑电路是指电路中各触发器状态的变化受同一个时钟脉冲控制，如图10.16（a）所示。

（2）异步时序逻辑电路。在异步时序逻辑电路中，各触发器状态的变化不受同一个时钟脉冲控制，如图10.16（b）所示。

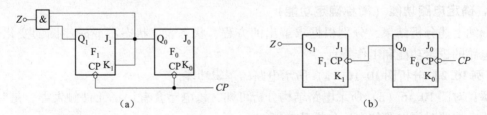

（a）　　　　　　　　　　　　　　　　　　（b）

图10.16　时序逻辑电路

（a）同步时序逻辑电路；（b）异步时序逻辑电路

二、时序逻辑电路的分析

时序逻辑电路的分析就是给定时序逻辑电路，待求状态表、状态图或时序图，从而确定电路的逻辑功能和工作特点。

分析时序逻辑电路的目的：确定已知电路的逻辑功能并正确使用。其分析步骤共有四步，如图 10.17 所示。

图 10.17　时序逻辑电路分析过程示意图

1. 写相关方程式（简称写方程）

根据给定的逻辑电路图写出电路中各个触发器的时钟方程、驱动方程和输出方程。

（1）时钟方程：电路中各个触发器 CP 脉冲之间的逻辑关系。

（2）驱动方程：电路中各个触发器输入信号之间的逻辑关系。

（3）输出方程：电路的输出是指电路总的外输出对应的逻辑关系 $Z = f(A, Q)$，若无输出时此方程可省略。

2. 求状态方程（简称求方程）

由于任何时序逻辑电路的状态都是由组成该时序逻辑电路的各个触发器来记忆和表示的，因此将各个触发器的时钟方程、驱动方程，代入相应触发器的特征方程式中，即可求出时序逻辑电路的次态方程。

3. 求对应值（简称求值）

为了确定电路的功能，可以通过次态方程求出状态表、状态图、时序图来确认电路的功能。

（1）求状态表：根据次态方程将电路输入信号和触发器原状态的所有取值组合列成表，并代入次态方程，求得各个触发器的次态值，即得状态表。

（2）画状态图：是反映时序电路状态转换规律的图。根据次态方程，设定初始状态，在 CP 脉冲作用下，按照次态方程进行状态转换，以此类推直至状态循环回到初始状态。

（3）画时序图：是反映输入、输出信号及各触发器状态随时间变化对应的关系变化图。先设定初始状态，再确认 CP 脉冲的有效时刻，按照次态方程画出对应的变化波形，直到初始状态。

4. 确定电路功能（简称确定功能）

归纳上述分析结果，分别根据求解出的方程、状态表、状态图或时序图的变化规律，确定电路的逻辑功能和工作特点。

【例 10.2】 分析图 10.16（a）所示电路的逻辑功能。

解：对图 10.16（a）所示电路结构分析可知，该电路含有记忆元件触发器，是时序逻辑电路。按照时序电路的方法分析其功能。

（1）写方程。

根据电路图中的对应关系，可得：

（1）时钟方程：

$CP_0 = CP_1 = CP \downarrow$　（同步时序电路、CP 脉冲下降沿有效）

（2）驱动方程：

$$J_0 = 1 \qquad K_0 = 1$$
$$J_1 = Q_0^n \qquad K_1 = Q_0^n$$

（3）输出方程：

$$Z = Q_1^n Q_0^n$$

（2）求方程。

JK 触发器特征方程为：

$$Q^{n+1} = J \overline{Q^n} + \overline{K} Q^n \quad (CP \downarrow)$$

将对应时钟方程、驱动方程分别代入特征方程，进行化简得出次态方程为：

$$Q_0^{n+1} = 1 \cdot \overline{Q_0^n} + \overline{1} \cdot Q_0^n = \overline{Q_0^n} \quad (CP \downarrow) \quad （计数功能）$$
$$Q_1^{n+1} = J_1 \overline{Q_1^n} + \overline{K_1} Q_1^n = Q_0^n \overline{Q_1^n} + \overline{Q_0^n} Q_1^n \quad (CP \downarrow)$$

（3）求值。

（1）求状态表：根据求得的次态方程确定状态表中输入、输出变量，设定初始状态 $Q_1^n Q_0^n = 00$，在 CP 脉冲作用下，按照次态方程求得次态方程的值，依次类推，直到回到初始状态 00，如表 10.7 所示。

表 10.7 例 10.2 状态表

	输入		输出		
CP	Q_1^n	Q_0^n	Q_1^{n+1}	Q_0^{n+1}	Z
↓	0	0	0	1	0
↓	0	1	1	0	0
↓	1	0	1	1	1
↓	1	1	0	0	0

（2）画状态图：根据次态方程，设初始状态 $Q_1^n Q_0^n = 00$，在 CP 脉冲作用下，按照次态方程进行状态转换确定新状态，依此类推，直至状态循环回到初始状态。如图 10.18（a）所示。

（3）画时序图：根据次态方程，设初始状态 $Q_1^n Q_0^n = 00$，在 CP 脉冲作用下，按照次态方程进行状态转换画出变化波形，依此类推，直至状态循环回到初始状态，如图 10.18（b）所示。

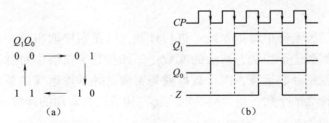

图 10.18 时序电路状态图、时序图
（a）状态图；（b）时序图

（4）分析结果，确定功能。

（1）从时钟方程可知该电路是同步时序电路，从次态方程 Q_0 的对应关系得知该电路具有计数功能。

（2）从表 10.7 状态表及图 10.18 所示状态图、时序图可知：随着 CP 脉冲的递增，电路各触发器输出的二进制代码 Q_1Q_0 的值都是递增的，所以该电路是加法计数器。而且电路的有效状态有四个，四个状态完成一个循环过程，是四进制；在 Q_1Q_0 完成一个循环过程时，电路外输出 Z 只变化一次，实现向高位进位，故 Z 为进位输出信号。

综上所述，此电路实现的是带进位输出的同步四进制加法计数器功能。

能力训练

一、判断题

1. 同步时序电路的工作速度高于异步时序电路。   （   ）

2. 同步时序电路和异步时序电路的最主要区别是，前者没有 CP 脉冲，后者有 CP 脉冲。   （   ）

3. 时序逻辑电路中一定含有触发器。   （   ）

二、单选题

1. 时序逻辑电路的特点中，下列叙述正确的是（   ）。

A. 电路任一时刻的输出只与当时输入信号有关

B. 电路任一时刻的输出只与电路原来状态有关

C. 电路任一时刻的输出与输入信号和电路原来状态均有关

D. 电路任一时刻的输出与输入信号和电路原来状态均无关

2. 同步时序电路和异步时序电路比较，其差异在于后者（   ）。

A. 没有触发器   B. 没有统一的时钟脉冲控制

C. 没有稳定状态   D. 输出只与内部状态有关

模块三 计数器

先导案例

在电子计算机的控制器中对指令地址进行计数，以便顺序取出下一条指令；在运算器中做乘法、除法运算时记下加法、减法的次数；又如在数字仪器中对脉冲的计数等，其中最基本的电路实现就是计数运算，而计数器就是实现这种基本运算的逻辑电路。那么在计数电路中统计的是什么的个数？是由哪些电路部件构成的？常用的计数器又有哪些？

一、计数器的种类

计数器是最典型的时序逻辑电路，它主要用来实现统计电路输入 CP 脉冲个数的功能。计数器的种类很多。根据应用及功能要求可以选用不同的计数器。

1. 按工作方式分

计数器按照时钟脉冲 CP 的输入方式可分为同步计数器和异步计数器。

同步二进制计数器

2. 按计数规律分

计数器按照计数值增减规律可分为加法计数器、减法计数器和可逆计数器。

3. 按进制分

计数器按照计数的进制不同可分为二进制计数器，即 $N=2^n$，N 代表计数器的进制数，n 代表计数器中触发器的个数（二进制代码的位数）；以及非二进制计数器（$N \neq 2^n$）。如例 10.2 图 10.16 （a）所示电路，分析确定其功能为同步四进制加法计数器或称同步两位二进制加法计数器。

同步十进制计数器

二、计数器的功能

1. 同步计数器

为提高计数的速度，将时钟脉冲 CP 送到每一个触发器的时钟控制端，使触发器的状态变化与时钟脉冲 CP 同步，这种方式的计数器称为同步计数器。

同步计数器的 CP 脉冲都是一致的，如图 10.16 （a）所示。如果是实现二进制计数功能，就满足 $N=2^n$，通常可以用 JK、T 触发器实现，电路连接规律如表 10.8 所示。

表 10.8　连接规律

项目	$CP_0 = CP_1 = \cdots = CP_{n-1} = CP\downarrow$（或 $CP\uparrow$）（n 个触发器）
加法计数	$J_0 = K_0 = 1$（$T_0 = 1$） $J_i = K_i = Q_{i-1}Q_{i-2}\cdots Q_0$（$1 \leqslant i \leqslant n-1$）（$T_i = J_i = K_i$）
减法计数	$J_0 = K_0 = 1$（$T_0 = 1$） $J_i = K_i = \overline{Q_{i-1}}\ \overline{Q_{i-2}}\cdots\overline{Q_0}$（$1 \leqslant i \leqslant n-1$）（$T_i = J_i = K_i$）

从表 10.8 可知，无论 CP 是脉冲上升沿还是下降沿触发有效，第一个触发器都工作在计数状态（$T_0 = J_0 = K_0 = 1$），之后各个触发器的输入均为前面各个触发器输出的与，加法是输出原变量的与，减法是输出反变量的与。如图 10.19 所示为同步三位二进制（或一位八进制）减法计数器，可自行进行分析。

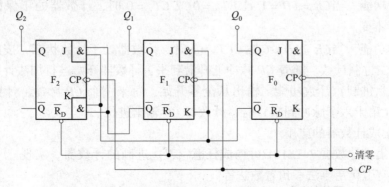

图 10.19　同步三位二进制（或一位八进制）减法计数器

1）同步集成计数器

同步集成计数器的型号很多，芯片 74LS161 是一种同步四位二进制（十六进制）加法集成计数器。其引脚排列及逻辑符号如图 10.20 所示。

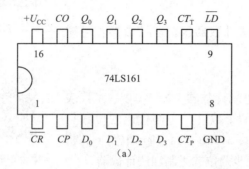
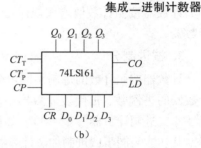

图 10.20　74LS161 引脚排列图及逻辑符号示意图

（a）引脚排列图；（b）逻辑符号示意图

图 10.20 中，$D_3D_2D_1D_0$ 为计数器并行数据输入端，$Q_3Q_2Q_1Q_0$ 为计数器四位二进制代码输出端。$\overline{CR}$ 为复位端，低电平有效。$\overline{LD}$ 为预置数控制端，低电平有效。CT_P、CT_T 为工作方式控制端，高电平有效。CO 为计数器进位输出端，当计数器逢十六时 CO 有效，向高位进位。

集成计数器 74LS161 的逻辑功能，如表 10.9 所示，可知 74LS161 有四种功能。

表 10.9　74LS161 逻辑功能表

$\overline{CR}$	$\overline{LD}$	CT_P	CT_T	CP	Q_3 Q_2 Q_1 Q_0
0	×	×	×	×	0　0　0　0
1	0	×	×	↑	D_3　D_2　D_1　D_0
1	1	0	×	×	Q_3　Q_2　Q_1　Q_0
1	1	×	0	×	Q_3　Q_2　Q_1　Q_0
1	1	1	1	↑	加法计数

（1）异步清零。当 $\overline{CR}=0$ 时，计数器输出清零，与 CP 脉冲无关，所以称为异步清零。

（2）同步置数。当 $\overline{CR}=1$、$\overline{LD}=0$，CP 脉冲在上升沿有效时，并行数据 $D_3D_2D_1D_0$ 置入，使计数器输出 $Q_3Q_2Q_1Q_0=D_3D_2D_1D_0$，由于置数在 CP 脉冲上升沿时完成，故称为同步置数。

（3）保持功能。当 $\overline{CR}=\overline{LD}=1$ 且 $CT_P=0$ 或 $CT_T=0$ 时，计数器处于保持状态，输出 $Q_3Q_2Q_1Q_0$ 保持不变。

（4）计数功能。当 $\overline{CR}=\overline{LD}=CT_P=CT_T=1$ 时，计数器处于计数状态，按照 4 位二进制代码进行同步二进制计数。随着 CP 脉冲上升沿到来，计数器开始进行加法计数，实现四位二进制（或十六进制）计数功能。输出从全零开始，每来一个 CP 脉冲，计数器的值增加 1，当逢十六（第十六个脉冲到来）时，计数器 CO 输出进位。

2）同步集成计数器的应用

使用同步集成计数器 74LS161 可构成任意（N）进制的计数器。实现的方法很多，有直接清零法、预置数法等。

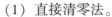

（1）直接清零法。

直接清零法又称"N值反馈法"，是利用 74LS161 芯片的复位端$\overline{CR}$来实现的。此方法是将 N 进制所对应的输出二进制代码 $Q_3Q_2Q_1Q_0$ 中等于"1"的输出，通过与非门反馈到集成芯片的$\overline{CR}$端，使计数器在正常计数过程中跳过无效状态，输出归零，实现所需进制计数功能。

【例 10.3】 用 74LS161 芯片构成十进制计数器。

解：①电路实现：使计数器工作在计数状态，置$\overline{LD} = CT_P = CT_T = 1$。需实现十进制计数，则 $N = 10$，N 对应的输出二进制代码 $Q_3Q_2Q_1Q_0$ 为 1010，将输出为"1"的 Q_3 和 Q_1 通过与非门接至 74LS161 的复位端$\overline{CR}$。电路图、状态图如图 10.21 所示。

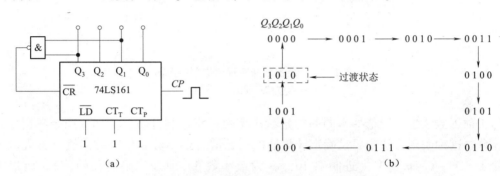

图 10.21　直接清零法构成十进制计数器

(a) 电路图；(b) 状态图

②功能分析：$\overline{CR} = 0$ 时，计数器输出 $Q_3Q_2Q_1Q_0$ 复位清零，因$\overline{CR} = \overline{Q_3 \cdot Q_1}$，故$\overline{CR}$由"0"变为"1"，计数器开始进入计数状态，对输入 CP 脉冲进行加法计数。当第 10 个 CP脉冲输入时，$Q_3Q_2Q_1Q_0 = 1010$，与非门的输入 Q_3 和 Q_1 同时为"1"，则与非门的输出为"0"，即$\overline{CR} = 0$，使计数器复位清零，与非门的输出又变为"1"，即$\overline{CR} = 1$ 时，计数器又开始重新计数，实现十进制计数器功能。

直接清零法的特点：直接清零法构成任意（N）进制计数器的方法简单易行，所以应用广泛，但它存在两个问题：一是有过渡状态，在图 10.21（b）所示的十进制计数器中，输出 1010 就是过渡状态，其出现时间很短暂；二是可靠性问题，因为信号在通过门电路或触发器时会有时间延迟，使计数器不能可靠清零。

（2）预置数法。

预置数法又称"$N-1$ 值反馈法"，与直接清零法基本相同，主要是利用 74LS161 芯片的预置数控制端$\overline{LD}$和并行数据输入端 $D_3D_2D_1D_0$，通过反馈使计数器回至预置的初态来实现 N 进制计数。因预置数端$\overline{LD}$与 CP 同步，每个输出状态都是有效状态，所以常采用 $N-1$ 值反馈法。

【例 10.4】 用 74LS161 预置数端实现七进制计数器。

解：①先设置$\overline{CR} = CT_P = CT_T = 1$，使计数器工作在计数状态。

②设定预置数为 0，即预置输入端 $D_3D_2D_1D_0 = 0000$。

③确定 $N-1$ 的值。$N = 7$，反馈值 $N-1 = 7-1 = 6$，而 6 对应的输出二进制代码 $Q_3Q_2Q_1Q_0$ 为 0110，则将输出端为"1"的 Q_2Q_1 通过与非门接至 74LS161 的预置数端$\overline{LD}$，实

现 $N-1$ 值预置数反馈清零，电路图如图 10.22（a）所示。

④若 $\overline{LD}=0$，当 CP 脉冲上升沿（$CP\uparrow$）到来时，计数器输出状态进行同步预置功能，使 $Q_3Q_2Q_1Q_0=D_3D_2D_1D_0=0000$，同时 $\overline{LD}=\overline{Q_2Q_1}=1$，计数器又开始随 CP 脉冲重新计数，状态转换如图 10.22（b）所示。

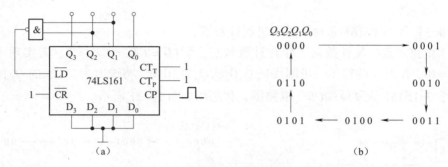

图 10.22 预置数法实现七进制计数器

（a）电路图；（b）状态图

利用预置数法也可以选择不同的初始状态实现任意进制计数。例如，用余三码实现十进制计数。这种实现方法主要是确定计数器的初始值（最小数 m）及最终值（最大数 M）。最大数 $M=N-1+m$（N 为进制数 10，m 为最小数 3，即余三码的初始值），所以 $M=10-1+9=12$，预置数 $D_3D_2D_1D_0=0011$，输出反馈 $Q_3Q_2Q_1Q_0=1100$，如图 10.23 所示。

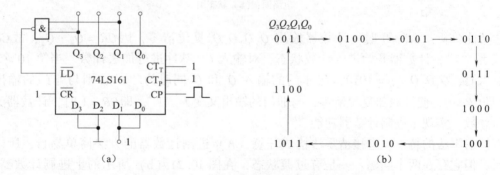

图 10.23 预置数法实现余三码十进制计数器

（a）电路图；（b）状态图

（3）级联法。

如要实现多位或进制大于十六的计数，就需要多个 74LS161 完成。按照一个 74LS161 芯片可以实现小于十六进制的任意进制计数，两片 74LS161 就可构成从十七进制到二百五十六进制之间任意进制的计数，依次类推，可根据实现计数进制需要选取芯片个数。

级联法是利用集成芯片进位输出端 CO 及计数控制端 CT_T、CT_P 配合清零端 $\overline{CR}$、置位端 $\overline{LD}$ 来实现的。通常是将低位芯片的进位输出端 CO 端和高位芯片的计数控制端 CT_T 或 CT_P 直接相连，将 N 进制输出对应的"1"状态输出端反馈至清零或预置数端（方法同上述）来完成。输出对应的状态值为 $N\div16=$ 商……余数，N 为进制数，商为高位芯片输出 $Q_3Q_2Q_1Q_0$ 的状态值，余数为低位芯片输出 $Q_3Q_2Q_1Q_0$ 的状态值。

【例 10.5】 利用集成 74LS161 芯片实现六十进制计数。

解： 实现六十进制，则 $N = 60$（$16^1 < N < 16^2$），故需要两片 74LS161。

①构成同步计数，故每块芯片的计数脉冲 CP 接同一个 CP 信号。

②用 N 值反馈清零法实现六十进制计数，将低位芯片的计数控制端 $CT_T = CT_P = 1$、进制输出端 CO 接高位芯片 CT_T 或 CT_P 端，将高位芯片 CT_T 或 CT_P 端接"1"，两个芯片的预置数控制端接"1"、预置数输入端为 $D_3 D_2 D_1 D_0 = 1001$。

③N 值反馈各位芯片输出反馈值为 $60 \div 16 = 3 \cdots\cdots 12$，即把商 3 作为高位芯片输出的状态值 $Q_3 Q_2 Q_1 Q_0 = 0011$ 反馈到清零端，将余数 12 作为低位芯片输出的状态值 $Q_3 Q_2 Q_1 Q_0 = 1100$ 反馈到清零端，从而完成六十进制计数，如图 10.24 所示。

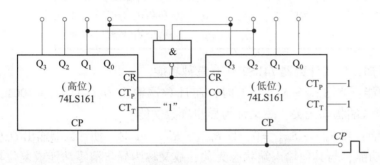

图 10.24　用 74LS161 芯片实现六十进制计数

异步二进制计数器

异步十进制计数器

2. 异步计数器

若按一定方式连接构成计数器电路的各触发器状态，不是随计数时钟脉冲的输入同时翻转，这种计数方式称为异步计数。如果是二进制异步计数器，其连接规律如表 10.10 所示。

表 10.10　异步二进制计数器的连接规律

规律	$CP_0 = CP\downarrow$	$CP_0 = CP\uparrow$
功能	$J_i = K_i = 1$，$T_i = 1$，$D_i = \overline{Q_i}$（$0 \leq i \leq n-1$）	
加法计数	$CP_i = Q_{i-1}$（$i \geq 1$）	$CP_i = \overline{Q_{i-1}}$（$i \geq 1$）
减法计数	$CP_i = \overline{Q_{i-1}}$（$i \geq 1$）	$CP_i = Q_{i-1}$（$i \geq 1$）

异步计数器的特点是电路中至少有两个触发器的 CP 脉冲不一致，在工作时因 CP 不同步，所以异步计数器的计数速度比同步计数器的计数速度慢，而且状态转换也是逐个进行的，在计数过程中存在过渡状态，容易出现因触发器先后翻转而产生的干扰毛刺，造成计数错误。因此在计数要求较高的场合，一般多采用同步计数器。

1）集成异步计数器

常见的集成异步计数器芯片也有很多，74LS290 是二－五－十进制计数器，引脚排列如图 10.25 所示。

图 10.25 中，$S_{9(1)}$ 与 $S_{9(2)}$ 称为置"9"端，高电平有效，当它们同时为"1"时，使计数器输出为"9"，即 $Q_3 Q_2 Q_1 Q_0 = 1001$；$R_{0(1)}$ 与 $R_{0(2)}$ 称为置"0"端，高

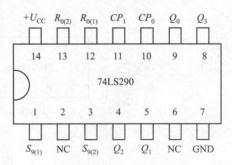

图 10.25　74LS290 引脚图

电平有效，当 $R_{0(1)} \cdot R_{0(2)} = 1$ 时，输出 $Q_3 Q_2 Q_1 Q_0 = 0000$。逻辑功能如表 10.11 所示。

表 10.11　74LS290 逻辑功能表

$S_{9(1)}$	$S_{9(2)}$	$R_{0(1)}$	$R_{0(2)}$	CP_0	CP_1	Q_3	Q_2	Q_1	Q_0
1	1	×	×	×	×	1	0	0	1
0	×	1	1	×	×	0	0	0	0
×	0	1	1	×	×	0	0	0	0
$R_{0(1)} \cdot R_{0(2)} = 0$ $S_{9(1)} \cdot S_{9(2)} = 0$				$CP\downarrow$	0	Q_0 二进制			
				0	$CP\downarrow$	$Q_3 Q_2 Q_1$ （421）五进制			
				$CP\downarrow$	Q_0	$Q_3 Q_2 Q_1 Q_0$ （8421）十进制			
				Q_3	$CP\downarrow$	$Q_0 Q_3 Q_2 Q_1$ （5421）十进制			

从表 10.11 中可知，集成计数器 74LS290 有三种功能。

（1）置"9"功能：当 $S_{9(1)} = S_{9(2)} = 1$ 时，使计数器输出 $Q_3 Q_2 Q_1 Q_0 = 1001$，实现置"9"功能，与其他输入端状态无关，故又称为异步置数功能。

（2）置"0"功能：当 $S_{9(1)} \cdot S_{9(2)} = 0$，且 $R_{0(1)} \cdot R_{0(2)} = 1$ 时，使计数器输出 $Q_3 Q_2 Q_1 Q_0 = 0000$，实现置"0"功能，与其他输入端状态无关，故又称为异步清零功能或复位功能。

（3）计数功能：当 $S_{9(1)} \cdot S_{9(2)} = 0$、$R_{0(1)} \cdot R_{0(2)} = 0$，输入计数脉冲 CP 下降沿有效时，计数器开始计数。

①当 CP 脉冲由 CP_0 端输入时，由 Q_0 端输出的二进制代码按逢二进一，实现二进制计数器，如图 10.26（a）所示。

②当 CP 脉冲由 CP_1 端输入时，由 $Q_3 Q_2 Q_1$ 端输出的二进制代码按位权 421 逢五进一，实现五进制计数器，如图 10.26（b）所示。

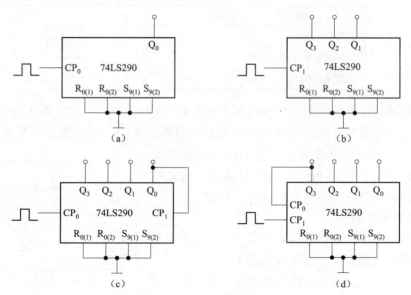

图 10.26　74LS290 计数器

（a）二进制计数器；（b）五进制计数器；（c）8421 码十进制计数器；（d）5421 码十进制计数器

③当 CP 脉冲由 CP_0 输入、CP_1 与 Q_0 相连时，由 $Q_3Q_2Q_1Q_0$ 端输出的二进制代码按位权 8421 逢十进一，实现十进制计数器，如图 10.26（c）所示。

④当 CP 脉冲由 CP_1 输入、CP_0 与 Q_3 相连时，由 $Q_0Q_3Q_2Q_1$ 端输出的二进制代码按位权 5421 逢十进一，实现十进制计数器，如图 10.26（d）所示。

2）异步集成计数器的应用

（1）实现 $N < 10$ 进制的任意进制计数。

任意进制计数器（2）

利用 74LS290 集成计数器芯片的置"0"端，可以进行计数器功能的扩展，实现任意进制的计数。如图 10.27 所示，采用直接清零法构成六进制计数。

直接清零法是利用芯片的置"0"端和与门（因为置"0"端是高电平有效），将 N 值所对应的二进制代码 $Q_3Q_2Q_1Q_0 = 0110$ 中等于 1 的输出 Q_2Q_1 反馈到置"0"端 $R_{0(1)} \cdot R_{0(2)}$，实现六进制计数，其计数过程中也会出现过渡状态。

（2）构成多位任意进制计数器。

如用 74LS290 芯片构成二十四进制计数器。$N = 24$（$10 < N < 100$），需要两片 74LS290，将每块

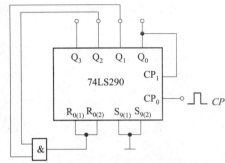

图 10.27 六进制计数器

74LS290 接成 8421BCD 码十进制计数方式，再将低位芯片的输出端 Q_3 和高位芯片输入端 CP_0 相连，将高位的输出值"2"的二进制代码 $Q_3Q_2Q_1Q_0 = 0010$ 及低位输出值"4"的二进制代码 $Q_3Q_2Q_1Q_0 = 0100$ 中的"1"反馈至清零端，实现二十四进制计数。特别需要注意的是 N 值反馈中的"1"必须使每块芯片的置"0"端 $R_{0(1)}$ 与 $R_{0(2)}$ 同时有效，完成二十四进制计数的电路如图 10.28 所示。

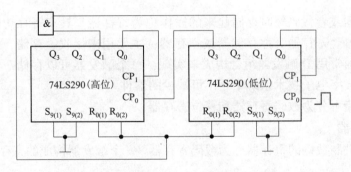

图 10.28 8421BCD 二十四进制计数器

3. 计数器的分频功能

计数器的分频功能是指计数器每个触发器输出的频率，随着触发器个数（位数）的增加将对输入 CP 脉冲的频率进行衰减。如图 10.18（b）所示，二进制计数器每经过一个触发器其输出的频率将使输入 CP 脉冲频率衰减一半（称为二分频），经过两个触发器将再衰减一半（称为四分频），经过 n 个触发器频率将是 CP 脉冲的 2^n 分之一（称为 2^n 分频）。非二进制计数器在最高位输出实现 N 分频，N 分频即输出信号频率是其输入 CP 脉冲频率的 N 分之一。

能力训练

一、判断题

1. 计数器能够记忆输入 CP 脉冲的最大数目，叫作这个计数器的长度，也称为计数器的"模"。　　　　　　　　　　　　　　　　　　　　　　　　　（　　）

2. 集成同步计数器 74LS161 的引脚中，9 号引脚是输出端。　　　　　　（　　）

3. 集成异步计数器 74LS290 具有置"9"、置"0"和计数功能。　　　　（　　）

二、单选题

1. 用 n 个触发器构成计数器，可得到的最大计数长度为（　　　）。

A. n　　　　　　　　　B. $2n$　　　　　　　　　C. n^2　　　　　　　　　D. 2^n

2. 一位 8421BCD 计数器，至少需要（　　）个触发器。

A. 4　　　　　　　　　B. 3　　　　　　　　　C. 5　　　　　　　　　D. 16

模块四　寄存器

先导案例

在数字电路、计算机及其他计算系统中，通常需要实现数码或指令的暂时存放及输出，同时实现输入和输出方式的多样性。由触发器如何构成实现具有这种功能的逻辑电路？数码的输入输出方式又有哪些？

一、寄存器的种类

把二进制数据或者代码暂时存储起来的操作称为寄存器。具有寄存功能的电路称为寄存器。寄存器又称存储器或锁存器，主要用来接收、存储、传输数据。寄存器通常用 D 触发器组合构成来实现，每个触发器可以存储一位二进制数码。在数字电子技术系统中是不可缺少的器件。

寄存器

寄存器按功能可分为数码寄存器和移位寄存器。

1. 数码寄存器

用来存放二进制数码的寄存器称为数码寄存器。n 个触发器构成的寄存器可以存储 n 位二进制数码。

2. 移位寄存器

移位寄存器除了接收、存储、传输数据以外，同时还将数据按一定方向进行移动。移位寄存器又分为单向移位寄存器和双向移位寄存器。

二、寄存器的功能

1. 数码寄存器

由 D 触发器构成的 4 位数码寄存器如图 10.29 所示。$D_3 D_2 D_1 D_0$ 是 4 位数码寄存器的输入信号，$Q_3Q_2Q_1Q_0$是 4 位输出信号。各触发器的时钟脉冲端连在一起，作为接收数码的控制端，使各触发器同步动作。

只要数据接收脉冲 CP 有效，输入数据 $D_3D_2D_1D_0$ 就直接存入触发器，完成数据接收存储只需一拍，不需要先清零，这种数码寄存器称为单拍式数码寄存器，如图 10.29 所示。

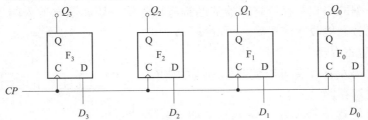

图 10.29 单拍式数码寄存器

在 CP 脉冲作用下，数据同时输入进行存储、同时输出完成传输功能，这种接收传输数据的方式称为并行输入并行输出。

数码寄存器有单拍和双拍两种，其中双拍式在接收数码时，需要先清零才能存储数据。如图 10.30 所示，使 $\overline{R_D}=0$，这时输出 $Q_3Q_2Q_1Q_0$ 均为"0"。然后使 $\overline{R_D}=1$，输出保持"0"不变。当 CP 有效时，各触发器输出与输入端信号 $D_3D_2D_1D_0$ 相同。如 CP 有效时刻消失，则 4 位数码就存放在寄存器中。

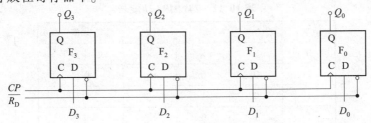

图 10.30 双拍式数码寄存器

2. 移位寄存器

1）单向移位寄存器

单向移位寄存器按移动方向分为左移寄存器和右移寄存器两种类型。

如果把图 10.29 中各个 D 触发器的输入 D 与输出 Q 端首尾串联，就构成了移位寄存器，如图 10.31 所示。如果数据从最左边的触发器输入，在 CP 脉冲的作用下，数据就会向右移动，即为右移寄存器。如果数据从最右边的触发器输入，在 CP 脉冲的作用下，数据就会向左移动，即为左移寄存器。

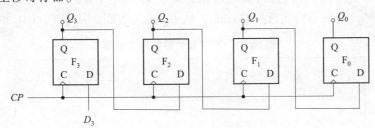

图 10.31 右移寄存器

这种数据接收传输的方式为串行输入串行输出（从一侧输入从一侧输出）及串行输入并行输出（从一侧输入从各个触发器同时输出），所以移位触发器又具有接口功能用来改变数据传输的方式。

移位寄存器在进行数据串行输入时，要确定数据输入的顺序，即先输高位数据还是低位数据。按照数据的位权和移位寄存器的结构应该先输入距离数据输入端最远的触发器的数据，才能确保数据接收存储正确。

2）双向移位寄存器

既可以使数码左移、又可以使数码右移的寄存器称为双向移位寄存器。

常用的是集成移位寄存器，分 TTL 型和 CMOS 型两类。集成芯片 74LS194 是 TTL 型双向四位移位寄存器。其引脚排列图如图 10.32 所示。

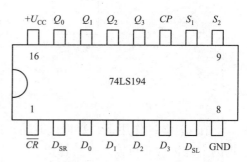

图 10.32　74LS194 引脚排列图

在图 10.32 中，CP 为数据传输控制脉冲，上升沿有效；$\overline{CR}$ 为异步清零端，低电平有效；S_1、S_2 为寄存器的功能控制端；D_{SL} 为左移串行数据输入端，D_{SR} 为右移串行数据输入端，D_3、D_2、D_1、D_0 为并行数据输入端，Q_3、Q_2、Q_1、Q_0 为数据并行输出端。74LS194 的逻辑功能如表 10.12 所示。

表 10.12　74LS194 功能表

$\overline{CR}$	S_1	S_2	CP	功能
0	×	×	×	异步清零
1	0	0	×	保持
1	0	1	↑	右移
1	1	0	↑	左移
1	1	1	↑	并行输入

从表 10.12 中可知，74LS194 有四种功能。

①异步清零。当 $\overline{CR}=0$ 时，寄存器输出 $Q_3Q_2Q_1Q_0=0000$，与 CP 脉冲、功能控制（S_1、S_2）的状态无关。

②保持功能。当 $\overline{CR}=1$、$S_1=S_2=0$ 时，无论 CP 脉冲处于何种状态，寄存器输出 $Q_3Q_2Q_1Q_0$ 将保持原数据不变。

③移位功能。当 $\overline{CR}=1$、$S_1=0$、$S_2=1$、CP 脉冲上升沿时，寄存器将实现右移功能，从 D_{SR} 输入数据，从 $Q_3Q_2Q_1Q_0$ 并行输出数据，如表 10.13 所示。当 $\overline{CR}=1$、$S_1=1$、$S_2=0$、CP 脉冲上升沿时，寄存器将实现左移功能，从 D_{SL} 输入数据，从 $Q_3Q_2Q_1Q_0$ 并行输出数据。

表 10.13　右移移位寄存器功能表

$CP\uparrow$	输入数码 D_{SR}	右移移位寄存器输出			
		Q_3	Q_2	Q_1	Q_0
0	0	0	0	0	0
1	1	1	0	0	0

续表

CP↑	输入数码 D_{SR}	右移移位寄存器输出			
		Q_3	Q_2	Q_1	Q_0
2	0	0	1	0	0
3	1	1	0	1	0
4	1	1	1	0	1

④传送方式转换功能。当 $\overline{CR}=1$、$S_1=0$、$S_2=1$、CP 脉冲上升沿时，数据从 D_{SR} 输入，从 $Q_3Q_2Q_1Q_0$ 并行输出数据，实现数据传送方式的串–并行转换，如图 10.33 所示。当 $\overline{CR}=1$、$S_1=1$、$S_2=1$、CP 脉冲上升沿时，寄存器将从 $D_3D_2D_1D_0$ 并行输入数据，从 $Q_3Q_2Q_1Q_0$ 并行输出数据，实现数据传送方式的并–并行转换。

3. 寄存器的应用

1）实现数据传输方式的转换

在数字电路中，数据的传送方式有串行和并行两种。移位寄存器可实现数据传送方式的转换。如图 10.33 所示，既可将串行输入转换为并行输出（数据从第一个输入，经过 n 个 CP 脉冲后同时从 n 个触发器输出）；也可将串行输入转换为串行输出（数据从第一个触发器输入，n 个 CP 脉冲后从最后一个触发器逐个输出）。还可以实现并–并行转换、串–串行转换、并–串行转换。

寄存器的应用

2）构成移位型计数器

（1）环形计数器。环形计数器是将单向移位寄存器的串行输入端和串行输出端相连，构成一个闭合的环，如图 10.34（a）所示。

实现环形计数时，必须设置初始状态，且

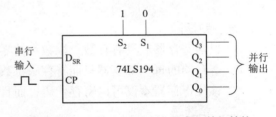

图 10.33　利用 74LS194 实现串–并行转换

输出 $Q_3Q_2Q_1Q_0$ 端的初态取值不能完全一致（既不能全为"1"，也不能全为"0"）。

环形计数器的进制数 N 与移位寄存器内的触发器个数 n 相等，即图 10.34（a）所示电路实现的是 $N=n$ 进制计数，其状态转换图如图 10.34（b）所示（图中初态为 0100）。

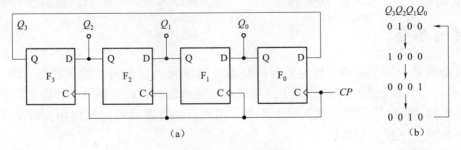

图 10.34　环形计数器

(a) 电路图；(b) 状态图

（2）扭环形计数器。扭环形计数器是将移位寄存器的串行输入端与串行输出端反相后（或互补输出端）相连，构成一个闭合的环，如图 10.35（a）所示。

实现扭环形计数器时，无须设置初始状态，直接在 CP 脉冲作用下完成计数。扭环形计数器的进制数 N 与移位寄存器内的触发器个数 n 满足 $N = 2n$ 的关系，如图 10.35（a）所示，移位寄存器有四个触发器就是八进制的计数器。如果该计数器从 0000 开始，就有八个有效循环状态，状态变化的循环过程如图 10.35（b）所示。

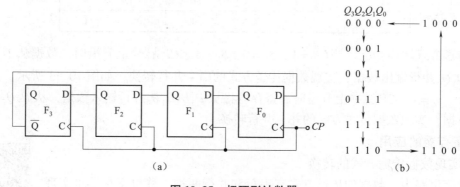

图 10.35　扭环形计数器

（a）电路图；（b）状态图

能力训练

一、判断题

1. 通常寄存器应具有存数、取数和清零、置数功能。　　　　　　　　　　（　　　）
2. 寄存器的每个触发器只能寄存一位数据，寄存 N 位数据需要 N 个触发器。（　　　）
3. 移位寄存器不仅可以寄存代码，而且可以实现数据的串 – 并行转换和处理。（　　　）

二、单选题

1. 寄存器在电路组成上的特点是（　　　　）。

A. 有 CP 输入端，无数码输入端　　　　　B. 有 CP 输入端和数码输入端

C. 无 CP 输入端，有数码输入端　　　　　D. 无 CP 输入端和数码输入端

2. 用以临时存放二进制代码的电路称为（　　　　）。

A. 计数器　　　　　B. 触发器　　　　　C. 寄存器　　　　　D. 编码器

单元小结

（1）触发器是数字系统中极为重要的基本逻辑单元，它有两个稳定状态，即"0"态和"1"态。在外加触发信号的作用下，可以从一种稳定状态转换到另一种稳定状态。当外加信号消失后，触发器仍维持其现状态不变，因此，触发器具有记忆作用，每个触发器只能记忆（存储）一位二制数码。

（2）按逻辑功能分类，触发器可分为 RS、JK、D、T、T′ 触发器。其逻辑功能可用状态表（真值表）、特征方程、状态图（逻辑符号图）和波形图（时序图）来描述。类型不同，功能相同的触发器，其状态表、状态图、特征方程均相同，只是逻辑符号图和时序图不同。

（3）触发器有高电平 $CP = 1$、低电平 $CP = 0$、上升沿 $CP\uparrow$、下降沿 $CP\downarrow$ 四种触发方

式。边沿触发具有抗干扰能力强的特点。

（4）在使用触发器时，必须注意电路的功能及其触发方式。同步触发器在 $CP=1$ 时触发翻转，属于电平触发，有空翻和振荡现象，克服空翻和振荡现象应使用 CP 脉冲边沿触发的触发器。功能不同的触发器之间可以相互转换。

（5）时序逻辑电路是数字系统中非常重要的逻辑电路，与组合逻辑电路既有联系，又有区别。时序逻辑电路任何时刻的输出不仅与该时刻各输入量的状态有关，而且还取决于该时刻以前的电路状态，具有记忆功能。

（6）时序逻辑电路的分析就是通过给定的时序逻辑电路，确定其输出信号与输入信号和时钟脉冲之间的关系，分析该逻辑电路的逻辑功能。基本分析方法一般有四个步骤，常用的时序逻辑电路有计数器和寄存器。

（7）计数器按照 CP 脉冲的工作方式分为同步计数器和异步计数器，各有优缺点，学习的重点在于集成计数器的特点和功能应用。

（8）寄存器按功能可分为数码寄存器和移位寄存器，移位寄存器既能接收、存储数码，又可将数码按一定方式移动。

单元检测

一、填空题

1. 规定 $Q=1$、$\overline{Q}=0$ 的状态为触发器的_____状态；$Q=0$、$\overline{Q}=1$ 的状态为触发器的_____状态。

2. 触发器按照功能分为_____几种类型。

3. 基本 RS 触发器有_____种功能，分别是_____，RS 触发器的有效状态是_____。

4. 边沿触发器分为_____沿触发和_____沿触发两种。当时钟信号从"1"到"0"跳变时触发器输出状态发生改变的是_____沿触发型触发器；当时钟信号从"0"到"1"跳变时触发器输出状态发生改变的是_____沿触发型触发器。

5. D 触发器具有_____和_____等逻辑功能；JK 触发器具有_____、_____、_____和_____等逻辑功能。

6. T 触发器的功能有_____，T'触发器实现_____功能。

7. 时序逻辑电路的输出不仅取决于现时的_____，还取决于_____。

8. 计数器是一种累计_____数目的逻辑部件。常用的集成计数器芯片型号有_____等。

9. 能够_____的数字部件称为寄存器。

10. 寄存器按照功能不同可分为两类：_____寄存器和_____寄存器。

二、分析计算题

1. 同步 RS 触发器接成图 10.36 所示形式，设初始状态为"0"。试根据 CP 波形，画出 Q 的波形。

2. 维阻 D 触发器接成图 10.37 所示形式，设触发器的初始状态为"0"，试根据 CP 波形画出 Q 的波形。

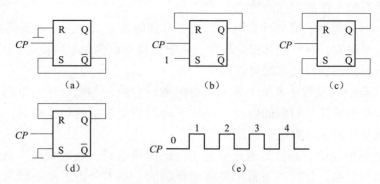

图 10.36　分析计算题 1 用图

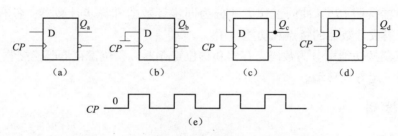

图 10.37　分析计算题 2 用图

3. 边沿触发器如图 10.38 所示，设初始状态均为 "0"，试根据 CP 和 D 的波形画出 Q_1、Q_2 的波形。

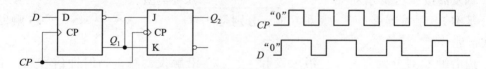

图 10.38　分析计算题 3 用图

4. 分析图 10.39 所示时序电路的逻辑功能。

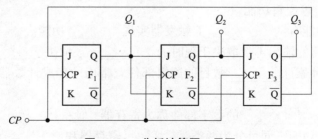

图 10.39　分析计算题 4 用图

5. 已知计数器的输出端 Q_2、Q_1、Q_0 的输出波形如图 10.40 所示，试画出对应的状态图，并分析该计数器为几进制计数器。

6. 采用直接清零法，将集成计数器 74LS161 构成十三进制计数器，画出逻辑电路图。

7. 采用预置复位法，将集成计数器 74LS161 构成七进制计数器，画出逻辑电路图。

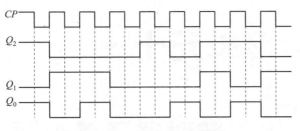

图 10.40　分析计算题 5 用图

8. 采用直接清零法，将集成计数器 74LS290 构成三进制计数器和九进制计数器，画出逻辑电路图。

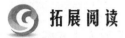 **拓展阅读**

航天员太空计时靠什么？

虽然飞船中的多项设备上都有计时仪器，但使用手表在太空中计时最早是 1969 年。

1969 年 7 月 20 日，美国航天员首次实现人类登月计划，瑞士制造的"欧米茄"超霸表一举成为首只月球表；1994 年，俄罗斯航天训练中心指定瑞士制造的"Fortis"为航天员的太空任务装备；2003 年，杨利伟佩戴中国制造的"飞亚达航天表"访问太空，也使飞亚达航天表成为世界上继"欧米茄"和"Fortis"表后的第三只航天表。

太空之旅对太空计时仪器航天表的品质要求严格，除了保证走时具有高精确度以外，还必须承受太空中各种恶劣环境的考验，所以航天表在历次太空任务中，都具有不可替代的作用。1970 年正是"欧米茄"航天表协助"阿波罗 13 号"航天员在通信瘫痪和漆黑的环境下，准确计算火箭发动时间，使宇宙飞船最终安全重返地球。

为什么看似普通的航天表竟可以扮演"拯救者"的角色？

中国航天表首席设计师孙磊说，航天表的计时显示除了普通的时、分、秒和日期以外，还提供精确到 1/10 秒的多功能计时功能，可以作为航天器辅助的计时仪器。另外，由于太空环境与地球表面环境差别很大，航天表的制作要经过重重考验，如抗干扰、抗辐射、超常加速度、抗振动、耐富氧等，所以相对于普通手表来说，制造航天表的技术标准几乎接近于苛刻。

孙磊说："考虑到'神六'航天计划比'神五'更加复杂，所以我们设计的飞亚达'神六'航天表采用了不同于'神五'的新型材料，实现了整个设计制造的全数字化。"

"另外，由于此次'神六'飞行过程中，航天员不仅将在太空生活 5 天以上，还将首次进入轨道舱生活并开展科学实验活动。所以每位航天员将佩戴两块航天表：一块佩戴于宇航服外面，比一般民用表大 40%；一块则直接戴在手腕上，与普通表一样大，当航天员脱去航天服后可以靠它来掌握时间。"

有专家指出，飞亚达成功研制航天表，使中国成为世界三大航天强国中唯一具备自主研制生产航天表的国家。飞亚达公司通过 3 年多的研发，在航天表领域取得了突破性的进展，使中国载人航天飞船在世界上第一个用上了自主生产的航天表，这也标志着我国已经成为世界上继瑞士后第二个具备研发生产航天表能力的国家，也使飞亚达跻身于世界三大航天表品牌之列。

学习单元十一

集成定时器及其应用

单元描述

在数字测量和控制系统中常常需要合适的脉冲信号，获得脉冲信号的方法有哪些呢？一是利用多谐振荡器直接产生；二是通过整形电路将已有的周期性波形进行整形或变换成矩形波，常用的整形电路有施密特触发器和单稳态触发器。

学习导航

知识点	(1) 了解 555 定时器的电路结构。 (2) 熟悉 555 定时器的功能。 (3) 掌握由 555 定时器组成的施密特触发器、单稳态触发器及多谐振荡器的电路组成、工作原理及应用
重点	555 定时器的功能及基本应用电路
难点	555 定时器的基本应用电路分析
能力培养	(1) 会识读 555 定时器的符号和功能。 (2) 能熟练掌握 555 定时器的基本应用
思政目标	从工作中的小事引导学生踏实肯干、吃苦耐劳，培养学生严谨的工作态度和精益求精的工匠精神
建议学时	2~4 学时

先导案例

555 定时器是一种多用途集成电路，只要外接少量元件就可构成定时控制开关、鸣笛防盗报警电路、闪光器及救护车扬声器的发音电路等，这些电路是怎么实现的呢？

一、集成 555 定时器

555 定时器是一种模拟电路和数字电路集成于一体的中规模集成电路。具有结构简单、使用方便灵活的特点，广泛应用于波形的产生与变换、测量与控制、家用电器、电子玩具、安全报警等许多领域。

初识 555

555 定时器有 TTL 型（又称双极型）和 CMOS 型（又称单极型）两种，TTL 单定时器型号的最后 3 位数字为 555，双定时器的为 556；CMOS 单定时器的最后 4 位数为 7555，双定时器的为7556。

1. 电路组成

555 定时器内部电路结构的简化原理图如图 11.1（a）所示，主要由 3 个 5 kΩ 电阻组成的分压器、两个电压比较器、一个基本 RS 触发器、一个作为放电通路的三极管及输出缓冲器等几个部分组成。图 11.1（b）为 555 定时器的外形图，图 11.1（c）为外引线图。

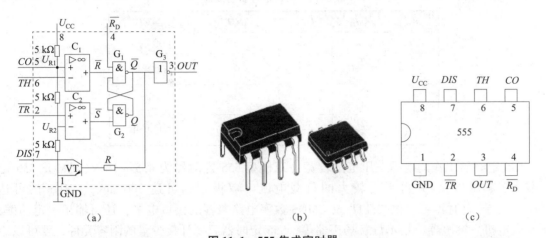

图 11.1　555 集成定时器

（a）内部结构简化原理图；（b）外形图；（c）外引线图

555 集成定时器有 8 个引脚：1 为接地端，2 为低电平触发端，3 为输出端，4 为复位端，5 为电压控制端，6 为高电平触发端，7 为放电端，8 为正电源端。

2. 工作原理

555 的逻辑功能

1）分压器和电压比较器

分压器由 3 个 5 kΩ 电阻组成，为两个比较器 C_1 和 C_2 提供参考电压。电压控制端 CO 悬空时，C_1 和 C_2 的参考电压分别为压 $U_{R1} = \frac{2}{3}U_{CC}$ 和 $U_{R2} = \frac{1}{3}U_{CC}$。比较器 C_1 用来比较 U_{R1} 和 U_{TH}：当 $U_{TH} > U_{R1}$ 时，输出为 0；当 $U_{TH} < U_{R1}$ 时，输出为 1；比较器 C_2 用来比较 U_{R2} 和 $U_{\overline{TR}}$：当 $U_{\overline{TR}} > U_{R2}$ 时，输出为 1，当 $U_{\overline{TR}} < U_{R2}$ 时，输出为 0。比较器的输出直接控制基本 RS 触发器的动作。

若电压控制端 CO 外加控制电压 U_{CO}，则参考电压 $U_{R1} = U_{CO}$，$U_{R2} = \frac{1}{2}U_{CO}$。不外接控制电压时，外接一个 0.01 ~ 0.1 μF 电容后接地，可以抑制外界干扰，稳定比较器的参考电压。

2）基本 RS 触发器、放电管及输出缓冲器

基本 RS 触发器的输出 $\overline{Q}$ 直接控制放电三极管，再经过反相器构成输出缓冲器，既提高了电路的负载能力，又起到隔离作用。

当复位端 $\overline{R_D} = 0$ 时，定时器的输出 OUT 为 0，$\overline{R_D}$ 的复位作用不受其他输入端的影响，正常工作时，必须使 $\overline{R_D}$ 处于高电平。

当 $\overline{R} = 0$、$\overline{S} = 1$ 时，$Q = 0$、$\overline{Q} = 1$，放电三极管导通，放电端 DIS 通过导通的三极管为

外电路提供放电的通路，此时定时器输出为0；当 $\overline{R}=1$、$\overline{S}=0$ 时，$\overline{Q}=0$，三极管截止，放电通路被截断，此时定时器输出为1；当 $\overline{R}=1$、$\overline{S}=1$ 时，触发器保持原状态不变。

3. 集成定时器的特性

电压控制端 CO 通过一个 $0.01\ \mu F$ 电容接地时，555 定时器功能如表 11.1 所示。

表 11.1　555 定时器功能表

$\overline{R}_\mathrm{D}$	U_TH	$U_{\overline{\mathrm{TR}}}$	OUT	放电端 DIS
0	×	×	0	与地导通
1	$>\dfrac{2}{3}U_\mathrm{CC}$	$>\dfrac{1}{3}U_\mathrm{CC}$	0	与地导通
1	$<\dfrac{2}{3}U_\mathrm{CC}$	$>\dfrac{1}{3}U_\mathrm{CC}$	不变	不变
1	$<\dfrac{2}{3}U_\mathrm{CC}$	$<\dfrac{1}{3}U_\mathrm{CC}$	1	与地断开

555 定时器工作的电源电压范围较宽（双极型 555 定时器为 4.5～16 V，CMOS 555 定时器为 3～18 V），并可承受较大的负载电流（双极型的可达 200 mA，CMOS 的可达 4 mA）。555 定时器可提供与 TTL 及 CMOS 数字电路兼容的接口电平，还可输出一定功率，驱动微电机、继电器、指示灯、扬声器等。555 定时器只要外接少量的阻容元件，就可以组成施密特触发器、单稳态触发器和多谐振荡器及各种灵活多变的应用电路。

二、施密特触发器

施密特触发器是一种重要的脉冲整形电路。能将变化缓慢的输入波形，整形成为数字电路需要的边沿陡峭的矩形脉冲。

施密特触发器

1. 电路组成

将 555 定时器的两个输入端（高电平触发端 TH 和低电平触发端 $\overline{TR}$）连接在一起作为信号输入端 u_I，就构成了施密特触发器，如图 11.2（a）所示。

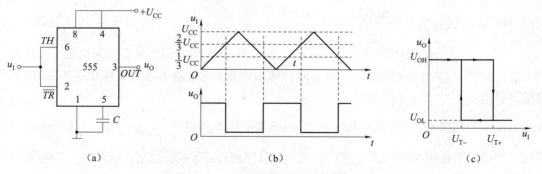

图 11.2　555 定时器构成的施密特触发器

（a）电路图；（b）波形图；（c）传输特性

2. 工作原理

以输入信号 u_I 为如图 11.2（b）所示三角波为例，分析图 11.2（a）电路的工作原理。对照 555 定时器功能表可知：在 u_I 上升期间，当 $u_\mathrm{I}<\dfrac{1}{3}U_\mathrm{CC}$ 时，u_o 为高电平；当 $\dfrac{1}{3}U_\mathrm{CC}<$

$u_I < \dfrac{2}{3}U_{CC}$时，输出 u_O 不变，保持为高电平；当 $u_I > \dfrac{2}{3}U_{CC}$ 时，u_O 由高电平跳变到低电平。此时对应的 u_I 值称为上限阈值电压 U_{T+}，即 $U_{T+} = \dfrac{2}{3}U_{CC}$。

当 u_I 由大于 $\dfrac{2}{3}U_{CC}$ 逐渐减小时，电路输出低电平，直到 $u_I < \dfrac{1}{3}U_{CC}$时，输出 u_O 由低电平跳变到高电平。此时对应的 u_I 值称为下限阈值电压 U_{T-}，即 $U_{T-} = \dfrac{1}{3}U_{CC}$。

由图11.2（b）可以得出 u_O 和 u_I 的关系，即电路的电压传输特性（也称为滞回特性曲线），如图11.2（c）所示。回差电压 $\Delta U_T = U_{T+} - U_{T-} = \dfrac{1}{3}U_{CC}$。

如果在电压控制端 CO（5 端）施加直流电压 U_{CO}，则 $U_{T+} = U_{CO}$，$U_{T-} = \dfrac{1}{2}U_{CO}$，$\Delta U_T = U_{T+} - U_{T-} = \dfrac{1}{2}U_{CO}$。控制电压 U_{CO} 越大，则 ΔU_T 也越大。回差越大，电路的抗干扰能力越强。

3. 主要应用

1）波形变换

施密特触发器可以将变化比较缓慢的非矩形波（三角波、正弦波和其他不规则信号）变换为矩形脉冲信号输出，且输出波形的周期或频率与输入信号相同。波形变换图如图11.2（b）所示。

施密特触发器的应用

2）脉冲整形

将边沿较差或受到干扰的畸变脉冲作为施密特触发器的输入信号，其输出为比较理想的矩形脉冲，其应用波形图如图11.3所示。

3）脉冲鉴幅

将一串幅度不等的脉冲信号加到施密特触发器的输入端，只有幅度超过上限阈值电压 U_{T+} 的脉冲才能产生输出信号，也就是说能将幅度大于 U_{T+} 的脉冲选出，即具有脉冲鉴幅能力，如图11.4所示。

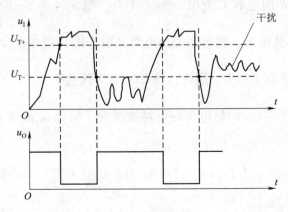

图 11.3　脉冲整形

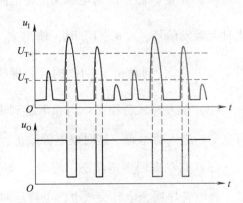

图 11.4　鉴别幅度

三、单稳态触发器

单稳态触发器有一个稳定状态和一个暂稳态，无触发脉冲时，电路处于稳定状态；有触发脉冲时，电路将从稳态翻转到暂稳态，暂稳态维持一定时间后，将自动返回到原来的稳定状态。暂稳态持续时间由电路的元件参数决定，与触发脉冲的宽度和幅度无关。

单稳态触发器

1. 电路组成

将 555 定时器的低电平触发端 $\overline{TR}$ 作为触发信号 u_I 的输入端，再将高电平触发端 TH 和放电端 DIS 接在一起，并与外接定时元件 R、C 连接，就可以构成单稳态触发器，如图 11.5（a）所示。

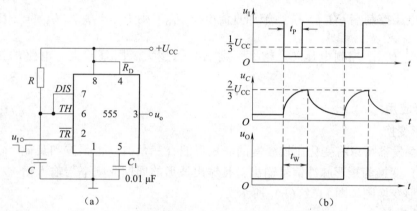

图 11.5　555 定时器构成的单稳态触发器

（a）电路图；（b）波形图

2. 工作原理

图 11.5（a）中 u_I 是触发信号，是下降沿触发，u_I 的波形如图 11.5（b）所示，不触发时 u_I 为高电平且大于 $\frac{1}{3}U_{CC}$。

（1）稳定状态：接通电源 U_{CC} 经电阻 R 向电容 C 充电，使 u_c 上升，当 $u_c > \frac{2}{3}U_{CC}$ 时，此时无触发信号，$u_I > \frac{1}{3}U_{CC}$ 时，输出 u_O 为低电平，电容通过放电管放电，u_c 又随之下降，当 $u_c < \frac{2}{3}U_{CC}$，同时 $u_I > \frac{1}{3}U_{CC}$ 时，u_O 保持低电平不变。因此，稳态时 u_O 为低电平。

（2）触发进入暂稳态：当 u_I 下跳到小于 $\frac{1}{3}U_{CC}$ 的低电平时电路被触发，输出 u_O 跳变为高电平，进入暂稳态，这时放电管截止，U_{CC} 经 R 向 C 充电，u_c 上升。

（3）自动返回稳定状态：当 u_c 上升到 $u_c > \frac{2}{3}U_{CC}$ 时，此时 u_O 重新跳变为低电平。同时，放电管导通，电容又放电，电路返回稳态。

如图 11.5（b）所示为单稳态触发器的工作波形，暂稳状态持续时间又称输出脉冲宽度，用 t_W 表示，即：$t_W \approx 1.1RC$。

3. 主要应用

1）脉冲延时

在图 11.6 所示的单稳态触发器中，u_O 的下降沿比 u_I 下降沿滞后了 t_W 的时间。

单稳态触发器
的应用

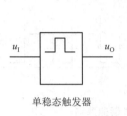

图 11.6 单稳态触发器的延时作用

2）脉冲定时

单稳态触发器能输出一定脉宽 t_W 的矩形脉冲 u_B，用 u_B 作为与门开通与否的控制信号，$u_B = 1$ 时，与门开通，信号 u_A 通过与门输出；$u_B = 0$ 时，与门关闭，u_A 不能输出。定时时间即为单稳态触发器的暂稳态持续时间，这样利用单稳态触发器可以控制与门开通与否以及开通多长时间，实现定时功能，如图 11.7 所示。

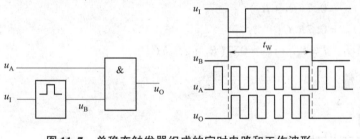

图 11.7 单稳态触发器组成的定时电路和工作波形

555 制作的呼吸灯

四、多谐振荡器

多谐振荡器又称无稳态电路，在接通电源后，不需要外加触发信号，就能产生方波或矩形波。

1. 电路组成

555 定时器构成的多谐振荡器如图 11.8（a）所示，将高电平触发端 TH 和低电平触发端 $\overline{TR}$ 直接相连，并与电容连接，放电端 DIS 接在两个电阻之间，电阻 R_1、R_2 和电容 C 是振荡器的定时元件。

多谐振荡器的应用

2. 工作原理

电路接通时，设电容 C 初始电压为 0，由表 11.1 可知，u_0 为高电平 "1"，放电端 DIS 与地断开，电源 $+U_{CC}$ 经 R_1、R_2 给电容 C 充电，u_C 开始上升；

当 $u_C > \dfrac{2}{3} U_{CC}$ 时，u_0 跳到低电平 "0"，同时放电端 DIS 与地接通，电容 C 经 R_2 放电，u_C 开始下降；

多谐振荡器

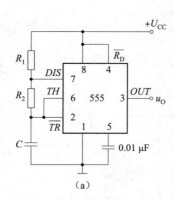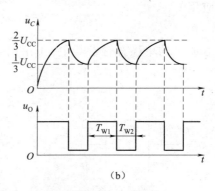

图 11.8　555 定时器构成的多谐振荡器

（a）电路图；（b）波形图

当 $u_c < \dfrac{1}{3}U_{CC}$ 时，u_o 又翻回到高电平"1"，放电端与地断开，电容 C 又充电。如此周而复始地一直进行下去，电容 C 上的电压 u_c 在 $\dfrac{1}{3}U_{CC}$ 和 $\dfrac{2}{3}U_{CC}$ 之间振荡，输出量 u_o 就是一个矩形波，输出波形如图 11.8（b）所示。

充电时间：$t_{W1} = 0.7(R_1 + R_2)C$；

放电时间：$t_{W2} = 0.7R_2C$；

矩形波的周期：$T = t_{W1} + t_{W2} \approx 0.7(R_1 + 2R_2)C$。

能力训练

一、判断题

1. CMOS 7555 定时器的电源电压范围是 3～25 V。　　　　　　　　　　　（　　）

2. 555 定时器构成的多谐振荡器，其输出信号是一个正弦波。　　　　　　（　　）

3. 555 定时器可以用作产生脉冲和对信号整形的各种电路。　　　　　　　（　　）

二、单选题

1. 能起定时作用的电路是（　　）。

A. 移位寄存器　　　　B. 施密特触发器　　　　C. 单稳态触发器　　　　D. 多谐振荡器

2. 用 555 构成的多谐振荡器电路有（　　）。

A. 一个稳态、一个暂态　　　　　　　　　　B. 两个稳态

C. 两个暂态　　　　　　　　　　　　　　　D. 都不对

单元小结

（1）555 定时器是一种用途广泛的集成电路，多用于矩形脉冲的产生、整形和变换。施密特触发器、单稳态触发器和多谐振荡器是脉冲产生与变换中常用的三种电路。

（2）施密特触发器有两个稳态，状态的转换由输入信号控制，输出脉冲的宽度由输入信号决定，具有滞回特性，所以抗干扰能力较强。常用于波形变换、脉冲整形和幅度鉴别。

（3）单稳态触发器有一个稳态和一个暂稳态，暂稳态持续的时间由定时元件 R、C 决

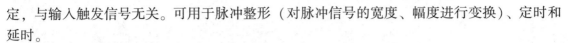

定，与输入触发信号无关。可用于脉冲整形（对脉冲信号的宽度、幅度进行变换）、定时和延时。

（4）多谐振荡器没有稳态，而两个暂稳态之间的转换，是靠电容的充放电作用自动进行的，不需要外加输入信号，只要接通电源就能自动输出矩形脉冲。

单元检测

一、填空题

1. 555 定时器电路的 $\overline{R_D}$ 端不用时，应当_____，电压控制端 CO 不用时，应当_____。

2. 555 定时器的应用非常广泛，主要有三种基本电路形式：_____、_____和_____。

3. 若需要将缓慢变化的三角波信号转换成矩形波，则采用_____。

4. 由 555 定时器构成的单稳态触发器，其输出脉冲宽度取决于_____。

5. 为产生周期性矩形波，应当选用_____。

6. 常用的脉冲整形电路有_____和_____两种。

7. 将正弦波转换为与之频率相同的矩形脉冲信号，应当选用_____。

8. 单稳态触发器的暂稳态持续时间与输入脉冲宽度_____。

9. 555 定时器构成的施密特触发器，若不考虑电压控制端的作用，其回差电压值是_____。

10. 单稳态触发器具有_____、_____和_____功能。

二、分析计算题

1. 由 555 定时器构成的施密特触发器电路及输入波形 u_I 如图 11.9 所示。（1）计算上限阈值电压 U_{T+} 和下限阈值电压 U_{T-}；（2）试画出输出波形 u_O。

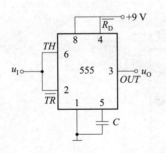
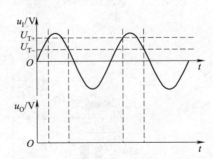

图 11.9 分析计算题 1 用图

2. 单稳态触发器电路如图 11.5 所示，要输出定时时间为 1 s 的正脉冲，$R = 27$ kΩ，试确定定时元件 C 的取值。

3. 由 555 定时器构成的简易触摸开关电路如图 11.10 所示，图中 $R = 100$ kΩ，$C = 100$ μF。只要用手触摸一下金属片，发光二极管就会发光，持续一段时间后又自动熄灭。（1）构成电路的名称是什么？（2）试计算发光二极管发光的时间。

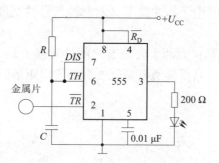

图 11.10 分析计算题 3 用图

4. 由 555 定时器构成的电路如图 11.11 所示，已知 $U_{CC} = 12$ V，$R_A = 100$ kΩ，$R_B = 80$ kΩ，$C = 0.1$ μF。（1）构成电路的名称是什么？（2）试计算输出脉冲高低电平持续的时间以及波形的周期。

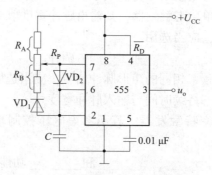

图 11.11 分析计算题 4 用图

5. 用 555 定时器组成的液位监控电路如图 11.12 所示，当液面低于正常值时，监控器发声报警。（1）说明监控报警的原因；（2）计算扬声器发声的频率。

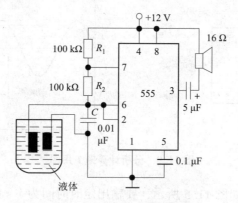

图 11.12 分析计算题 5 用图

![icon] 拓展阅读

日常生活中的触摸延时开关、音乐盒、门铃、各种报警器及闪光式 LED 灯都是如何实

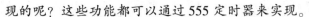

现的呢？这些功能都可以通过555定时器来实现。

　　1972年，Signetics公司发布了第一款555定时器电路，芯片型号为SE/NE555，投放市场后，人们发现这种电路用途很广，几乎遍及电子应用的各个领域，需求量极大。1978年Intersil研制成功CMOS型时基电路ICM555和ICM556，由于采用CMOS型工艺和高度集成，使555定时器的应用从民用扩展到火箭、导弹、卫星、航天等高科技领域。之后世界各大半导体或器件公司、厂家竞相仿制和生产这种电路，尽管各大公司、厂家都在生产各自型号的555/556定时器，但其内部电路的设计大同小异，它们的功能和外部引脚排列完全相同。

　　555定时器设计新颖，构思巧妙，从诞生到现在，销量过百亿，可以说是历史上最成功的芯片，凭借着其低廉的成本和可靠的性能，被广泛应用到各种电器上，用途之广几乎遍及电子应用的各个领域。在几十年的时间里，全球的电子工程师和设计爱好者们，前赴后继，用555定时器实现了一个又一个应用电路。

　　"纸上得来终觉浅，绝知此事要躬行。"理论知识不能只停留在原理性内容上，要做到知行合一，就必须要躬行实践，深入理解。正如曾鲲化先生曾云："知以致行，行以致知，践知践行，践行践知，行而增知，知而笃行，循回往复，次第进化，最终成就大事！"在实践中不断总结创新经验，深入学习，正所谓理论是实践的基础，实践是理论的延伸。

学习单元十二

数/模和模/数转换

单元描述

随着数字电子技术的迅速发展，尤其是计算机在自动控制、自动检测以及许多其他领域中的广泛应用，用数字电路处理模拟信号的情况也就更加普遍，这就涉及模拟信号与数字信号之间的相互转换。

学习导航

知识目标	(1) 了解数/模转换器和模/数转换器的工作原理。 (2) 熟悉数/模转换器和模/数转换器的作用、分类和主要技术指标。 (3) 掌握常用集成数/模转换器和模/数转换器的使用方法
重点	数/模转换器和模/数转换器的作用、分类和主要技术指标；常用集成数/模转换器和模/数转换器的使用方法
难点	常用集成数/模转换器和模/数转换器的应用
能力目标	(1) 能够根据要求选择合适的数/模转换器和模/数转换器。 (2) 能够掌握常用集成数/模转换器和模/数转换器的应用
思政目标	通过学习数/模转换器和模/数转换器的工作原理和技术指标，让学生懂得"失之毫厘，差之千里"的道理，养成精益求精的学习习惯和意识
建议学时	4~6学时

模块一 数/模转换电路

先导案例

随着数字电子技术的迅速发展，用数字电路来处理模拟信号的情况更加普及。这就涉及模拟信号与数字信号间的相互转换。

例如，要用计算机对生产过程进行实时控制，首先将有关的物理量经传感器变成电压、电流等电模拟量，再经模/数转换变成数字信号，送入计算机进行处理，处理后的结果又经数/模转换变成电压、电流等电模拟量，由执行元件实行控制。其控制过程原理方框图如

图 12.1 所示。可见，模/数转换器（ADC）和数/模转换器（DAC）是数字系统和模拟系统相互联系的桥梁，是数字系统的重要组成部分。

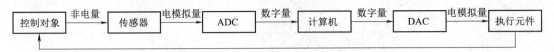

图 12.1 计算机对生产过程进行实时控制原理示意图

在图 12.1 中，从计算机中出来的数字信号经过转换变为模拟信号送入执行元件中，将数字信号转换为模拟信号的过程称为数/模转换，实现数/模转换的电路称为数/模转换器，简写为 DAC（Digital – Analog Converter）。

数模转换

一、DAC 的结构框图

DAC 的结构框图如图 12.2 所示，DAC 是由数码寄存器、模拟电子开关、解码网络、求和电路及参考电压等部分组成的。在进行数/模转换时，先将数字量存储在数码寄存器中，寄存器输出的数码驱动对应位置的模拟电子开关，使解码网络获得相应数位的权值，再送入求和电路中，将各位的权值相加，从而得到与输入数字量对应的模拟量。

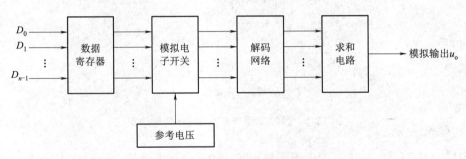

图 12.2 数/模转换器的结构框图

二、DAC 的分类

实现数/模转换的电路有很多，常见的电路有权电阻网络 DAC、T 形电阻网络 DAC、倒 T 形电阻网络 DAC 等。

1. 权电阻网络 DAC

图 12.3 所示是四位权电阻网络 DAC 的原理图，它由权电阻网络、模拟电子开关和求和放大器组成。

权电阻网络 DAC 结构简单，所用电阻元件很少，但各电阻阻值相差较大。当输入信号的位数较多时，这个问题就更加突出。当输入信号为 n 位二进制数，权电阻网络中最小的电阻为 R，最大的电阻为 $2^{n-1}R$ 时，两者相差 $n-1$ 倍，大阻值的电阻除工作不稳定外，还不利于电路的集成。

2. T 形电阻网络 DAC

四位 T 形电阻网络 DAC 的原理图如图 12.4 所示。电路由 $R-2R$ 电阻网络、模拟电子开关和求和放大电路组成，因为 R 和 $2R$ 组成 T 形，故称为 T 形电阻网络 DAC。图中电阻

网络中只有 R 和 $2R$ 两种电阻值，显然克服了权电阻网络 DAC 存在的缺点。

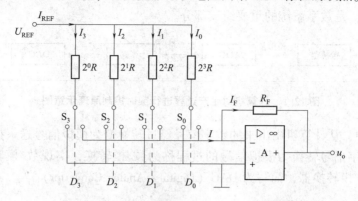

图 12.3　四位权电阻网络 DAC 原理图

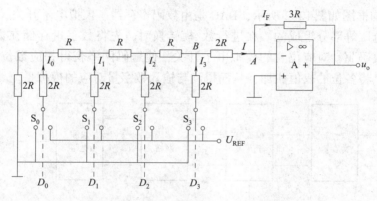

图 12.4　四位 T 形电阻网络 DAC 原理图

此电路结构简单，速度高，电阻网络由 R 和 $2R$ 两种阻值的电阻构成，故精度较高。但是在动态过程中，输出端有可能产生相当大的尖峰脉冲，即输出的模拟电压的瞬时值有可能比稳态值大很多，引起较大的动态误差。

3. 倒 T 形电阻网络 DAC

为了避免动态过程中的尖峰脉冲出现，并进一步提高转换速度，通常采取倒 T 形电阻网络 DAC 的电路来实现转换，如图 12.5 所示。

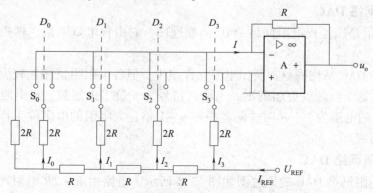

图 12.5　四位倒 T 形电阻网络 DAC 原理图

由图 12.5 可知，倒 T 形电阻网络 DAC 主要由电子模拟开关 $S_0 \sim S_3$、$R-2R$ 倒 T 形电阻网络、参考电压 U_{REF} 和求和放大器等组成。模拟电子开关接到运算放大器的反相输入端（虚地），不论输入的数字信号是 "1" 还是 "0"，各支路的电流是不变的。从参考电压端输入的电流为 $I_{REF} = \dfrac{U_{REF}}{R}$，每经过一个 2R 电阻，电流就被分流一半，所以从输入数字信号的高位到低位，流过 4 个 2R 电阻的电流分别是 $I_3 = \dfrac{I}{2}$、$I_2 = \dfrac{I}{2^2}$、$I_1 = \dfrac{I}{2^3}$、$I_0 = \dfrac{I}{2^4}$，运算放大器输出的模拟电压为：

$$u_o = -\frac{U_{REF}}{2^4}(d_3 \times 2^3 + d_2 \times 2^2 + d_1 \times 2^1 + d_0 \times 2^0) \tag{12.1}$$

由此可见，输出模拟电压 u_o 正比于输入的数字信号。这种电路结构简单，速度高，精度高，且无 T 形电阻网络 DAC 在动态过程中出现尖脉冲现象。因此，倒 T 形电阻网络 DAC 是目前转换速度较高且使用较多的一种。

三、DAC 的技术指标

1. 分辨率

DAC 的分辨率可以用最小输出电压 U_{min}（对应的输入数字量仅最低位为 "1"）与最大输出电压 U_{max}（对应的输入数字量各有效位全为 "1"）之比来表示：

$$分辨率 = \frac{U_{min}}{U_{max}} = \frac{-\dfrac{U_{REF}}{2^n} \cdot 1}{-\dfrac{U_{REF}}{2^n} \cdot (2^n - 1)} = \frac{1}{2^n - 1} \tag{12.2}$$

式中，n 表示输入数字量的位数。可见，n 越大，分辨率越小，分辨能力越高。

2. 转换精度

转换精度是指实际输出模拟电压值与理论输出模拟电压值之差。显然，这个差值越小，电路的转换精度越高。

3. 建立时间

建立时间是指从输入数字信号开始到输出模拟电压或电流达到稳定值时所用的时间。建立时间决定转换速度。

能力训练

一、判断题

1. DAC 的最大输出电压的绝对值可达到基准电压。　　　　　　　　（　　　）

2. DAC 的位数越多，转换精度越高。　　　　　　　　　　　　　（　　　）

3. 权电阻网络 DAC 比倒 T 形电阻网络 DAC 的转换速度快。　　　（　　　）

二、选择题

1. DAC 通常是指（　　　）。

A. 数/模转换器　　　B. 模/数转换器　　　C. 多谐振荡器　　　D. 计数器

2. 8 位 DAC 当输入数字量只有最高位为 "1" 时，输出电压为 5 V。若只有最低位为

"1"，则输出电压为（　　　）mV。若输入为10001000，则输出电压为（　　　）V。

  A. 20；5. 32   B. 40；5. 32   C. 40；2. 66   D. 80；2. 66

模块二　模/数转换电路

先导案例

  在图 12.1 中，控制对象将非电量信号经过转换变成数字信号送入计算机中进行处理，模拟信号转换为数字信号的过程称为模/数转换，实现模/数转换的电路称为模/数转换器，简写为 ADC（Analog – Digital Converter）。

一、ADC 的转换原理

  在模/数转换过程中，因为输入的模拟信号在时间上是连续的，而输出的数字信号是离散的，所以转换只能在一系列选定的瞬间对输入的模拟信号进行取样，然后再将这些取样值转换成输出的数字量。

模数转换

  模/数转换一般要经过"取样""保持""量化"和"编码"几个步骤，如图 12.6 所示。模拟电子开关 S 在取样脉冲 CP_s 的控制下重复闭合、断开的过程。S 接通时，u_i 对电容 C 充电，电路处于取样阶段；S 断开时，电容 C 两端保持充电时的最终电压值不变，电路处于保持阶段。

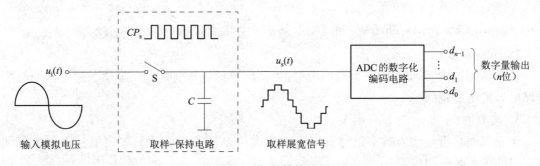

图 12. 6　模/数转换的原理

1. 取样和保持

  取样（也称采样）是将时间上连续变化的模拟信号转换为时间上离散的模拟信号，其过程如图 12.7 所示，图中，u_i 为输入的模拟信号，CP 为取样信号，u_o 为取样后的输出信号。

  由于每次把取样得到的电压值转换成数字量都得经过一段时间 τ，所以需要在时间 τ 内保持取样值不变，即要求利用保持电路存储取样值。

  实际的取样 – 保持过程可以用一个电路连续完成。图 12.8（a）就是一个常见的取样 – 保持电路，它由取样开关、保持电容和缓冲放大器组成。输出电压 $u_o(t)$ 波形如图 12.8（b）所示。

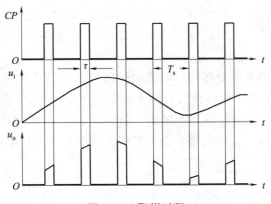

图 12.7　取样过程

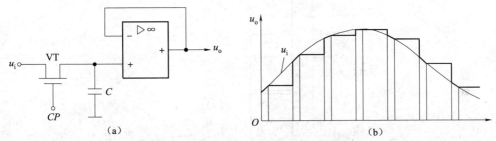

图 12.8　取样 – 保持电路和输入输出波形

（a）取样 – 保持电路；（b）输入输出波形

2. 量化和编码

　　输入的模拟信号经取样 – 保持后，得到的是阶梯形模拟信号。阶梯幅度的变化也将会有无限个数值，很难用数字量表示出来，因此必须将阶梯形模拟信号的幅度等分成 n 级，每级规定一个基准电平值，然后将阶梯电平分别归并到最邻近的基准电平上。这种分级归并、近似取整的过程称为量化，量化中的基准电平称为量化电平，取样保持后未量化的电平 u_o 值与量化电平 u_q 值之差称为量化误差 δ，即 $\delta = u_o - u_q$。

　　量化的方法一般有两种：只舍不入法和有舍有入法（或称四舍五入法）。用二进制数码来表示各个量化电平的过程称为编码。图 12.9 表示两种不同的量化编码方法。

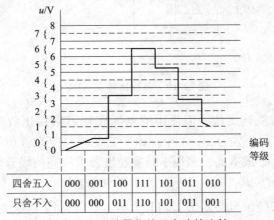

| 四舍五入 | 000 | 001 | 100 | 111 | 101 | 011 | 010 |
| 只舍不入 | 000 | 000 | 011 | 110 | 101 | 011 | 001 |

图 12.9　两种量化编码方法的比较

二、ADC 的分类

1. 并行比较型 ADC

并行比较型 ADC，由电阻分压器、电压比较器（集成运算放大器）和编码器构成。电阻分压器用于确定量化电平，电压比较器用于确定模拟取样电平的量化并产生数字量输出，编码器用于对比较器的输出进行编码并输出二进制代码。如图 12.10 所示是三位并行比较型 ADC，图中未画出取样－保持电路，输入电压 u_i 为取样－保持电路的输出电压。

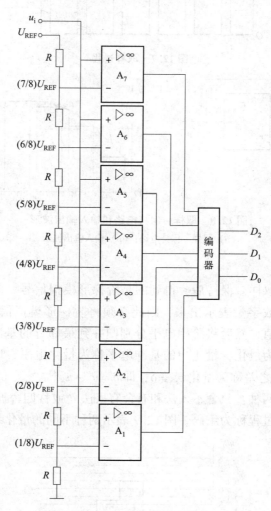

图 12.10　并行比较型 ADC

并行比较型 ADC 转换速度快，但使用的电压比较器数目比较多。输出为 n 位代码的 ADC 所需要电压比较器的个数为 $2^n - 1$ 个。由于它的电路复杂，所用比较器和触发器数量多，所以这种类型的 ADC 成本高，多用于转换速度要求很高的场合。

2. 逐次逼近型 ADC

逐次逼近型 ADC 的结构框图如图 12.11 所示，它包括四个部分：比较器、DAC、逐次逼近寄存器和控制逻辑电路。

一个 n 位逐次逼近型 ADC 完成一次转换要进行 n 次比较，所以该电路的转换速度比并行比较型 ADC 要慢，属于中速 ADC。不过逐次逼近型 ADC 电路简单、成本较低、精确度高、易于集成，所以在十六位以下的 ADC 中使用较多。

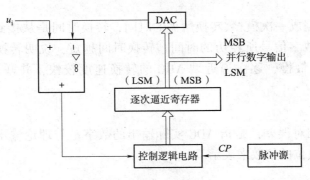

图 12.11   逐次逼近型 ADC

3. 双积分型 ADC

双积分型 ADC 的原理图如图 12.12 所示，它由积分器、检零比较器、时钟控制门和计数器等部分组成。

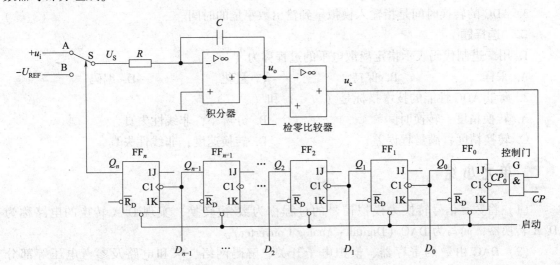

图 12.12   双积分型 ADC

由于双积分型 ADC 在转换过程中进行了两次积分，因而转换结果不受积分时间常数的影响，且在输入端使用了积分器，故它对交流噪声的干扰有很强的抑制能力。它的不足之处是工作速度较低，因此这种转换器多用于像数字电压表等对转换速度要求不高的场合。

三、ADC 的技术指标

1. 分辨率

ADC 的分辨率说明模/数转换器对输入模拟信号的分辨能力。

$$分辨率 = \frac{1}{2^n}FSR \qquad\qquad (12.3)$$

式中，FSR 是输入的满量程模拟电压。

2. 转换速度

转换速度是指完成一次模/数转换所需的时间，转换时间是从接到控制信号开始，到输出端得到稳定的数字信号所经历的时间。转换时间越短，说明转换速度越快。双积分型 ADC 的转换速度最慢，逐次逼近型 ADC 的转换速度较快，并联型 ADC 的转换速度最快。

3. 相对精度

相对精度又称相对误差，是指 ADC 实际输出的数字量与理论输出的数字量之间的差值，一般用最低有效位的倍数来表示。

能力训练

一、判断题

1. ADC 的采样频率必须大于等于输入信号的频率。　　　　　　　（　　）
2. 想要 ADC 的分辨率越高，则位数需要越多。　　　　　　　　（　　）
3. ADC 的转换时间是指输入模拟量到输出数字量的时间。　　　　（　　）

二、选择题

1. 用二进制代码表示指定离散电平的过程称为（　　　　）。

A. 采样　　　　　　　B. 保持　　　　　　　C. 量化　　　　　　　D. 编码

2. 衡量 ADC 性能的技术指标是（　　　）和（　　　）。

A. 转换精度；转换时间　　　　　　　　　B. 分辨率；非线性失真

C. 转换精度；满量程误差　　　　　　　　D. 转换速度；非线性失真

单元小结

（1）将数字信号转换为模拟信号的过程称为数/模转换，实现 D/A 转换的电路称为 D/A 转换器，简写为 DAC（Digital – Analog Converter）。

（2）DAC 由数码寄存器、模拟电子开关、解码网络、求和电路及参考电压等部分组成。

（3）实现数/模转换的常见电路有权电阻网络 DAC、T 形电阻网络 DAC、倒 T 形电阻网络 DAC 等。

（4）DAC 的技术指标有分辨率、转换精度和建立时间。

（5）将模拟信号转换为数字信号的过程称为模/数转换，实现模/数转换的电路称为 A/D 转换器，简写为 ADC（Analog – Digital Converter）。

（6）模/数转换一般要经过"取样""保持""量化"和"编码"四个步骤。

（7）ADC 的常见电路有并行比较型 ADC、逐次逼近型 ADC 和双积分型 ADC。

（8）ADC 的技术指标有分辨率、转换速度和相对精度。

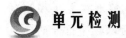 **单元检测**

一、填空题

1. DAC 将输入的（　　）量转换为（　　）量的输出。

2. ADC 将输入的（　　）量转换为（　　）量的输出。

3. DAC 的技术指标有（　　）、（　　）和（　　）。

4. ADC 的技术指标有（　　）、（　　）和（　　）。

5. 模/数转换的步骤包括（　　）、（　　）、（　　）和（　　）。

6. DAC 的分辨率越（　　），分辨能力越（　　）。实际输出模拟电压值与理论输出模拟电压值之差越（　　），电路的转换精度越（　　）。

7. 就逐次逼近型和双积分型两种 ADC 而言，（　　）抗干扰能力强；（　　）转换速度较快。

二、计算题

1. 有一个八位倒 T 形电阻网络 DAC，已知 $U_{REF} = 10\ V$，试求输入如下数字量时，其输出的模拟电压值。

（1）各位全为"1"；

（2）仅最高位为"1"；

（3）仅最低位为"1"。

2. 已知某 DAC 电路最小分辨电压为 5 mV，最大满值输出电压为 10 V，试求该电路输入数字量的位数和基准电压。

3. 某 12 位 ADC 电路满值输入电压为 16 V，试计算其分辨率。

4. 一个八位逐次逼近型 ADC，满值输入电压为 10 V，试求：$u_i = 3.4\ V$ 时，输出数字量是多少？

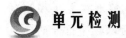 **拓展阅读**

我们生活在一个物质的世界中，世间所有的物质都包含了化学和物理特性。我们是通过对物质的表观性质来了解和表述物质的自有特性和运动特性的，这些表观性质就是我们常说的质量、温度、速度、压力、电压、电流等用数学语言表述的物理量，在自控领域将其称为工程量。这种表述的优点是直观、容易理解。在电动传感技术出现之前，传统的检测仪器可以直接显示被测量的物理量，其中也包括机械式的电动仪表。但是纷繁复杂的物理量信号直接传送会大大降低仪表的适用性，而且大多传感器属于弱信号型，远距离传送很容易出现衰减、干扰的问题。

到了数字化时代，指针式显示表变成了更直观、更精确的数字显示方式。在数字化仪表中，这种显示方式实际上是用纯数学的方式对标准信号进行变换，满足大家习惯的物理量表达方式。而仪表内信号的处理和传输都需要转换为数字信号。

数字信号是人为的抽象出来的在时间上不连续的信号，如图 12.13 所示，首先对模拟信号进行抽样，使连续时间、连续幅度信号变为离散时间、连续幅度的离散信号；再把幅度域上连续取值变换为幅度域上离散取值，该过程称为量化；最后把量化后的信号变换成代码，称为编码。时间取样间隔越小，幅值离散越细密，数字信号越能够准确表达模拟信号。数字信号以"0"和"1"表示，"0"是低电位，"1"是高电位，所以数字信号的优点为：①抗干扰能力强（现在有线电视信号全为数字信号）；②便于加密处理；③便于存储和交换（现在的硬盘和手机存储量越来越大）；④设备便于集成化、微型化（可穿戴设备越来越轻便）；⑤便于构成综合数字网。缺点为：表示模拟信号的数字信号离散得越精确，传输时占用的信道频带越宽，所以为了流畅地使用网络，我们希望带宽越宽越好。

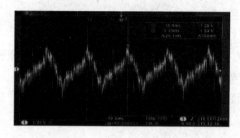 

图 12.13　模拟信号和数字信号

　　模拟信号和数字信号是我们用不同的方法对同样信号，从不同的维度得到的不同结果。在我们的生活中，用不同的视角分析问题的能力是必不可少的。如果仅从单方面看待事物，就会成为摸象的"瞎子"，局限在某个角度，却无法理解到事物整体，进而不能理解其本质，更无法更好地应用和发展。我们人类感知到的通常是持续的变化，比如温度的上升，色彩的融合，如果这个过程中有许多的断点，我们的感受就会失真。试想一下，如果电影中的每一个镜头都要一帧一帧地断电播放，那么电影情节的发展过程就会被拆解得支离破碎，我们就会对内容的了解产生困惑；但是从另一方面讲，在确定的数字点位提供精确信息在某些环境中却是非常重要，甚至是必不可少的。模拟量在传输过程中容易受到干扰，如果用连续值传输，错误的概率几乎无法避免，但是使用精确的数值就可以规避这一问题的产生。

参 考 文 献

［1］江晓安. 数字电子技术［M］. 四版. 西安：西安电子科技大学出版社，2023.

［2］刘勇. 数字电路［M］. 四版. 北京：电子工业出版社，2012.

［3］刘守义，钟苏. 数字电子技术［M］. 三版. 西安：西安电子科技大学出版社，2020.

［4］杨颂华. 数字电子技术基础［M］. 三版. 西安：西安电子科技大学出版社，2022.

［5］陈振源. 电子技术基础［M］. 2 版. 北京：高等教育出版社，2023.

［6］陈梓城，孙丽霞. 电子技术基础［M］. 2 版. 北京：机械工业出版社，2020.

［7］邓元庆，贾鹏，石会. 数字电路与系统设计［M］. 三版. 西安：西安电子科技大学出版社，2016.

［8］顾斌，魏欣，姜志鹏. 数字电路 EDA 设计［M］. 三版. 西安：西安电子科技大学出版社，2018.

［9］周雪. 模拟电子技术［M］. 五版. 西安：西安电子科技大学出版社，2022.

［10］曾令琴. 电子技术基础［M］. 四版. 北京：人民邮电出版社，2020.

［11］孙津平. 数字电子技术［M］. 五版. 西安：西安电子科技大学出版社，2023.

［12］熊伟林. 模拟电子技术基础及应用［M］. 2 版. 北京：机械工业出版社，2013.

［13］张志良. 电子技术基础［M］. 2 版. 北京：机械工业出版社，2023.

［14］华永平. 模拟电子技术与应用［M］. 北京：电子工业出版社，2010.

［15］阎石. 数字电子技术基础［M］. 六版. 北京：高等教育出版社，2016.

［16］杨春玲. 数字电子技术基础［M］. 二版. 北京：高等教育出版社，2017.

［17］江晓安，董晓峰. 模拟电子技术［M］. 五版. 西安：西安电子科技大学出版社，2023.